"十三五"国家重点出版物出版规划项目
现代机械工程系列精品教材

# 机械工程测控技术基础

## 第 2 版

屠大维 赵其杰 王 梅 编著

U0256222

机械工业出版社

本书为"十三五"国家重点出版物出版规划项目。

本书围绕机械工程测控技术，讨论信号分析、传感技术、系统特性、信号处理和计算机集成应用等问题，旨在形成一个较为完整、系统的知识和能力体系。全书共六章，前四章为信号、传感、系统特性、信号处理等方面的技术基础；第5章为计算机集成应用基础，介绍机械自动化系统中常用的计算机软硬件、通信、总线等基础知识；第6章为测控系统应用实例。

本书基本涵盖了机械工程测试技术、信号和传感技术等传统课程教学大纲的主要内容，在这一基础上强调测控系统集成应用。因此，本书既可以作为机械类专业、测控技术与仪器专业和其他相近专业本科高年级的教材，也可作为高校推行素质教学、工程教学改革的特色教材，还可供相关工程技术人员参考。

## 图书在版编目（CIP）数据

机械工程测控技术基础/屠大维，赵其杰，王梅编著. —2版. —北京：机械工业出版社，2018.12（2023.8重印）

"十三五"国家重点出版物出版规划项目　现代机械工程系列精品教材
ISBN 978-7-111-61214-8

Ⅰ.①机…　Ⅱ.①屠…　②赵…　③王…　Ⅲ.①机械工程-计算机控制系统-高等学校-教材　Ⅳ.①TP273

中国版本图书馆 CIP 数据核字（2018）第 243647 号

机械工业出版社（北京市百万庄大街22号　邮政编码100037）
策划编辑：蔡开颖　责任编辑：蔡开颖　段晓雅　章承林
责任校对：张　薇　封面设计：张　静
责任印制：单爱军
北京虎彩文化传播有限公司印刷
2023 年 8 月第 2 版第 4 次印刷
184mm×260mm · 17 印张 · 418 千字
标准书号：ISBN 978-7-111-61214-8
定价：44.90 元

电话服务　　　　　　　　　网络服务
客服电话：010-88361066　机 工 官 网：www.cmpbook.com
　　　　　010-88379833　机 工 官 博：weibo.com/cmp1952
　　　　　010-68326294　金 书 网：www.golden-book.com
封底无防伪标均为盗版　　机工教育服务网：www.cmpedu.com

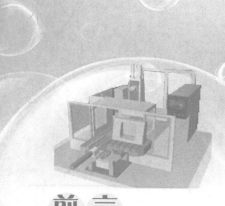

# 前言

先进的机电产品及智能装备是依靠检测和控制系统来对各种内部状态和外部信息进行在线检测，并对产品（装备）中的相应环节进行反馈控制的。检测系统用来精确获取系统工作状态和环境信息；控制系统则根据检测结果，在计算机软件的作用下实时地发出控制数据和指令，从而使机电产品（装备）能够高效、智能地运行。在整个过程中，检测和控制环节在时间和空间上相互衔接，在数据和指令上相互印证。正因如此，通常将检测系统和控制系统统称为测控系统。测控系统好比一个人的感官、神经和大脑，具备信息感知、传递和处理等功能。人的感官、神经和大脑是在长期的进化过程中逐渐形成、相得益彰的，人类信息获取、处理、传递、反馈的协同工作机制堪称完美。对于机械自动化系统和智能产品（装置）来说，将信息获取、处理、传递、反馈等内容和环节系统加以考虑，达到优化组合、完美结合的效果，也是从事机电产品（装备）设计的工程技术人员追求的目标。然而，传统的课程和教材，如信号和系统、机械工程测试技术、传感技术、计算机测控等往往以单元技术和单一目的为主。这对于因强调通识教育而减少专业课时后，再要着力强化工程实践能力的机械工程创新人才培养尤感不足。这也正是作者不揣冒昧编写此书的目的，希望能对从事相关工作的工程技术人员，以及机械工程及相关专业学生的实践能力培养有所裨益，同时真诚地期待更多的专家、学者有更好的教材和著作出版。

本书围绕机械工程测控技术，讨论信号分析、传感技术、系统特性、信号处理和计算机集成应用等问题，旨在形成一个较为完整、系统的知识和能力体系。全书共六章，前四章为信号、传感、系统特性、信号处理等方面的技术基础；第5章为计算机集成应用基础，介绍机械自动化系统中常用的计算机软硬件、通信、总线等基础知识；第6章为测控系统应用实例。

本书基本涵盖了机械工程测试技术、信号和传感技术等传统课程教学大纲的主要内容，在这一基础上强调测控系统集成应用。因此，本书既可以作为机械类专业、测控技术与仪器专业和其他相近专业本科高年级的教材，也可作为高校推行素质教学、工程教学改革的特色教材，还可供相关工程技术人员参考。

本书在编写过程中参考了大量有关信号处理、检测传感、计算机应用等方面的教材、论著和文献，在此一并对其作者致以衷心的感谢。

本书由屠大维、赵其杰、王梅编著，其中：绪论、第1~3章由屠大维编著；第4章、第5章5.5~5.10、第6章6.1由赵其杰编著；第5章5.1~5.4、第6章6.2~6.4由王梅编著。全书由屠大维最后统稿。

由于作者水平有限，书中内容难免存在不足和错误之处，恳请读者给予批评指正。

编　者
于上海大学

# 目 录

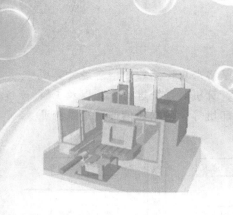

# 绪 论

## 0.1 现代机械系统中的测控技术

现代机械种类繁多，但从其功能组成的角度看，不外乎由以下几个子系统组成：动力系统、传动系统、执行系统、检测和控制系统，如图 0-1 所示。动力系统是指动力机（或原动机）及其配套装置，是机械的动力源，常有旋转/直线电动机、液压马达、气动马达、液压缸、气缸等。传动系统是将动力机的动力和运动传递给执行系统的中间装置，具有实现变速、传递转矩、改变运动规律和动力传递方式等作用。执行系统一般处于机械系统的末端，直接与作业对象接触，它是利用机械能来改变作业对象的性质、状态、形状或位置达到预定要求的装置。检测和控制系统是指通过检测元件获取相关信号（信息），通过一定的处理和算法，经控制器输出控制信号，改变控制对象工作参数或运行状态的装置。传统机械系统以物质和能量的传递和变换为主；在现代机械系统中，信息流的作用日益显现，并与机械系统的其他各个子系统都有关（见图 0-1）。现代机械测控系统是以信息获取、信息变换和处理为主的系统。测控系统对机械自动化系统来说具有举足轻重的地位和作用。

随着电子技术、计算机技术，特别是微电子技术和信息技术的发展，现代先进机械系统已成为融合机械技术、微电子技术、计算机和信息处理技术、自动控制技术、传感与检测技术、伺服驱动技术、人工智能等现代高新技术为一体的高级综合智能机械系统。在这一智能系统中，微型

图 0-1 现代机械系统的组成

计算机具有独特的作用。一方面，在各种数字化运算和智能算法的支持下，测控系统成为智能测控系统；另一方面，对于整个机械系统来说，计算机因具有多通道、高运算速度、大存储量等特点而处于信息中心地位，发挥了系统集成的作用，如图 0-2 所示。图 0-2 中前向通道是信息输入通道，包括模拟和数字通道，是微型计算机与测量装置相连接的单元，各种传感器的输出经前向通道信号调理变成满足微型计算机输入要求的信号后，输入到计算机；后

向通道是系统的伺服驱动控制单元，大多数需要功率驱动，是将来自传感器的信息经计算机处理后输出给执行机构的通道；人机交互通道是操作者通过计算机对系统进行干预以及了解系统运行状态和运行结果的单元，主要有键盘、显示器、打印机等；数据通信通道是系统通过计算机与其他系统间交换信息的接口，通常是串行通信口。

近年来，随着计算机网络技术的发展，机械系统无论是内部的各个组成部分和环节之间，还是与外部系统的交流、交互，网络的作用越来越明显。机械系统通过网络形成了内部、外部相互依存的信息集成化大系统。出现了网络传感器、分散

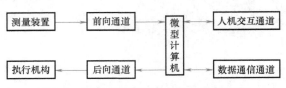

图 0-2 智能机械系统中的智能测控系统

控制系统（DCS）、现场总线控制系统（FCS）等新技术。在这一大系统中，多种不同型号的计算机、控制器、传感器和执行器，在不同的层次上进行着纵横交叉的数据通信。以 FCS 为例，图 0-3 所示为 FCS 体系结构，整个网络分主站级和现场级两个网络层，处于现场级网络的传感器和执行器通过链路设备同位于主站级网络的工作站相连接。通过网络把成百上千以至上万台设备变成网络节点，并把它们连接起来相互沟通信息，共同完成测量控制任务。在这一系统中，测量设备和控制设备可以不断扩展，而且加入的设备越多，系统的能力越强。

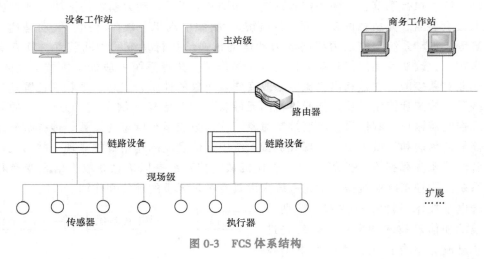

图 0-3 FCS 体系结构

因此，可以说检测、传感、信号处理、计算机、网络、总线等是现代机械测控系统的技术基础，而牢固树立系统集成应用的概念是工程实践的需要。

## 0.2 本课程的学习内容和学习方法

全书共六章。第 1 章为信号及信号分析，主要从数学描述上认识信号，介绍信号的基本概念和信号分析的基本原理；第 2 章为传感技术基础，主要从物理上获取信号，介绍机械系统应用中典型的传感器工作原理及其特点和应用特性；第 3 章为系统及系统特性分析基础，将具体的测控系统抽象为系统，从系统观念出发分析研究一般系统和典型系统的特性；第 4

章为信号处理基础,介绍模拟信号处理和数字信号处理的基本方法;第5章为计算机集成应用基础,从测控系统计算机集成应用的需要出发,介绍常用的计算机软硬件、通信、总线等基础知识,是系统集成应用的"大脑"和"神经";第6章为测控系统应用实例,介绍几个典型的机电测控系统。

全书各章既相互独立,又相互联系。从技术基础的角度看,各章是相互独立的,甚至在同一章中各个知识点也有一定的独立性(如第二章中各种传感器的原理);但从测控系统集成应用的角度看,它们又相互联系。这种既相互独立又相互联系的特点,可较好地适应各学校教学计划、课时数、课程安排,甚至课程名称上的不同,各高校可以根据自己的教学实际,灵活使用本教材。第1~4章,基本涵盖了机械工程测试技术、信号和传感技术等传统课程的教学内容,较为系统深入,是本教材的重点,也可以作为那些传统课程的教材。第5章中对于计算机集成应用基础只做导论性的介绍,以满足测控系统集成应用的需要,各高校可根据相关专业开设计算机类课程的情况灵活舍取或充实相关内容;第6章中的几个实例只供教学参考,任课教师可选一两个介绍,也可不用这几个实例,而结合其他工程案例,或本单位教学实验装备等具体系统来讲解。

机械工程测控系统的技术和应用有很强的实践性。本书只是给出一些基本概念、技术与理论,而要真正掌握和运用这些技术和理论,娴熟地应用到具体的机械系统上来,达到全面、系统解决工程问题的效果,仅通过课堂教学或自学是远远不够的,必须充分利用各种实验平台、产学研基地等条件,结合设计性、综合性创新实验和工程教学案例,在真实的机械自动化工程氛围中,针对具体的测控问题,通过具体实践、积累经验,才能逐步提高信号检测、处理,系统分析和计算机软硬件集成应用的能力。

# 第 1 章

# 信号及信号分析

**本章主要内容**

本章主要从数学上来认识信号、掌握常用的信号分析方法。时域信号反映了信号的幅值随时间变化的特征，时域分析就是直接在时域中对信号进行分析和处理的方法。为了研究信号的频率结构和各频率成分的幅值、相位关系，需对信号进行频谱分析。不同信号的频谱分析方法和频谱特性不同。周期信号的频谱分析方法是傅里叶级数展开，包括三角函数展开形式和复指数函数展开形式，其频谱是离散的，周期信号是功率信号，其功率也可以在频域用功率谱加以描述。瞬变非周期信号的频谱分析方法是傅里叶变换，其频谱是连续的，瞬变非周期信号是能量信号，其能量也可以在频域用能量谱加以描述。随机信号也是十分重要的信号，它蕴涵着丰富的信息，所不同的是对随机信号的描述必须用概率统计的方法。相关分析用来描述两个随机过程在某个时刻状态间的线性依从关系，或者一个随机过程自身在时移前后的状态关系，分别称为互相关和自相关。相关分析在工程上有两个重要应用，即相关滤波和延时测量。相关函数经傅里叶变换其物理意义具有随机信号功率谱密度函数的含义，称为随机信号的功率谱。自相关函数和互相关函数经傅里叶变换得到的功率谱分别称为自功率谱和互功率谱，其谱线都是连续的，自功率谱和互功率谱常被用来分析信号系统。

## 1.1 概述

信号是测控系统中信息的载体。具体的信号有电信号、光信号、位移信号、速度信号等不同物理量，但在研究、分析信号及其变换规律的科学中，往往并不考虑信号的具体物理性质，而是将信号抽象为变量之间的函数关系。

在这种函数关系中，信号的自变量有时域和频域之分。信号的时域描述主要反映信号的幅值随时间变化的特性。信号的频域描述主要反映信号的频率结构和特性。通过对信号时域、频域的分析，以及在信号能量、功率等方面展开讨论，人们可以认识测控对象的内部、外部规律和相互联系。

## 1.2　信号分类与描述

### 1.2.1　信号的分类

　　信号是物质，有能量，有波形。信号波形是信号幅度随时间的变化历程。认识信号并对信号进行分类离不开信号的波形特征和能量特征。

**1. 确定性信号与非确定性信号**

　　根据时域特征的表象分类法，信号分为两大类：确定性信号和非确定性信号。

　　（1）确定性信号　可以用数学模型或数学关系完整地描述信号随时间变化的情形，因而可确定其任何时刻的量值。确定性信号又分为周期信号和非周期信号。

　　1）周期信号。服从一定规律，按一定的时间间隔周而复始重复出现的信号称为周期信号。周期信号满足如下关系：

$$x(t) = x(t + nT_0) \quad n = 1, 2, 3, \cdots \tag{1-1}$$

式中，$T_0$ 为信号的周期。

　　周期信号一般分为简谐周期信号、复杂周期信号。简谐周期信号是指单一频率的正余弦信号，如图 1-1a 所示。复杂周期信号是由多个频率的简谐周期信号复合而成的，各信号之间具有公共周期，如图 1-1b 所示。

　　2）非周期信号。在确定性信号中那些不具有周期重复性的信号称为非周期信号。非周期信号又分为两种：准周期信号和瞬态非周期信号。其中准周期信号由多个简谐信号叠加而成，但各组成谐波分量间无法找到公共周期，因而无法按某一时间间隔周而复始地出现。如 $x(t) = \sin t + \sin \sqrt{2} t$，其波形如图 1-2a 所示。瞬态非周期信号是指时间历程短的信号。例如，图 1-2b 所示的正弦振荡指数衰减信号 $x(t) = 0.5 e^{-2t} \sin 2\pi t$，它随着时间的增加而衰减至零，是一种瞬态非周期信号。

　　（2）非确定性信号　不能用数学关系式描述的信号称为非确定性信号，也称随机信号。随机信号又可分为两类：平稳随机信号和非平稳随机信号。

　　1）平稳随机信号。信号的统计特征不随时间而变化（图 1-3a）。

　　2）非平稳随机信号。信号的统计特征随时间而变化（图 1-3b）。

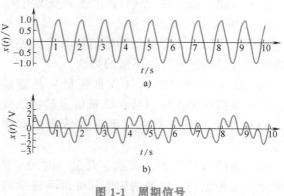

图 1-1　周期信号

a）简谐周期信号　b）复杂周期信号

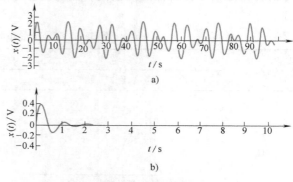

图 1-2　非周期信号

a）准周期信号　b）瞬态非周期信号

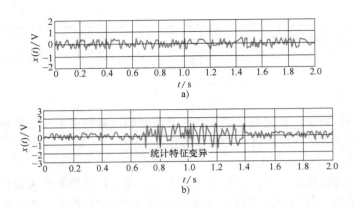

图 1-3 非确定性信号

a) 平稳随机信号 b) 非平稳随机信号

随机信号描述的现象是随机过程。自然界和人类生活中有很多随机过程,如机器工作时的振动和噪声、环境的温湿度等。随机信号服从统计规律,可以用概率统计方法由过去值来估计其未来值。

综上所述,信号按时域特征的表象分类有图 1-4 所示的多种类型。

### 2. 连续信号和离散信号

根据信号的独立变量及其幅值所具有的连续性特征,可以将信号分为不同的类别。

如果信号的独立变量(或自变量)是连续的,则称该信号为连续信号;如果信号的独立变量(或自变量)是离散的,则称该信号为离散信号。

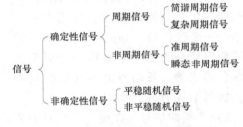

图 1-4 信号按时域特征的表象分类

对于连续信号来讲,其独立变量(时间 $t$ 或其他量)是连续的,信号的幅值既可以是连续的,也可以是离散的。若信号的独立变量和幅值都是连续的,则称之为模拟信号;若信号的独立变量是连续的,而幅值为离散的,称这种信号为量化信号。

对于离散信号来讲,信号的独立变量是离散的。若幅值是连续的,则称为采样信号;若信号的独立变量和幅值都是离散的,则称为数字信号。表 1-1 列出了上述四种信号的表达形式。

表 1-1 信号按形态分类的形式

| 时间 | 幅 值 | |
|---|---|---|
| | 连 续 | 离 散 |
| 连续 | 模拟信号 | 量化信号 |

（续）

| 时间 | 幅　值 | |
| --- | --- | --- |
| | 连　续 | 离　散 |
| 离散 | 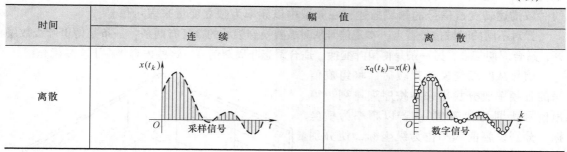<br>采样信号 | 数字信号 |

实际生活中的信号大多是模拟信号，而计算机的输入、输出都是数字信号，因此需要用数字来表示模拟量。例如用单片机测量温度时，由于自然环境里温度信号是模拟信号，所以要进行数字化。数字化要分为两步：首先利用中断功能，每隔一段时间单片机从环境中测量一次温度信息，从而得到时间上离散的离散信号，这一步称为采样；然后把温度幅值的取值数目加以限定，即用离散的数字表示温度的数值，如输入温度的范围是 $20.0 \sim 20.7$℃，并假设它的取值就限定在 $20.0$、$20.1$、$20.2$、$\cdots$、$20.7$ 这 8 个值，这 8 个值称为离散数值，如果温度的值是 $20.325$℃，它的取值应为 $20.3$℃，如果温度的值是 $20.476$℃，它的取值应为 $20.5$℃，这一步称为量化。经过采样和量化之后，就完成了将自然环境的模拟温度信号转换为计算机能够处理的数字温度信号。

**3. 能量信号和功率信号**

在实际测量中，常把被测信号转换为电压或电流信号来处理。把电压信号加到单位电阻 $R$（$R=1\Omega$）上，得到瞬时功率，即

$$P(t) = \frac{x^2(t)}{R} = x^2(t) \tag{1-2}$$

将 $x^2(t)$ 对时间积分得到能量 $E(t)$，即

$$E(t) = \int_{-\infty}^{\infty} x^2(t)\,\mathrm{d}t \tag{1-3}$$

若满足 $E(t) = \int_{-\infty}^{\infty} x^2(t)\,\mathrm{d}t < \infty$，则认为信号的能量是有限的，并称该信号为能量有限信号，简称能量信号，如矩形脉冲信号、衰减指函数等。

若信号在 $(-\infty , \infty)$ 的能量是无限的，但在有限的区间 $(t_1 , t_2)$ 的平均功率是有限的，即

$$\frac{1}{t_2 - t_1} \int_{t_1}^{t_2} x^2(t)\,\mathrm{d}t < \infty \tag{1-4}$$

则这种信号称为有限平均功率信号，或功率信号。

在实际使用中，人们不考虑信号的实际量纲，而把信号 $x(t)$ 的平方 $x^2(t)$ 及其对时间的积分分别称为信号的功率和能量。所以信号的功率和能量未必具有真实的功率和能量的量纲。

## 1.2.2　信号的时域描述和频域描述

直接观测或记录到的信号，一般是以时间为独立变量的，称其为信号的时域描述。信号的时域描述反映了信号的幅值随时间变化的特征，但不能明显揭示信号的频率组成关系。为

了研究信号的频率结构和各频率成分的幅值、相位关系，应对信号进行频谱分析，即把信号的时域描述转变成信号的频域描述，在频域中以频率为独立变量来表示信号。

针对不同的时域信号特点，实现信号从时域变换到频域的途径有两条：一条是傅里叶级数展开，适合周期信号；另一条是傅里叶变换，适合瞬态非周期信号。这些内容将在下文专门介绍。

信号从时域变换到频域后，将组成信号的各频率成分找出来，按序列排列，得出信号所谓的"频谱"。若以频率为横坐标，分别以幅值和相位为纵坐标，便分别得到信号的幅频谱和相频谱。周期方波傅里叶级数展开得到其频域描述后，该周期方波的时域图形、幅频谱和相频谱三者的关系如图1-5所示。

信号时域、频域两种不同描述方法完全是为了解决不同问题，掌握信号不同方面的特征需要。例如，评定机器振动程度，需用振动速度的方均根值来作为判据，采用时域描述，就能很快求得方均根值。而在寻找振源时，需要掌握振动信号的频率分量，这就需采用频域描述。必须指出的是，这两种描述方法能相互转换，而且包含同样的信息量。

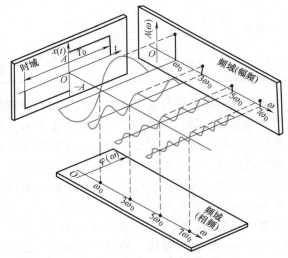

图 1-5  周期方波时域图形、幅频谱
和相频谱三者的关系

## 1.3  信号的时域分析

信号的时域反映了信号的幅值随时间变化的特征。时域分析就是直接在时域中对信号进行分析和处理的方法。

### 1.3.1  信号分析中的常用函数

在信号与系统分析中，经常会用到一些数学函数，这些函数表示的信号大多为物理不可实现信号，仅在信号分析中使用。在此先做一简单交代，见表1-2。

表 1-2  信号分析中的常用函数

| 序号 | 函数表达式 | 信号波形 | 备　注 |
|---|---|---|---|
| 1 | 指数函数 $f(t) = Ae^{\alpha t}$ | | $A$ 为振幅；$\alpha > 0$ 为递增；$\alpha < 0$ 为递减 |

（续）

| 序号 | 函数表达式 | 信号波形 | 备注 |
|------|-----------|---------|------|
| 2 | 正、余弦函数<br>$f(t) = A\sin(\omega t + \theta)$ | | $A$ 为振幅；$\omega$ 为角频率；$\theta$ 为初相位（或称初相角、初位相等） |
| 3 | 复指数函数<br>$f(t) = A\mathrm{e}^{st}$ | | $s = \alpha + \mathrm{j}\omega$ 为复数<br>根据欧拉公式<br>$\mathrm{e}^{\pm \mathrm{j}\omega t} = \cos\omega t \pm \mathrm{j}\sin\omega t$<br>得其与正、余弦函数关系，即<br>$\cos\omega t = \dfrac{1}{2}(\mathrm{e}^{-\mathrm{j}\omega t} + \mathrm{e}^{\mathrm{j}\omega t})$<br>$\sin\omega t = \dfrac{\mathrm{j}}{2}(\mathrm{e}^{-\mathrm{j}\omega t} - \mathrm{e}^{\mathrm{j}\omega t})$ |
| 4 | Sa 函数<br>$\mathrm{Sa}(t) = \dfrac{\sin t}{t}$<br>$\mathrm{sinc}(t) = \dfrac{\sin\pi t}{\pi t} = \mathrm{Sa}(\pi t)$ | | 广义偶函数<br>$\mathrm{Sa}(t) = 0, t = n\pi$<br>$\mathrm{sinc}(t) = 0, t = n$<br>$(n = \pm 1, \pm 2, \cdots)$ |
| 5 | 高斯函数（钟形脉冲函数）<br>$f(t) = k\mathrm{e}^{-\left(\frac{t}{\tau}\right)^2}$ | | $k$ 为振幅 |
| 6 | $\delta$ 函数<br>$\begin{cases} \displaystyle\int_{-\infty}^{\infty}\delta(t) = 1 \\ \delta(t) = 0 \quad t \neq 0 \end{cases}$ | | 也称单位脉冲函数 |

（续）

| 序号 | 函数表达式 | 信号波形 | 备注 |
|---|---|---|---|
| 7 | 单位阶跃函数 $u(t)=\begin{cases}0 & t<0\\ 1 & t\geqslant 0\end{cases}$ | | |
| 8 | 单位斜坡函数 $R(t)=\begin{cases}0 & t<0\\ t & t\geqslant 0\end{cases}$ | | $R(t)=tu(t)$ |
| 9 | 单位矩形脉冲函数 $G(t)=\begin{cases}1 & \lvert t\rvert\leqslant\tau/2\\ 0 & \lvert t\rvert>\tau/2\end{cases}$ | | 又称为门信号、门函数、矩形窗信号、矩形窗函数 |
| 10 | 符号函数 $\mathrm{sgn}(t)=\begin{cases}1 & t>0\\ -1 & t<0\end{cases}$ | | $\mathrm{sgn}(t)=2u(t)-1$ |

在信号分析中，$\delta$ 函数出现频率最高，它是一个广义函数。从数学上可以这样理解：对于一个矩形脉冲 $S_\varepsilon(t)$，其面积为 1（见图 1-6）。当 $\varepsilon\rightarrow 0$ 时，$S_\varepsilon(t)$ 的极限就称为 $\delta$ 函数，也称单位脉冲函数。

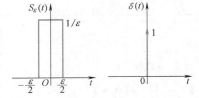

图 1-6　矩形脉冲和 $\delta$ 函数

### 1.3.2　信号的时域运算

信号的时域运算包括展缩、平移、翻转、相加、相乘、微分、积分、卷积等基本运算。微分运算会在函数幅值不连续点出现冲击，因此要注意微分运算。积分是在 $(-\infty, t)$ 区间内的积分。设函数为 $f(t)$ ，则其微分函数和积分函数如图 1-7 所示。

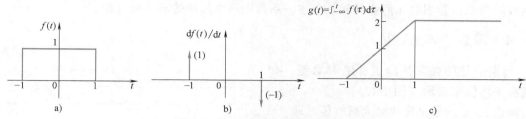

**图 1-7　信号时域的微分、积分运算**

a）原函数　b）微分函数　c）积分函数

信号时域展缩是指 $x(kt)$ 与原信号 $x(t)$ 之间在时间轴上的扩展和压缩。当 $k<1$ 时，原信号时域被扩展；当 $k>1$ 时，原信号时域被压缩。图1-8a 所示为原方波信号，图 1-8b 所示为 $k=1/2$ 时的时域扩展后的方波，图 1-8c 所示为 $k=2$ 时的时域压缩后的方波。

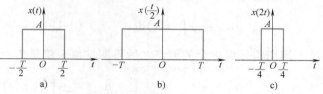

**图 1-8　信号时域展缩**

a）原信号　b）信号扩展　c）信号压缩

卷积是线性系统中时域分析的重要方法之一。两函数 $f_1(t)$ 、 $f_2(t)$ 的卷积定义为

$$f_1(t) * f_2(t) = \int_{-\infty}^{\infty} f_1(\tau)f_2(t - \tau)\mathrm{d}\tau \tag{1-5}$$

卷积作为一种数学运算，服从如下一些代数定律：

（1）交换律

$$f_1(t) * f_2(t) = f_2(t) * f_1(t) \tag{1-6}$$

（2）分配律

$$f_1(t) * [f_2(t) + f_3(t)] = f_1(t) * f_2(t) + f_1(t) * f_3(t) \tag{1-7}$$

（3）结合律

$$[f_1(t) * f_2(t)] * f_3(t) = f_1(t) * [f_2(t) * f_3(t)] \tag{1-8}$$

## 1.3.3　信号的时域分解

为便于在时域进行信号分析，一个复杂信号可以分解为一系列具有不同时延的矩形窄脉冲的叠加，如图 1-9 所示。

在任意时刻 $t=\tau$ 时，窄脉冲可表示为 $f(k\Delta\tau)\{u(t-k\Delta\tau)-u[t-(k+1)\Delta\tau]\}$ ，将 $k$ 从 $-\infty \sim \infty$ 的一系列矩形脉冲叠加，可得 $f(t)$ 的近似表达式为

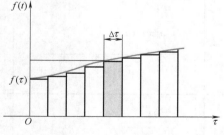

**图 1-9　信号的时域分解**

$$f(t) \approx \sum_{k=-\infty}^{\infty} f(k\Delta\tau) \frac{\{u(t - k\Delta\tau) - u[t - (k + 1)\Delta\tau]\}}{\Delta\tau}\Delta\tau$$

$$= \lim_{\Delta\tau\to 0}\sum_{k=-\infty}^{\infty} f(k\Delta\tau)\delta(t - k\Delta\tau)\Delta\tau \tag{1-9}$$

$$= \int_{-\infty}^{\infty} f(\tau)\delta(t - \tau)\mathrm{d}\tau$$

式（1-9）实质上是函数的卷积分表达式。它表明：时域里任一函数等于这一函数与单位脉冲函数的卷积，卷积的几何解释就是上述一系列矩形窄脉冲的求极限过程。

### 1.3.4 周期信号的强度

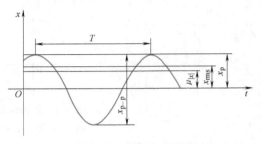

周期信号的强度用峰值、绝对均值、有效值和平均值来表示（图1-10）。

峰值 $x_p$ 是信号出现的最大瞬时值，即

$$x_p = |x(t)|_{max} \qquad (1\text{-}10)$$

周期信号的平均值 $\mu_x$ 为

$$\mu_x = \frac{1}{T_0}\int_0^{T_0} x(t)\,\mathrm{d}t \qquad (1\text{-}11)$$

图1-10 周期信号的强度表示

周期信号经过全波整流之后再取均值，就是信号的绝对均值 $\mu_{|x|}$，即

$$\mu_{|x|} = \frac{1}{T_0}\int_0^{T_0} |x(t)|\,\mathrm{d}t \qquad (1\text{-}12)$$

周期信号的有效值是信号的方均根 $x_{rms}$，即

$$x_{rms} = \sqrt{\frac{1}{T_0}\int_0^{T_0} x^2(t)\,\mathrm{d}t} \qquad (1\text{-}13)$$

表1-3列举了几种典型信号的峰值、平均值、绝对均值、有效值。

表1-3 几种典型信号的强度

| 名称 | 波 形 图 | 傅里叶级数展开式 | $x_p$ | $\mu_x$ | $\mu_{|x|}$ | $x_{rms}$ |
|---|---|---|---|---|---|---|
| 正弦波 | | $x(t)=A\sin\omega_0 t$ <br> $T_0=\dfrac{2\pi}{\omega_0}$ | $A$ | $0$ | $\dfrac{2A}{\pi}$ | $\dfrac{A}{\sqrt{2}}$ |
| 方波 | | $x(t)=\dfrac{4A}{\pi}\left(\sin\omega_0 t+\dfrac{1}{3}\sin3\omega_0 t+\right.$ <br> $\left.\dfrac{1}{5}\sin5\omega_0 t+\cdots\right)$ | $A$ | $0$ | $A$ | $A$ |
| 三角波 | | $x(t)=\dfrac{8A}{\pi^2}\left(\sin\omega_0 t-\dfrac{1}{9}\sin3\omega_0 t+\right.$ <br> $\left.\dfrac{1}{25}\sin5\omega_0 t-\cdots\right)$ | $A$ | $0$ | $\dfrac{A}{2}$ | $\dfrac{A}{\sqrt{3}}$ |
| 锯齿波 | | $x(t)=\dfrac{A}{2}-\dfrac{A}{\pi}\left(\sin\omega_0 t+\dfrac{\sin2\omega_0 t}{2}+\right.$ <br> $\left.\dfrac{\sin3\omega_0 t}{3}+\cdots\right)$ | $A$ | $\dfrac{A}{2}$ | $\dfrac{A}{2}$ | $\dfrac{A}{\sqrt{3}}$ |

（续）

| 名称 | 波 形 图 | 傅里叶级数展开式 | $x_p$ | $\mu_x$ | $\mu_{|x|}$ | $x_{rms}$ |
|---|---|---|---|---|---|---|
| 正弦整流 | | $x(t) = \dfrac{2A}{\pi}\left(1 - \dfrac{2}{3}\cos 2\omega_0 t - \dfrac{2}{15}\cos 4\omega_0 t - \dfrac{2}{35}\cos 6\omega_0 t - \cdots\right)$ | $A$ | $\dfrac{2A}{\pi}$ | $\dfrac{2A}{\pi}$ | $\dfrac{A}{\sqrt{2}}$ |

　　信号的均值可以用直流电压表测量。即使信号是周期交变的，只要交流的频率较高，那交流的成分只能引起指针的微小晃动，不影响均值的读数。当频率较低时，表针就会有较大幅度的摆动，会影响读数。这时要在交流分量旁路并接一个电容器，但同时也要注意这个电容器对被测电路的影响。

　　对单一简谐信号来说，信号的有效值用一般的交流电压表就可以测量。这是因为一般的交流电压表把检波电路的输出和单一简谐信号的有效值的关系"固化"在了电压表中。但当测量非单一简谐信号的时候，各类检波电路的输出值和信号有效值的关系已经变了，从而造成了表上的刻度和实际的信号的有效值不同，造成了测量复杂信号有效值时的系统误差。

## 1.4　周期信号及其频域分析

### 1.4.1　傅里叶级数的三角函数展开式

　　若式（1-1）表示的周期为 $T_0$ 的周期函数在有限的区间内满足狄利赫利（Dirichlet）条件，即①函数在任意有限的区间内连续，或只有有限个第一类间断点；②在一个周期内函数有有限个极大值或极小值，则该周期函数可以展开成傅里叶级数。一般的周期函数都满足狄利赫利条件。周期函数傅里叶级数三角函数展开形式为

$$x(t) = \frac{a_0}{2} + \sum_{n=1}^{\infty}(a_n\cos n\omega_0 t + b_n\sin n\omega_0 t) \tag{1-14}$$

式中的常值分量

$$a_0 = \frac{2}{T_0}\int_{-T_0/2}^{T_0/2} x(t)\,\mathrm{d}t \tag{1-15}$$

余弦分量

$$a_n = \frac{2}{T_0}\int_{-T_0/2}^{T_0/2} x(t)\cos n\omega_0 t\,\mathrm{d}t \tag{1-16}$$

正弦分量

$$b_n = \frac{2}{T_0}\int_{-T_0/2}^{T_0/2} x(t)\sin n\omega_0 t\,\mathrm{d}t \tag{1-17}$$

式中，$n$ 为自然数，$n=1,2,3,\cdots$；$T_0$ 为周期；$\omega_0$ 为圆频率或角频率，$\omega_0 = 2\pi/T_0$。

　　将傅里叶级数的三角函数展开式中正弦、余弦的同频率项整合合并，可得信号 $x(t)$ 的另一种形式的傅里叶级数三角函数表达式，即

$$x(t) = \frac{a_0}{2} + \sum_{n=1}^{\infty} A_n\cos(n\omega_0 t + \varphi_n) \quad n = 1,2,3,\cdots \tag{1-18}$$

其中

$$A_n = \sqrt{a_n^2 + b_n^2}$$

$$\tan\varphi_n = -\frac{b_n}{a_n}$$

(1-19)

可见，周期信号是由一个或几个，乃至无穷多个不同频率的谐波（正弦、余弦）分量叠加而成的。式（1-18）中右边第一项 $\frac{a_0}{2}$ 是周期信号的常值，或称为直流分量，第二项 $\sum\limits_{n=1}^{\infty} A_n\cos(n\omega_0 t + \varphi_n)$ 各项根据 $n=1$，2，3，…的顺序依次称为一次谐波或基波、二次谐波、三次谐波、…，直至 $n$ 次谐波。$A_n$ 是第 $n$ 次谐波的幅值，$\varphi_n$ 是第 $n$ 次谐波的初相位，并将第 $n$ 次谐波表示为 $A_n\cos(n\omega_0 t + \varphi_n)$

将信号的频率 $n\omega_0$ 作为横坐标，可以分别画出第 $n$ 次谐波的幅值 $A_n$ 和初相位 $\varphi_n$ 随着频率 $n\omega_0$ 变化的图形，分别称为信号的幅频图和相频图。由于 $n$ 是正整数，各频率分量仅在 $n\omega_0$ 的频率处取值，所以各频率成分都是 $\omega_0$ 的整数倍，得到的是关于幅值 $A_n$ 和初相位 $\varphi_n$ 的离散谱线。因此，周期信号的频谱是离散的。

**例 1-1** 求图 1-11 中周期性三角波的傅里叶级数。

**解** $x(t)$ 的一个周期可以表示为

$$\begin{cases} A + \dfrac{2A}{T_0}t & -T_0/2 \leqslant t \leqslant 0 \\ A - \dfrac{2A}{T_0}t & 0 \leqslant t \leqslant T_0/2 \end{cases}$$

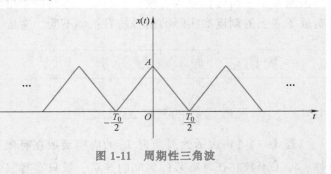

图 1-11 周期性三角波

根据公式，常值分量 $a_0 = \dfrac{2}{T_0}\displaystyle\int_{-T_0/2}^{T_0/2} x(t)\mathrm{d}t = \dfrac{4}{T_0}\displaystyle\int_0^{T_0/2}\left(A - \dfrac{2At}{T_0}\right)\mathrm{d}t = A$

设角频率 $\omega_0 = 2\pi/T_0$，余弦分量的幅值为

$$a_n = \dfrac{2}{T_0}\int_{-T_0/2}^{T_0/2} x(t)\cos n\omega_0 t\mathrm{d}t = \dfrac{4}{T_0}\int_0^{T_0/2}\left(A - \dfrac{2A}{T_0}t\right)\cos n\omega_0 t\mathrm{d}t$$

$$= \begin{cases} \dfrac{4A}{n^2\pi^2} & n = 1,\ 3,\ 5,\ \cdots \\ 0 & n = 2,\ 4,\ 6,\ \cdots \end{cases}$$

由于这个三角波 $x(t)$ 是关于时间 $t$ 的偶函数，而 $\sin n\omega_0 t$ 是关于时间 $t$ 的奇函数，它们的积是 $x(t)\sin n\omega_0 t$ 是关于时间 $t$ 的奇函数，而一个奇函数在上、下限对称的区间上的积分值等于零。故正弦分量的幅值为

$$b_n = \dfrac{2}{T_0}\int_{-T_0/2}^{T_0/2} x(t)\sin n\omega_0 t\mathrm{d}t = 0$$

这样，该周期性三角波的傅里叶级数展开为

$$x(t) = \frac{A}{2} + \frac{4A}{\pi^2} \sum_{n=1}^{\infty} \frac{1}{n^2} \cos n\omega_0 t \quad n = 1, 3, 5, \cdots$$

该周期性三角波的频谱图如图 1-12 所示，它的幅频谱只有常值分量、基波和奇次谐波，幅值以 $1/n^2$ 的规律收敛。在它的相频谱中基波和各个奇次谐波的初相位都为 0。

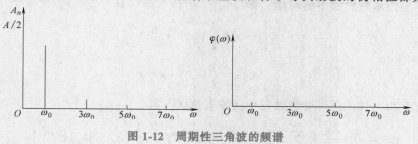

图 1-12 周期性三角波的频谱

前面讲到周期信号可以分解为多个不同频率的谐波（正弦、余弦）分量的情况。反之，多个不同频率、不同幅值和相位的傅里叶级数项叠加可以逼近一个周期信号，而且所取项的数目越多，即 $n$ 越大，近似的程度就越高。图 1-13 所示为方波信号及其各阶谐波叠加逼近的情形。

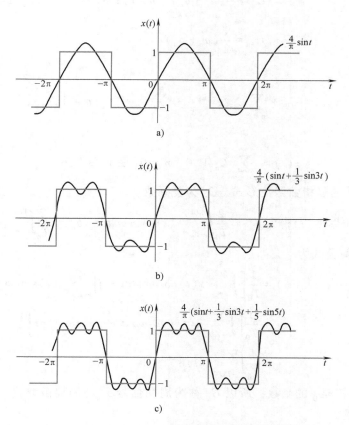

图 1-13 方波信号及其各阶谐波叠加逼近的情形

a）用一次谐波逼近　b）用一次、三次谐波之和逼近　c）用一次、三次、五次谐波之和逼近

## 1.4.2 傅里叶级数的复指数函数展开式

傅里叶级数还可以写成复指数的形式。根据欧拉公式

$$e^{\pm j\omega t} = \cos\omega t \pm j\sin\omega t \quad j^2 = -1$$

可以将三角函数做如下的转换，即

$$\begin{cases} \cos\omega t = \dfrac{1}{2}(e^{-j\omega t} + e^{j\omega t}) \\[2mm] \sin\omega t = \dfrac{j}{2}(e^{-j\omega t} - e^{j\omega t}) \end{cases} \tag{1-20}$$

把式（1-20）代入傅里叶级数三角函数表达式，得

$$x(t) = \frac{a_0}{2} + \sum_{n=1}^{\infty}\left[\frac{1}{2}(a_n + jb_n)e^{-jn\omega_0 t} + \frac{1}{2}(a_n - jb_n)e^{jn\omega_0 t}\right]$$

令

$$\begin{cases} C_0 = \dfrac{a_0}{2} \\[2mm] C_n = \dfrac{1}{2}(a_n - jb_n) \quad n = 1,2,3,\cdots \\[2mm] C_{-n} = \dfrac{1}{2}(a_n + jb_n) \end{cases} \tag{1-21}$$

则

$$x(t) = C_0 + \sum_{n=1}^{\infty} C_{-n} e^{-jn\omega_0 t} + \sum_{n=1}^{\infty} C_n e^{jn\omega_0 t} \quad n = 1,2,3,\cdots \tag{1-22}$$

或

$$x(t) = \sum_{n=-\infty}^{\infty} C_n e^{jn\omega_0 t} \quad n = 0, \pm 1, \pm 2, \cdots \tag{1-23}$$

这就是傅里叶级数的复指数函数形式，$C_n$ 为复系数。

由式(1-16)和式(1-17)得到 $a_n = \dfrac{2}{T_0}\displaystyle\int_{-T_0/2}^{T_0/2} x(t)\cos n\,\omega_0 t\mathrm{d}t$，$b_n = \dfrac{2}{T_0}\displaystyle\int_{-T_0/2}^{T_0/2} x(t)\sin n\,\omega_0 t\mathrm{d}t$，所以复系数 $C_n$ 的计算公式为

$$\begin{aligned} C_n &= \frac{1}{2}(a_n - jb_n) = \frac{1}{T_0}\left[\int_{-T_0/2}^{T_0/2} x(t)\cos n\omega_0 t\mathrm{d}t - j\int_{-T_0/2}^{T_0/2} x(t)\sin n\omega_0 t\mathrm{d}t\right] \\[2mm] &= \frac{1}{T_0}\left[\int_{-T_0/2}^{T_0/2} x(t)(\cos n\omega_0 t - j\sin n\omega_0 t)\mathrm{d}t\right] \\[2mm] &= \frac{1}{T_0}\int_{-T_0/2}^{T_0/2} x(t)e^{-jn\omega_0 t}\mathrm{d}t \end{aligned} \tag{1-24}$$

$C_n$ 是离散频率 $n\omega_0$ 的函数，所以 $C_n$ 称为周期信号 $x(t)$ 的离散频谱。一般情况下，$C_n$ 是复数，可以写成

$$C_n = \mathrm{Re}C_n + j\mathrm{Im}C_n = |C_n|e^{j\varphi_n} \tag{1-25}$$

式中，$|C_n|$ 和 $\varphi_n$ 分别为复系数 $C_n$ 的幅值和相位；$\mathrm{Re}C_n$ 和 $\mathrm{Im}C_n$ 分别为 $C_n$ 的实部和虚

部，而且有

$$|C_n| = \sqrt{\mathrm{Re}^2 C_n + \mathrm{Im}^2 C_n} \tag{1-26}$$

$$\varphi_n = \arctan \frac{\mathrm{Im} C_n}{\mathrm{Re} C_n} \tag{1-27}$$

把周期函数展开成为傅里叶级数的复指数，可分别以 $|C_n|-\omega$ 和 $\varphi_n-\omega$ 作幅频谱图和相频谱图，也可以分别以 $C_n$ 的实部、虚部与频率的关系作图，并分别称为实频谱图和虚频谱图。

周期函数傅里叶级数复指数展开后的离散频谱具有两个重要的性质（其证明读者可参阅有关文献）：

1）每个实周期函数的幅值谱是 $n$（或 $n\omega_0$）的偶函数，而相位谱是 $n$（或 $n\omega_0$）的奇函数。

2）当周期信号仅有时间的位移 $\pm\tau$ 时，它的振幅不变，相位谱发生 $\pm n\omega_0\tau$ 弧度的变化。

归纳起来，周期信号的频谱具有以下特点：

1）周期信号的频谱是离散的。

2）周期信号的谱线出现在基波和基波频率的整数倍处。

3）周期信号的幅值谱中各个频率的分量的幅值随着频率的升高而减少，即频率越高，幅值越小。因此在频谱分析中没有必要取那些频率过高的谐波分量。

但两种傅里叶级数展开式的频谱图有所不同，主要表现在以下几个方面：

1）三角函数傅里叶级数的频谱是单边谱，角频率 $\omega$ 的变化范围为 $0\sim+\infty$，而复指数函数的傅里叶级数的频谱是双边谱，角频率 $\omega$ 的变化范围为 $-\infty\sim+\infty$。

2）复指数函数的傅里叶级数双边谱中的各谐波的幅值是三角函数傅里叶级数单边谱中各对应的谐波幅值的一半，即

$$|C_n| = \frac{1}{2}A_n \tag{1-28}$$

3）在复指数函数的傅里叶级数双边谱中，$n$ 可以取正值，也可以取负值。当 $n$ 取负值时，谐波的频率 $n\omega_0$ 成了负的频率，这里就出现了"负频率"的概念。"负频率"的概念可以这样理解：对于工程中的角速度，如果规定某一旋转方向为正转，它的旋转频率就是正频率；如果规定相反方向上的转动为反转，反转的频率就是负频率。

表 1-4 总结了三角函数和复指数函数的傅里叶级数的展开式、傅里叶系数的表达式以及系数之间的关系。

表 1-4　周期信号的傅里叶级数表达式

| 形式 | 展开式 | 傅里叶系数 | 系数间的关系 |
|---|---|---|---|
| 三角函数形式 | $x(t) = \dfrac{a_0}{2} + \sum\limits_{n=1}^{\infty} a_n \cos n\omega_0 t +$ $\sum\limits_{n=1}^{\infty} b_n \sin n\omega_0 t$ $= \dfrac{a_0}{2} + \sum\limits_{n=1}^{\infty} A_n \cos(n\omega_0 t + \varphi_n)$ | $a_n = \dfrac{2}{T_0}\displaystyle\int_{-T_0/2}^{T_0/2} x(t)\cos n\omega_0 t \mathrm{d}t$ $b_n = \dfrac{2}{T_0}\displaystyle\int_{-T_0/2}^{T_0/2} x(t)\sin n\omega_0 t \mathrm{d}t$ $A_n = \sqrt{a_n^2 + b_n^2}$ $\varphi_n = -\arctan \dfrac{b_n}{a_n}$ $n = 1, 2, 3, \cdots$ | $a_n = A_n\cos\varphi_n = C_n + C_{-n}$ 是 $n$ 的偶函数 $b_n = -A_n\sin\varphi_n = \mathrm{j}(C_n - C_{-n})$ 是 $n$ 的奇函数 $A_n = 2|C_n|$ |

（续）

| 形式 | 展开式 | 傅里叶系数 | 系数间的关系 |
|---|---|---|---|
| 复指数形式 | $x(t) = \sum\limits_{n=-\infty}^{\infty} C_n e^{jn\omega_0 t}$<br><br>$C_n = \|C_n\| e^{j\varphi_n}$ | $C_n = \dfrac{1}{T_0}\displaystyle\int_{-T_0/2}^{T_0/2} x(t) e^{-jn\omega_0 t}\mathrm{d}t$<br><br>$n = 0,\ \pm1,\ \pm2,\ \pm3,\ \cdots$ | $C_n = \dfrac{a_n - \mathrm{j}b_n}{2}$<br><br>$\|C_n\| = \dfrac{1}{2}A_n$ 是 $n$ 的偶函数<br><br>$\varphi_n = -\arctan\dfrac{b_n}{a_n}$ 是 $n$ 的奇函数 |

**例 1-2**　作出余弦、正弦函数的实、虚部频谱图以及单边谱和双边谱。

**解**　对于一般的函数需要使用式（1-24），通过积分求出 $C_n$。余弦、正弦函数却可以通过欧拉公式直接展开成傅里叶级数的复指数形式。

余弦、正弦函数可以写成

$$\cos\omega_0 t = \frac{1}{2}(e^{-j\omega_0 t} + e^{j\omega_0 t}), \quad \sin\omega_0 t = \frac{j}{2}(e^{-j\omega_0 t} - e^{j\omega_0 t})$$

对照式（1-23），即傅里叶级数的复指数函数的形式为

$$x(t) = \sum_{n=-\infty}^{\infty} C_n e^{jn\omega_0 t} \quad n = 0,\ \pm1,\ \pm2,\ \cdots$$

把余弦、正弦函数写成标准的傅里叶级数的复指数函数形式，即

$$\cos\omega_0 t = \frac{1}{2}(e^{-j\omega_0 t} + e^{j\omega_0 t}) = C_{-1} e^{-j\omega_0 t} + C_1 e^{j\omega_0 t}$$

$$\sin\omega_0 t = \frac{j}{2}(e^{-j\omega_0 t} - e^{j\omega_0 t}) = C_{-1} e^{-j\omega_0 t} + C_1 e^{j\omega_0 t}$$

可见，余弦函数展开后，$C_{-1} = C_1 = 1/2$，是实数，所以余弦函数只有实频谱，虚频谱的幅值均为零。余弦函数的实频谱关于纵轴偶对称。

而正弦函数展开后，$C_{-1} = j/2$，$C_1 = -j/2$，是纯虚数，所以正弦函数只有虚频谱，实频谱的幅值均为零。正弦函数的虚频谱关于纵轴奇对称。图 1-14 所示为这两个函数的实、虚部频谱图以及单边谱和双边谱。

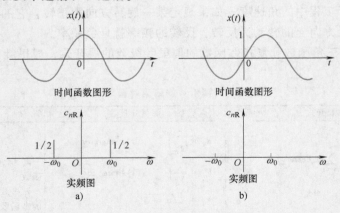

**图 1-14　正弦、余弦函数的频谱图**

a）余弦函数 $x(t) = \cos\omega_0 t$ 情况　b）正弦函数 $x(t) = \sin\omega_0 t$ 情况

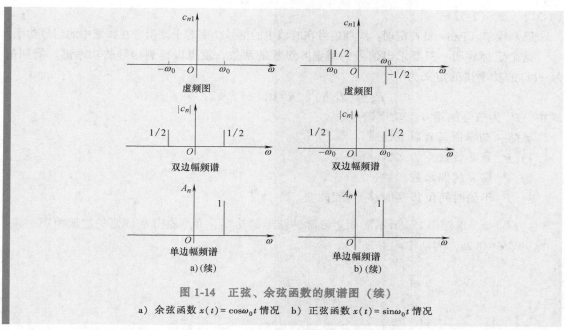

图 1-14 正弦、余弦函数的频谱图（续）

a）余弦函数 $x(t) = \cos\omega_0 t$ 情况　b）正弦函数 $x(t) = \sin\omega_0 t$ 情况

其实，一般周期函数按照傅里叶级数的复指数函数的形式展开后，它的实频谱关于纵轴总是偶对称的，虚频谱关于纵轴总是奇对称的。

### 1.4.3　周期信号的功率及功率谱

根据 1.2 节信号的分类方法，周期信号是功率信号。一个周期信号的平均功率的定义为

$$P = \frac{1}{T_0}\int_0^{T_0} x^2(t)\,\mathrm{d}t \tag{1-29}$$

可见，方均值就是信号的平均功率 $P$。

式（1-29）中，把信号写成傅里叶三角函数级数形式，得到

$$P = \frac{1}{T_0}\int_0^{T_0}\left[\frac{a_0}{2} + \sum_{n=1}^{\infty} A_n\cos(n\omega_0 t + \varphi_n)\right]^2\mathrm{d}t \tag{1-30}$$

在上述的展开式中，利用余弦函数 $\cos(n\omega_0 t + \varphi_n)$ 在一个周期上的积分为零的性质，以及正交函数的性质，即①当 $m \neq n$ 时，$\cos(n\omega_0 t + \varphi_n)\cos(m\omega_0 t + \varphi_m)$ 的一个周期的积分为零；②当 $m = n$ 时，积分的值为 $T_0/2$，则平均功率展开式可表达为

$$P = \frac{1}{T_0}\int_0^{T_0} x^2(t)\,\mathrm{d}t = \left(\frac{a_0}{2}\right)^2 + \sum_{n=1}^{\infty}\frac{1}{2}A_n^2 \tag{1-31}$$

式（1-31）的右端第一项表示信号 $x(t)$ 的直流功率，第二项为各个谐波的幅值二次方和的一半。根据实周期函数的性质可知，$|C_n| = |C_{-n}| = \dfrac{A_n}{2}$，故平均功率表达式又可以改写为如下形式：

$$P = \frac{1}{T_0}\int_0^{T_0} x^2(t)\,\mathrm{d}t = |C_0|^2 + 2\sum_{n=1}^{\infty}|C_n|^2 = \sum_{n=-\infty}^{\infty}|C_n|^2 \quad n = 0,\ \pm 1,\ \pm 2,\cdots \tag{1-32}$$

所以，周期信号平均功率有时域和频域两种表示方法。前者为式（1-29），后者为式

（1-31）、式（1-32）。

巴塞伐尔（Parseval）定理：周期信号在时域中的信号功率等于该信号在频域中的信号功率。

这个定理表明，只要求出信号的傅里叶级数的系数，就可以得到信号的功率谱。周期信号 $x(t)$ 的功率谱的定义为

$$P_n = |C_n|^2 \quad n=0, \pm1, \pm2, \cdots$$

式中，$P_n$ 为信号的第 $n$ 个功率谱点。

显然，功率谱具有以下性质：

1）$P_n$ 是非负数。

2）$P_n$ 是 $n$ 的偶函数。

3）$P_n$ 不随时间位移（时移）$\tau$ 而改变。

例 1-3　求图 1-15a 所示周期矩形脉冲信号的功率，并考察其功率谱的组成情况，设脉宽 $\Delta T = 0.2\text{s}$，周期 $T = 1\text{s}$。

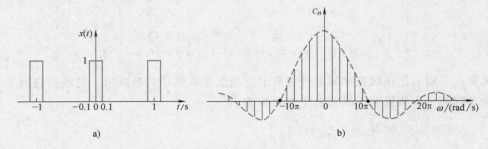

图 1-15　周期矩形脉冲信号及其频谱

a）周期矩形脉冲信号　b）周期矩形脉冲信号的频谱

解　根据周期信号平均功率计算公式，有

$$P = \frac{1}{T}\int_{-T/2}^{T/2} x^2(t)\,\mathrm{d}t = \frac{1}{T}\int_{-\Delta T/2}^{\Delta T/2} x^2(t)\,\mathrm{d}t = 0.2$$

即周期矩形脉冲信号的功率为 0.2。

$x(t)$ 展开后的傅里叶系数为

$$
\begin{aligned}
C_n &= \frac{1}{T}\int_{-T/2}^{T/2} x(t)\,\mathrm{e}^{-\mathrm{j}n\omega_0 t}\,\mathrm{d}t \\
&= \frac{1}{T}\int_{-\Delta T/2}^{\Delta T/2} \mathrm{e}^{-\mathrm{j}n\omega_0 t}\,\mathrm{d}t \\
&= \frac{\Delta T}{T}\frac{\sin\dfrac{n\omega_0\Delta T}{2}}{\dfrac{n\omega_0\Delta T}{2}} \\
&= \frac{\Delta T}{T}\frac{\sin\left(\dfrac{n\pi\Delta T}{T}\right)}{\dfrac{n\pi\Delta T}{T}}
\end{aligned}
$$

$$= 0.2 \frac{\sin(0.2n\pi)}{0.2n\pi}$$

$$= 0.2\text{sinc}(0.2n) \quad n = 0, \ \pm 1, \ \pm 2, \cdots$$

其频谱图如图 1-15b 所示。

上述信号频谱中第一个过零点内所含各频率分量的功率总和 $P'$ 计算如下:

$$P' = \sum_{n=-5}^{n=5} |C_n|^2$$

$$= |C_0|^2 + 2(|C_1|^2 + |C_2|^2 + |C_3|^2 + |C_4|^2 + |C_5|^2)$$

$$= (0.2)^2 + 2 \times (0.2)^2 [\text{sinc}^2(0.2\pi) + \text{sinc}^2(0.2 \times 2\pi) + \text{sinc}^2(0.2 \times 3\pi) +$$

$$\text{sinc}^2(0.2 \times 4\pi) + \text{sinc}^2(0.2 \times 5\pi)]$$

$$= 0.04 + 0.08 \times (0.875 + 0.573 + 0.255 + 0.055 + 0) = 0.181$$

第一个过零点内频率分量的功率和占总功率的百分比为

$$\frac{P'}{P} = \frac{0.181}{0.2} \times 100\% = 90.5\%$$

这也说明，信号频率中第一个过零点以内（或称频谱主瓣）所含的频率分量的功率之和已占信号总功率的绝大部分。

## 1.5 非周期信号及其频域分析

非周期信号包括准周期信号和瞬态非周期信号两种。

准周期信号是几个简谐信号的叠加，各简谐成分的频率比不是有理数，合成后不能经过某一时间间隔后重演。但这种信号有离散频谱。多个独立的振源激励引起对象的振动信号往往就是这样的。可通过对各独立简谐信号做频谱分析来对这类准周期信号做频谱分析。

一般所说的非周期信号是指瞬态非周期信号。图 1-16 列举了几种常见的瞬态非周期信号。

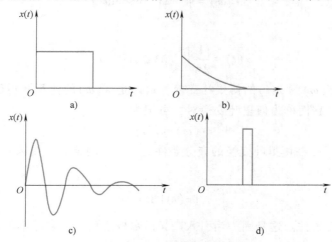

图 1-16 常见瞬态非周期信号

a）矩形脉冲信号 b）指数衰减信号 c）振荡衰减信号 d）单一窄脉冲信号

### 1.5.1 傅里叶变换

正如前述，周期信号通过傅里叶级数展开后，其频谱为离散频谱，频谱间隔 $\Delta\omega = \omega_0 = 2\pi/T_0$。非周期信号可看成是当周期 $T_0$ 趋于无穷大时的周期信号。当周期 $T_0$ 趋于无穷大时，其频率间隔 $\Delta\omega$ 趋于无穷小，谱线无限靠近，变量 $n\omega_0$ 连续取值以致离散谱线的顶点最后演变成为一条连续的曲线。所以，非周期信号的频谱是连续的，它由无限多个频率分量组成。

进一步分析如下：设 $x(t)$ 是在区间 $(-T_0/2,\ T_0/2)$ 上的周期函数，它可以用傅里叶级数形式表达为

$$x(t) = \sum_{n=-\infty}^{\infty} C_n e^{jn\omega_0 t} \quad n = 0,\ \pm1,\ \pm2,\ \cdots$$

其中

$$C_n = \frac{1}{T_0}\int_{-T_0/2}^{T_0/2} x(t) e^{-jn\omega_0 t}dt$$

$$x(t) = \sum_{n=-\infty}^{\infty}\left[\frac{1}{T_0}\int_{-T_0/2}^{T_0/2} x(t) e^{-jn\omega_0 t}dt\right]e^{jn\omega_0 t} \quad n = 0,\ \pm1,\ \pm2,\ \cdots$$

当 $T_0 \to \infty$ 时，区间 $(-T_0/2,\ T_0/2)$ 变成了 $(-\infty,\ \infty)$，频率间隔 $\Delta\omega$ 趋于无穷小量 $d\omega$，其中 $\omega$ 是由离散频率 $n\omega_0$ 变成的。于是

$$x(t) = \int_{-\infty}^{\infty}\frac{d\omega}{2\pi}\left[\int_{-\infty}^{\infty} x(t) e^{-j\omega t}dt\right]e^{j\omega t}$$

$$\tag{1-33}$$

$$= \frac{1}{2\pi}\int_{-\infty}^{\infty}\left[\int_{-\infty}^{\infty} x(t) e^{-j\omega t}dt\right]e^{j\omega t}d\omega$$

方括号中的积分是关于 $\omega$ 的函数，将式中方括号中的积分记为

$$X(\omega) = \int_{-\infty}^{\infty} x(t) e^{-j\omega t}dt \tag{1-34}$$

$x(t)$ 可以改写为

$$x(t) = \frac{1}{2\pi}\int_{-\infty}^{\infty} X(\omega) e^{j\omega t}d\omega \tag{1-35}$$

在数学上，称 $X(\omega)$ 为 $x(t)$ 的傅里叶变换，$x(t)$ 是 $X(\omega)$ 的傅里叶逆变换，两者之间存在一一对应的关系，它们称为傅里叶变换对，可记为

$$X(\omega) \leftrightarrow x(t) \tag{1-36}$$

非周期函数 $x(t)$ 存在傅里叶变换的充分条件是：$x(t)$ 的绝对值在区间 $(-\infty,\ \infty)$ 上可积，即

$$\int_{-\infty}^{\infty}|x(t)|dt < \infty$$

但这个条件并非必要条件。这是因为当引入广义函数概念后，许多原本不满足绝对可积条件的函数也能进行傅里叶变换。

把 $\omega = 2\pi f$ 代入傅里叶变换的公式，公式变为

$$X(f) = \int_{-\infty}^{\infty} x(t) e^{-j2\pi ft} dt \tag{1-37}$$

$$x(t) = \int_{-\infty}^{\infty} X(f) e^{j2\pi ft} df \tag{1-38}$$

这就避免了式（1-35）中出现 $\dfrac{1}{2\pi}$ 的因子，使得公式的形式简化。相应的傅里叶变换对可写成为

$$X(f) \leftrightarrow x(t) \tag{1-39}$$

式（1-34）、式（1-37）计算所得 $X(\omega)$ 与 $X(f)$ 的关系为：按式（1-37）得到 $X(f)$ 后，用 $\omega$ 代替 $f$，再在式子前乘以 $2\pi$；按式（1-34）得到 $X(\omega)$ 后，用 $f$ 代替 $\omega$，再在式子前乘以 $\dfrac{1}{2\pi}$。

由于一个非周期信号可以看成是频率连续变化的谐波的叠加，$X(f)$ 反映了信号不同谐波分量的振幅与相位的变化情况，因此称 $X(f)$ [或 $X(\omega)$] 为 $x(t)$ 的连续频谱。$X(f)$ 一般是关于实变量 $f$ 的复函数，故而可写成

$$X(f) = |X(f)| e^{j\varphi(f)} \tag{1-40}$$

$|X(f)|$ 就是非周期信号 $x(t)$ 的连续幅值谱，$\varphi(f)$ 是 $x(t)$ 的连续相位谱。必须要指出的是，尽管非周期信号的幅值谱 $|X(f)|$ 和周期信号的幅值谱 $|C_n|$ 很相似，名称相同，但是两者是有差别的：首先，$|X(f)|$ 是连续的，$|C_n|$ 是离散的；其次，两者的量纲也不一样。由 $x(t) = \sum_{n=-\infty}^{\infty} C_n e^{jn\omega_0 t}$ 可看出 $|C_n|$ 和信号幅值的量纲一致，由 $x(t) = \int_{-\infty}^{\infty} X(f) e^{j2\pi ft} df$ 可看出 $|X(f)|$ 的量纲和实际信号幅值的量纲不一致，实际信号幅值的量纲和 $X(f) \ df$ 的量纲一致，$|X(f)|$ 是单位频宽上的幅值，所以严格地讲，$X(f)$ 是频谱密度函数。但习惯上，仍称 $X(f)$ 是信号 $x(t)$ 的频谱。

例 1-4　图 1-17 所示为一个矩形脉冲函数（又称窗函数） $x(t)$，即

$$x(t) = \begin{cases} A & |t| < \dfrac{T}{2} \\ 0 & |t| \geqslant \dfrac{T}{2} \end{cases}$$

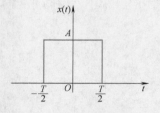

图 1-17　矩形脉冲函数

求该函数的频谱。

解　该函数是非周期函数，所以用傅里叶变换公式求它的频谱，且频谱是连续的，即

$$X(f) = \int_{-\infty}^{\infty} x(t) e^{-j2\pi ft} dt = \int_{-T/2}^{T/2} A e^{-j2\pi ft} dt$$

$$= -\frac{A}{j2\pi f}(e^{-j\pi ft} - e^{j\pi ft})$$

$$= AT \frac{\sin \pi fT}{\pi fT} \tag{1-41}$$

$$= AT\mathrm{sinc}(fT)$$

显然，矩形脉冲函数 $x(t)$ 的频谱 $X(f)$ 是一个实数，其图形如图 1-18 所示。由于

$X(f)$ 是一个实数，矩形脉冲函数 $x(t)$ 的幅频谱等于 $X(f)$ 的绝对值；当 $X(f)$ 是正数时，相频谱上对应的相位是 0，当 $X(f)$ 是负数时，相频谱上对应的相位是 $+\pi$ 或 $-\pi$。

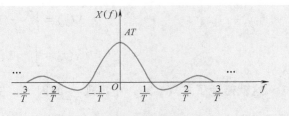

图 1-18 矩形脉冲函数的频谱

矩形脉冲函数和表 1-2 中定义的 sinc 函数之间是一对傅里叶变换对，如果用 $\text{rect}(t)$ 表示图 1-17 所示的矩形脉冲函数，则有

$$\text{rect}(t) \leftrightarrow AT\text{sinc}(fT) \tag{1-42}$$

### 1.5.2 能量谱

周期信号是功率信号，上一节已经推导出它的功率谱。非周期信号是能量信号，这一节要推导它的能量与频谱的关系式。非周期信号 $x(t)$ 的能量定义为

$$E = \int_{-\infty}^{\infty} x^2(t)\,dt \tag{1-43}$$

前面在介绍非周期信号的傅里叶变换条件时指出，要求信号 $x(t)$ 在 $(-\infty, +\infty)$ 上绝对可积。根据能量信号定义，满足绝对可积条件，即

$$E = \int_{-\infty}^{\infty} x^2(t)\,dt < \infty$$

这一条件被所有能量信号，如矩形脉冲函数、三角脉冲函数、单（双）边指数衰减函数等所满足。

利用 $x(t) = \dfrac{1}{2\pi}\int_{-\infty}^{\infty} X(\omega)e^{j\omega t}\,d\omega$ 的关系，信号能量为

$$
\begin{aligned}
E &= \int_{-\infty}^{\infty} x^2(t)\,dt \\
&= \int_{-\infty}^{\infty} x(t)\left[\frac{1}{2\pi}\int_{-\infty}^{\infty} X(\omega)e^{j\omega t}\,d\omega\right]dt \\
&= \frac{1}{2\pi}\int_{-\infty}^{\infty} X(\omega)\left[\int_{-\infty}^{\infty} x(t)e^{j\omega t}\,dt\right]d\omega \quad (\text{变换积分次序}) \\
&= \frac{1}{2\pi}\int_{-\infty}^{\infty} X(\omega)X(-\omega)\,d\omega
\end{aligned}
$$

对于实信号 $x(t)$，$X(-\omega)$ 和 $X(\omega)$ 互为复共轭函数，所以

$$E = \frac{1}{2\pi}\int_{-\infty}^{\infty} X(\omega)X(-\omega)\,d\omega = \frac{1}{2\pi}\int_{-\infty}^{\infty} |X(\omega)|^2\,d\omega \tag{1-44}$$

因此，信号的能量为

$$E = \int_{-\infty}^{\infty} x^2(t)\,dt = \frac{1}{2\pi}\int_{-\infty}^{\infty} |X(\omega)|^2\,d\omega \tag{1-45}$$

式（1-45）称为巴塞伐尔方程或能量等式。它表示一个非周期信号 $x(t)$ 在时域中的能量可以由它在频域中连续频谱的能量来表示。

由于 $|X(\omega)|^2$ 是关于 $\omega$ 的偶函数，所以能量可以写成

$$E = \frac{1}{2\pi} \int_{-\infty}^{\infty} |X(\omega)|^2 d\omega$$

$$= \frac{1}{\pi} \int_0^{\infty} |X(\omega)|^2 d\omega = \int_0^{\infty} S(\omega) d\omega \qquad (1\text{-}46)$$

其中 $S(\omega) = |X(\omega)|^2/\pi$，是 $x(t)$ 的能量谱密度函数，简称能量谱。信号的能量谱 $S(\omega)$ 是 $\omega$ 的偶函数，它仅取决于幅频谱的模 $|X(\omega)|$，而与相位无关。

周期信号中每个谐波分量与一定量的功率可以联系起来；同样，能量信号中的能量同连续的频带也可以联系起来。在例 1-4 矩形脉冲的例子中，可以求出它的能量谱，从而求出 $x(t)$ 的能量。图 1-19 所示的阴影就是矩形脉冲信号 $x(t)$ 在频带 $(\omega_1, \omega_2)$ 中的能量。

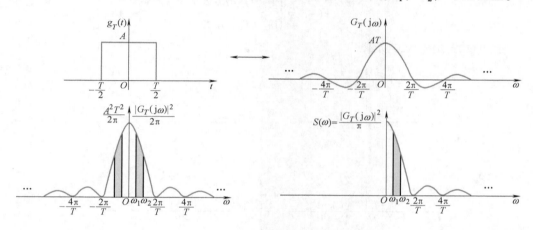

图 1-19 矩形脉冲函数的能量谱曲线及能量

## 1.5.3 傅里叶变换的主要性质

傅里叶变换具有一些基本性质，了解这些性质有助于对复杂信号时域、频域转换的分析和理解，简化计算工作。表 1-5 列出了傅里叶变换的主要性质，对这些性质不做推导，读者可参考有关数学手册。

表 1-5 傅里叶变换的主要性质

| 性质 | 时域 | 频域 | 性质 | 时域 | 频域 |
|---|---|---|---|---|---|
| 函数的<br>奇偶虚实 | 实偶函数 | 实偶函数 | 频移 | $x(t)\mathrm{e}^{\mp \mathrm{j}2\pi f_0 t}$ | $X(f \pm f_0)$ |
| | 实奇函数 | 虚奇函数 | 翻转 | $x(-t)$ | $X(-f)$ |
| | 虚偶函数 | 虚偶函数 | 共轭 | $x^*(t)$ | $X^*(-f)$ |
| | 虚奇函数 | 实奇函数 | 时域卷积 | $x_1(t) * x_2(t)$ | $X_1(f) X_2(f)$ |
| 线性叠加 | $ax(t)+by(t)$ | $aX(f)+bY(f)$ | 频域卷积 | $x_1(t) x_2(t)$ | $X_1(f) * X_2(f)$ |
| 对称 | $X(t)$ | $x(-f)$ | 时域微分 | $\dfrac{\mathrm{d}^n x(t)}{\mathrm{d}t^n}$ | $(\mathrm{j}2\pi f)^n X(f)$ |
| 尺度改变 | $x(kt)$ | $\dfrac{1}{k}X\left(\dfrac{f}{k}\right)$ | 频域微分 | $(-\mathrm{j}2\pi t)^n x(t)$ | $\dfrac{\mathrm{d}^n X(f)}{\mathrm{d}f^n}$ |
| 时移 | $x(t-t_0)$ | $X(f)\mathrm{e}^{-\mathrm{j}2\pi f t_0}$ | 积分 | $\displaystyle\int_{-\infty}^{t} x(t)\, \mathrm{d}t$ | $\dfrac{1}{\mathrm{j}2\pi f}X(f)$ |

注：傅里叶变换的积分性质前提是 $X(0) = 0$。

下面通过几个例子说明上述傅里叶变换性质在信号时域、频域转换分析和理解中的应用。

例 1-5 矩形脉冲函数为

$$x(t) = \begin{cases} 1 & |t| < T/2 \\ 0 & |t| \geq T/2 \end{cases}$$

利用傅里叶变换的对称性求 $X(t)$ 的频谱。

解 由例 1-4 的计算结果可知 $X(f) = T\mathrm{sinc}(fT)$。

利用傅里叶变换的对称性：若 $x(t) \leftrightarrow X(f)$，则有 $X(t) \leftrightarrow x(-f)$。

根据对称性，时间函数 $X(t) = T\mathrm{sinc}(Tt)$ 的频谱就可以直接写出来，即

$$x(-f) = \begin{cases} 1 & |f| < f_0/2 \\ 0 & |f| \geq f_0/2 \end{cases}$$

上述过程如图 1-20 所示。

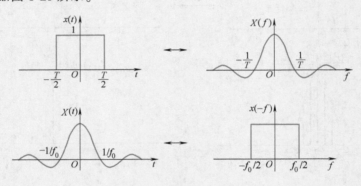

图 1-20 傅里叶变换对称性运用的例子

例 1-6 利用傅里叶变换时间尺度改变特性，解释磁带记录仪信号记录和播放时速度不一致导致的处理效率与带宽问题。

解 傅里叶变换时间尺度改变特性表明，信号的持续时间和信号占有的频带宽度成反比。假若图 1-21b 表示的是磁带记录仪按正常速度记录和播放时的信号时域和频域。当记录仪快放时，意味着时间尺度压缩，处理信号效率提高，但同时信号的频带会加宽

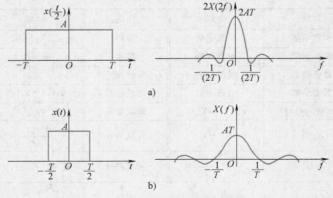

图 1-21 时间尺度改变特性举例

a) $k = 0.5$ b) $k = 1$

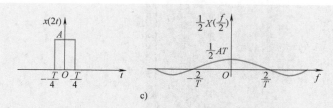

图 1-21　时间尺度改变特性举例（续）

c）k = 2

（图1-21c）。倘若信号的频宽超过了信号后置处理设备（如滤波器）的通频宽度，那么就会导致信号失真。当记录仪慢放时，时间尺度扩展，信号的处理效率降低，但信号频带变窄，从而使得对信号的后置处理设备通频带宽的要求可以降低（图1-21a）。

例 1-7　已知 $X(f) = F(x(t))$，利用傅里叶性质求 $F(x(6-2t))$。

解　已知 $X(f) = F(x(t))$，利用傅里叶变换的以下几个特性，则

由翻转特性得　$F(x(-t)) = X(-f)$

由尺度改变特性得　$F(x(-2t)) = (1/2)X(-f/2)$

由时移特性得　$F(x(-2(t-3))) = (1/2)X(-f/2)e^{-j6\pi f}$

所以　$F(x(6-2t)) = (1/2)X(-f/2)e^{-j6\pi f}$

例 1-8　求图 1-22 所示的矩形脉冲的频谱，已知矩形脉冲的宽度为 $T$，幅值为 $A$。

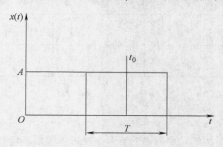

图 1-22　有时移的矩形脉冲

解　图 1-22 可以看成是一个中心位于坐标原点的矩形脉冲时移至 $t_0$ 点所形成的图形。而式（1-41）表面中心位于坐标原点的矩形脉冲的傅里叶变换为 $AT\text{sinc}(fT)$，所以根据傅里叶变换的时移性质，此函数的傅里叶变换为

$$X(f) = AT\text{sinc}(fT)e^{-j2\pi ft_0}$$

由此可见，它的幅频谱和相频谱分别为

$$|X(f)| = AT|\text{sinc}(fT)|$$

$$\varphi(f) = \begin{cases} -2\pi ft_0 & \text{sinc}(fT) \geq 0 \\ -2\pi ft_0 \pm \pi & \text{sinc}(fT) < 0 \end{cases}$$

幅频谱并没有任何改变，时移仅使相频谱增加了一个随频率线性变化的增量。图1-23给出了三种不同的时移 $t_0$ 情况下的相频谱。

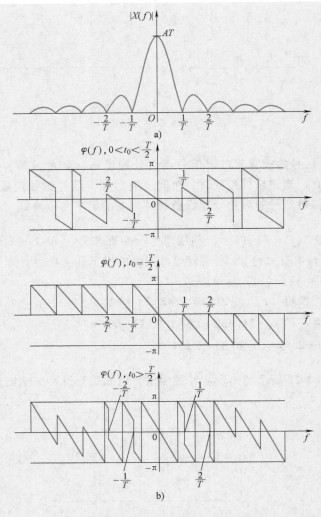

**图 1-23 有时移的矩形脉冲的幅频谱和相频谱**

a) 幅频谱 b) 相频谱

**例 1-9** 设 $x(t)$ 是调制信号, $\cos\omega_0 t$ 为载波信号, 求两者的乘积, 即调制后的信号频谱。

**解** 根据信号的频移性质和线性性质, 得

$$F[x(t)\cos\omega_0 t] = \frac{F[x(t)\,\mathrm{e}^{\mathrm{j}\omega_0 t}] + F[x(t)\,\mathrm{e}^{-\mathrm{j}\omega_0 t}]}{2}$$

$$= \frac{X(\omega-\omega_0) + X(\omega+\omega_0)}{2}$$

从上面的计算结果可以看出, 时间信号经过调制后的频谱等于将调制前的信号的频谱进行平移, 使得调制前的信号的一半的中心位于 $\omega_0$ 处, 另一半位于 $-\omega_0$ 处 (图1-24)。

类似的调制信号 $x(t)\sin\omega_0 t$ 的频谱函数为

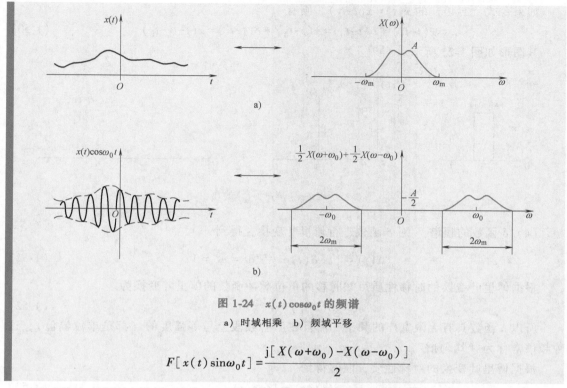

图 1-24  $x(t)\cos\omega_0 t$ 的频谱

a) 时域相乘  b) 频域平移

$$F[x(t)\sin\omega_0 t] = \frac{\mathrm{j}[X(\omega+\omega_0)-X(\omega-\omega_0)]}{2}$$

以后将会介绍的调幅、同步解调等技术都是以频移性质为基础实现的。

### 1.5.4  典型功率信号的频谱

前面已经指出,只有满足绝对可积条件的能量信号才能进行傅里叶变换。但在信号分析中有些十分有用的信号,如单位阶跃函数、正余弦函数等却是绝对不可积的,即不满足狄利赫利条件。这些信号能量趋于无穷大,但它们的功率是有限的,属于功率信号。对这些函数的傅里叶变换可以利用单位脉冲函数和某些高阶的奇异函数的傅里叶变换,以及傅里叶变换的性质来实现。

下面介绍几种典型功率信号的频谱。

#### 1. 单位脉冲 $\delta$ 函数的性质和频谱

(1) $\delta$ 函数的筛选特性   如果单位脉冲 $\delta(t-t_0)$ 和某一连续函数 $f(t)$ 相乘,则 $f(t)\delta(t-t_0)$ 的函数是一个发生在 $t=t_0$ 处,强度是 $f(t_0)$ 的单位脉冲。这个特性可以表示为

$$f(t)\delta(t-t_0) = f(t_0)\delta(t-t_0) \tag{1-47}$$

(2) 取样特性   从函数值来看,$f(t_0)\delta(t-t_0)$ 的乘积趋于无穷大,从面积来看,则为 $f(t_0)$。如果 $\delta$ 函数与某一连续函数 $f(t)$ 相乘,并在 $(-\infty, \infty)$ 区间中积分,则有

$$\int_{-\infty}^{\infty} f(t)\delta(t-t_0)\,\mathrm{d}t = f(t_0) \tag{1-48}$$

(3) 卷积特性   任何函数和 $\delta$ 函数的卷积为

$$x(t) * \delta(t-t_0) = \int_{-\infty}^{\infty} x(\tau)\delta(t-t_0-\tau)\,\mathrm{d}\tau = x(t-t_0) \tag{1-49}$$

如果令式（1-49）的 $x(t)=x(t-t_1)$，则有

$$x(t-t_1) * \delta(t-t_0) = x(t-t_0) * \delta(t-t_1) = x(t-t_1-t_0) \tag{1-50}$$

其图形如图 1-25 所示。

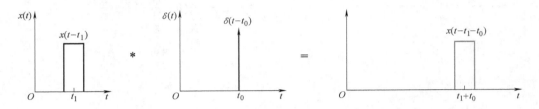

图 1-25　$x(t-t_1)$ 和 $\delta(t-t_0)$ 的卷积

（4）$\delta$ 函数的频谱　对 $\delta$ 函数进行傅里叶变换，得到

$$\Delta(f) = \int_{-\infty}^{\infty} \delta(t) e^{-j2\pi ft} dt = e^0 = 1 \tag{1-51}$$

根据傅里叶变换的时移性质可知时移的单位脉冲函数的傅里叶变换为

$$\delta(t-t_0) \leftrightarrow e^{-j2\pi ft_0} \tag{1-52}$$

所以 $\delta$ 函数具有无限宽广的频谱，而且在所有频段上是等强度的（都是单位幅值），这种频谱常称为"均匀谱"。

根据傅里叶变换的对称性质，能够得到

$$\delta(t) \leftrightarrow 1 \Rightarrow 1 \leftrightarrow \delta(f) \tag{1-53}$$

根据傅里叶变换的频移性质，能够得到

$$1 \leftrightarrow \delta(f) \Rightarrow e^{j2\pi f_0 t} \leftrightarrow \delta(f-f_0) \tag{1-54}$$

现将关于 $\delta$ 函数的傅里叶变换对归纳，见表 1-6。

表 1-6　关于 $\delta$ 函数的傅里叶变换对

| 时域 | 频域 |
| --- | --- |
| $\delta(t)$ | 1 |
| 1 | $\delta(f)$ |
| $\delta(t-t_0)$ | $e^{-j2\pi ft_0}$ |
| $e^{j2\pi f_0 t}$ | $\delta(f-f_0)$ |

## 2. 正弦、余弦函数

由于正弦、余弦函数不满足绝对可积的条件，因此不能直接应用积分的方法进行傅里叶变换，而需要在傅里叶变换的时候引入 $\delta$ 函数。

正弦、余弦函数可以写成

$$\sin\omega_0 t = \frac{j}{2}(e^{-j\omega_0 t} - e^{j\omega_0 t})$$

$$\cos\omega_0 t = \frac{1}{2}(e^{-j\omega_0 t} + e^{j\omega_0 t})$$

可以认为正弦、余弦函数就是把频域中的两个 $\delta$ 函数向不同方向移动后的差或和的傅里

叶逆变换，即正弦、余弦函数的傅里叶变换对为

$$\sin\omega_0 t \leftrightarrow j\pi[\delta(\omega+\omega_0)-\delta(\omega-\omega_0)] \tag{1-55}$$

$$\cos\omega_0 t \leftrightarrow \pi[\delta(\omega+\omega_0)+\delta(\omega-\omega_0)] \tag{1-56}$$

正弦、余弦函数及其频谱如图 1-26 所示。

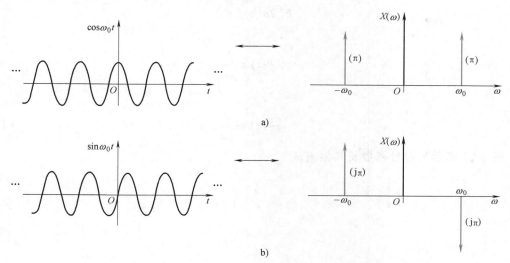

图 1-26 正弦、余弦函数及其频谱

a) 余弦函数及其频谱 b) 正弦函数及其频谱

在例 1-9 中介绍傅里叶变换的频移时涉及 $x(t)\cos 2\pi f_0 t$ 的傅里叶变换的计算。用 $F[\ ]$ 表示傅里叶变换，利用频域卷积定理和余弦的傅里叶变换可以得到

$$F[x(t)\cos 2\pi f_0 t] = X(f) * \left[\frac{\delta(f+f_0)+\delta(f-f_0)}{2}\right]$$

$$= \frac{X(f+f_0)+X(f-f_0)}{2} \tag{1-57}$$

类似的，信号和正弦函数乘积的傅里叶变换为

$$F[x(t)\sin 2\pi f_0 t] = \frac{j[X(f+f_0)-X(f-f_0)]}{2} \tag{1-58}$$

### 3. 符号函数

符号函数为

$$\mathrm{sgn}(t) = \begin{cases} -1 & t<0 \\ 0 & t=0 \\ 1 & t>0 \end{cases} \tag{1-59}$$

求 $\mathrm{sgn}(t)$ 的频谱时，利用傅里叶变换的微分性质。如果 $x(t)\leftrightarrow X(\omega)$，则

$$\frac{\mathrm{d}x(t)}{\mathrm{d}t} \leftrightarrow j\omega X(\omega)$$

对符号函数有

$$\frac{\mathrm{d}\,\mathrm{sgn}(t)}{\mathrm{d}t} \leftrightarrow j\omega X(\omega)$$

对符号函数微分，则

$$\frac{\mathrm{dsgn}(t)}{\mathrm{d}t} = 2\delta(t)$$

又

$$F[2\delta(t)] = 2$$

则

$$X(\omega) = \frac{2}{\mathrm{j}\omega}$$

即

$$\mathrm{sgn}(t) \leftrightarrow \frac{2}{\mathrm{j}\omega} \tag{1-60}$$

图 1-27 所示为符号函数及其频谱。

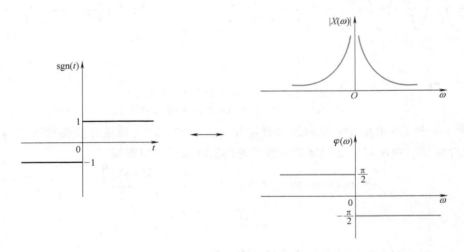

图 1-27　符号函数及其频谱

### 4. 单位阶跃函数

单位阶跃函数可以写成关于符号函数的表达式，即

$$u(t) = \frac{1}{2} + \frac{1}{2}\mathrm{sgn}(t) \tag{1-61}$$

则其傅里叶变换为

$$F[u(t)] = F\left[\frac{1}{2}\right] + F\left[\frac{1}{2}\mathrm{sgn}(t)\right] = \pi\delta(\omega) + \frac{1}{\mathrm{j}\omega} \tag{1-62}$$

图 1-28 给出了单位阶跃函数及其频谱，并分别给出了频谱的实谱和虚谱图。

### 5. 周期函数

一个周期函数可以表示为复指数函数的和的形式，即

$$x(t) = \sum_{n=-\infty}^{\infty} C_n \mathrm{e}^{\mathrm{j}n\omega_0 t}$$

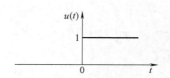

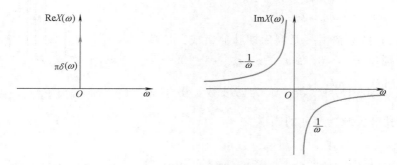

图 1-28 单位阶跃函数及其频谱

其中傅里叶系数 $C_n$ 为

$$C_n = \frac{1}{T_0} \int_{-T_0/2}^{T_0/2} x(t) \, e^{-jn\omega_0 t} \mathrm{d}t$$

故 $x(t)$ 的傅里叶变换为

$$
\begin{aligned}
X(\omega) = F[x(t)] &= F\left[\sum_{n=-\infty}^{\infty} C_n e^{jn\omega_0 t}\right] \\
&= \sum_{n=-\infty}^{\infty} C_n F[e^{jn\omega_0 t}] \\
&= 2\pi \sum_{n=-\infty}^{\infty} C_n \delta(\omega - n\omega_0)
\end{aligned}
\tag{1-63}
$$

式（1-63）表明，一个周期函数的傅里叶变换是由无穷多个位于 $x(t)$ 的各个谐波频率上的单位脉冲函数的组合。这仅是指数形式的傅里叶级数所包含信息的另一种表达而已。

例 1-10 求图 1-29 所示的周期性开关脉冲序列的傅里叶变换。

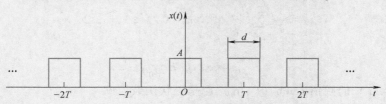

图 1-29 周期性开关脉冲序列

解 由例 1-3 可知，该函数的傅里叶级数的表达式为

$$x(t) = \sum_{n=-\infty}^{\infty} C_n e^{jn\omega_0 t} \quad n = 0, \ \pm 1, \ \pm 2, \ \cdots$$

其中，傅里叶系数 $C_n$ 为

$$C_n = \frac{Ad}{T}\mathrm{sinc}\left(\frac{nd}{T}\right) \quad n = 0, \pm 1, \pm 2, \cdots$$

因此，$x(t)$ 的傅里叶变换为

$$F[x(t)] = \frac{2\pi Ad}{T}\sum_{n=-\infty}^{\infty}\mathrm{sinc}\left(\frac{nd}{T}\right)\delta(\omega - n\omega_0)$$

其中

$$\omega_0 = 2\pi/T$$

函数 $x(t)$ 的频谱由一系列周期脉冲组成，这些周期脉冲分别位于 $\omega = 0$，$\pm\omega_0$，$\pm 2\omega_0$，$\cdots$，每一脉冲强度为 $\frac{2\pi Ad}{T}\mathrm{sinc}\left(\frac{nd}{T}\right)$，其中 $n$ 为谐波数。图 1-30 所示为周期性开关脉冲序列的频谱。

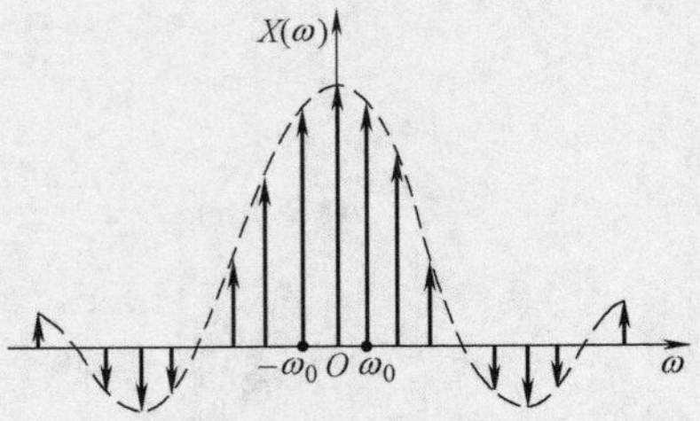

图 1-30　周期性开关脉冲序列的频谱

### 6. 梳状函数

等间隔的周期单位脉冲序列称为梳状函数，并用 comb $(t, T)$ 表示，即

$$x(t) = \mathrm{comb}(t, T) \overset{\mathrm{def}}{=} \sum_{n=-\infty}^{\infty}\delta(t - nT) \tag{1-64}$$

式中，$T$ 为周期；$n$ 为整数。

将 $x(t)$ 表达成傅里叶级数的形式，即

$$x(t) = \sum_{n=-\infty}^{\infty}C_n\mathrm{e}^{\mathrm{j}n2\pi f_0 t} \quad n = 0, \pm 1, \pm 2, \cdots$$

其中傅里叶系数

$$C_n = \frac{1}{T}\int_{-T/2}^{T/2}x(t)\mathrm{e}^{-\mathrm{j}n2\pi f_0 t}\mathrm{d}t$$

因为在区间 $(-T/2, T/2)$ 内，comb $(t, T)$ 只有一个 $\delta$ 函数，$t = 0$ 处有一个单位脉冲，所以

$$C_n = \frac{1}{T}\int_{-T/2}^{T/2}\delta(t)\mathrm{e}^{-\mathrm{j}n2\pi f_0 t}\mathrm{d}t = \frac{1}{T}$$

于是

$$x(t) = \frac{1}{T}\sum_{n=-\infty}^{\infty}\mathrm{e}^{\mathrm{j}n2\pi f_0 t} \quad n = 0, \pm 1, \pm 2, \cdots$$

由于

$$\mathrm{e}^{\mathrm{j}n2\pi f_0 t} \leftrightarrow \delta(f - nf_0)$$

可得 comb $(t, T)$ 的频谱 comb $(f, f_0)$ 也是梳状函数，即

$$X(f) = \mathrm{comb}(f, f_0) = \frac{1}{T}\sum_{n=-\infty}^{n=\infty}\delta(f - nf_0) \tag{1-65}$$

时域内是周期单位脉冲序列函数的频谱，也是周期单位脉冲序列（图 1-31）。如果时域的周期是 $T$，则频域脉冲序列的周期为 $1/T$；若时域中脉冲的强度是 1，则频域中脉冲的强度为 $1/T$。

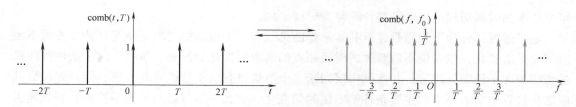

图 1-31　周期单位脉冲序列及其频谱

## 1.6　随机信号及其分析

### 1.6.1　概述

随机信号是一类十分重要的信号，它蕴涵着丰富的信息。随机信号的重要性还在于经常需要排除随机干扰的影响，识别和测量淹没在强噪声环境中以微弱信号形式所表现出来的各种现象。另外，前面研究的确定性信号仅是在一定条件下的特殊情况，或者是在忽略一些次要的随机因素后抽象出来的模型。因此，研究随机信号具有更普遍和更现实的意义。

对随机信号的描述必须用概率统计的方法。对随机信号按时间历程所做的各次长时间的观察记录称为一个样本函数，记作 $x_i(t)$。在有限的时间区间上的样本函数称为样本记录。在同一实验条件下的全部样本函数的集合就是随机过程，记作 $\{x(t)\}$，即

$$\{x(t)\} = \{x_1(t), x_2(t), x_3(t), \cdots, x_i(t), \cdots\} \tag{1-66}$$

如果一个随机过程 $\{x(t)\}$ 对于任意的 $t_i \in T$（$T$ 是 $t$ 的变化范围），$\{x(t_i)\}$ 都是连续的随机变量，则称此过程为连续随机过程。如果对于任意的 $t_i \in T$，$\{x(t_i)\}$ 都是离散的随机变量，则称此过程为离散随机过程。

对于随机过程 $\{x(t)\}$，只要能够获得足够多和足够长的样本函数，便可以求出其概率意义上的统计规律。随机过程的各种统计特征（如均值、方差、方均值等）都是按集合平均来算的。集合平均的计算并不是沿某个样本函数的时间轴来进行，而是在集中的某个时刻 $t_i$ 对所有的样本函数的观察值取平均（图 1-32 中 $t_1$、$t_2$ 时刻）。为了与集合平均区别，把按

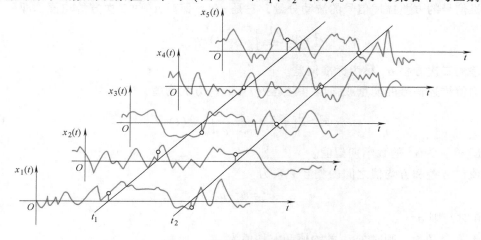

图 1-32　随机过程与样本函数

单个样本的时间历程进行的平均计算称为时间平均。

随机过程又分为平稳随机过程和非平稳随机过程。平稳随机过程是指统计特征参数不随时间变化而变化，或者说不随观测的时间原点的选取而变化的过程。不符合这个条件的随机过程称为非平稳随机过程。在实际中要判断一个随机过程的平稳性并非易事，但只要被研究的随机过程的前后环境和主要条件都不随时间变化，那么一般可以认为是平稳的。平稳随机过程的样本曲线都在某一水平直线上下随机波动。工程中遇到的很多过程都可认为是平稳的。如船舶的颠簸、测量运动目标距离时产生的误差、电网中电压的波动以及各种噪声干扰等，都被认为是平稳的。

在平稳随机过程中，若任何单个样本函数的时间平均统计特征等于该过程的集合平均统计特征，那么这样的平稳随机过程称为各态历经（遍历性）随机过程。工程中遇到的很多随机信号都具有各态历经性，有的虽然不是严格的各态历经过程，但也可以当作各态历经过程来处理。对于一般的随机过程，需要有足够多个（理论上应该为无穷多个）样本函数才能够描述它。而要这么多的样本函数就得进行大量的观测，这是非常困难的。因此在实际测试工作中常把随机过程按照各态历经过程来处理，以有限长度的样本记录的观测来推断和估计被测对象的整个随机过程，用它的时间平均来估计集合平均。在本书讨论的随机信号，如无特别的说明，均指各态历经的随机信号。

### 1.6.2 随机信号的主要特征参数

描述各态历经随机过程的主要特征参数有均值、方差和方均值以及概率密度函数和概率分布函数等。

#### 1. 均值、方差和方均值

对于一个各态历经的随机信号 $x(t)$，它的均值 $\mu_x$ 的定义为

$$\mu_x = E[x] = \lim_{T \to \infty} \frac{1}{T} \int_0^T x(t)\,\mathrm{d}t \tag{1-67}$$

式中，$E[x]$ 为 $x$ 的数学期望值；$x(t)$ 为样本函数；$T$ 为观测时间；$\mu_x$ 为均值，是信号的常值分量。

随机信号的方差描述信号的波动分量，它是 $x(t)$ 偏离 $\mu_x$ 的二次方的均值，即

$$\sigma_x^2 = \lim_{T \to \infty} \frac{1}{T} \int_0^T [x(t) - \mu_x]^2\,\mathrm{d}t \tag{1-68}$$

方差的二次方根 $\sigma_x$ 称为标准偏差。

方均值描述信号的能量或强度，它是 $x(t)$ 二次方的均值，定义为

$$\psi_x^2 = E[x^2] = \lim_{T \to \infty} \frac{1}{T} \int_0^T x^2(t)\,\mathrm{d}t \tag{1-69}$$

式中，$E[x^2]$ 为 $x^2$ 的数学期望值。

均值、方差和方均值之间的相互关系为

$$\sigma_x^2 = \psi_x^2 - \mu_x^2 \tag{1-70}$$

当 $\mu_x = 0$ 时，则 $\sigma_x^2 = \psi_x^2$。

对于集合平均，则时刻 $t_1$ 的均值和方均值为

$$\mu_{x,t_1} = \lim_{M \to \infty} \frac{1}{M} \sum_{i=1}^{M} x_i(t_1) \tag{1-71}$$

$$\psi^2_{x,t_1} = \lim_{M \to \infty} \frac{1}{M} \sum_{i=1}^{M} x_i^2(t_1) \tag{1-72}$$

式中，$M$ 为记录样本总数；$i$ 为样本记录序号；$t_1$ 为观察时刻。

用时间平均计算随机信号的特征参数，需要进行 $T \to \infty$ 的极限运算，这意味着要使样本函数观测时间为无限长，这是不可能的。实际上只能截取有限时间的样本记录来计算出特征参数，即样本参数，并以它们作为随机信号特征参数的估计值。由于不同的样本记录会导致不同的样本参数，所以样本参数本身也是随机变量。随机信号的均值、方差、方均值的估计值按下式计算：

$$\hat{\mu}_x = \lim_{T \to \infty} \frac{1}{T} \int_0^T x(t)\,\mathrm{d}t \tag{1-73}$$

$$\hat{\sigma}_x^2 = \lim_{T \to \infty} \frac{1}{T} \int_0^T \left[ x(t) - \hat{\mu}_x \right]^2 \mathrm{d}t \tag{1-74}$$

$$\hat{\psi}_x^2 = \lim_{T \to \infty} \frac{1}{T} \int_0^T x^2(t)\,\mathrm{d}t \tag{1-75}$$

用集合平均计算随机信号的特征参数时，也存在类似的问题，即要求使用无穷多个样本记录，进行 $M \to \infty$ 的极限运算。实际上，只能采用有限数目的样本记录来计算相应的样本参数，并作为随机信号的估计值。$t_1$ 时刻样本的均值、方均值的估计值用下面的式子计算：

$$\hat{\mu}_{x,t_1} = \lim_{M \to \infty} \frac{1}{M} \sum_{i=1}^{M} x_i(t_1) \tag{1-76}$$

$$\hat{\psi}^2_{x,t_1} = \lim_{M \to \infty} \frac{1}{M} \sum_{i=1}^{M} x_i^2(t_1) \tag{1-77}$$

式中，$M$ 为记录样本总数；$i$ 为样本记录序号；$t_1$ 为观察时刻。

### 2. 概率密度函数和概率分布函数

概率密度函数是指一个随机信号的瞬时值落在指定区域 $(x, x+\Delta x)$ 内的概率对 $\Delta x$ 的比值极限。图 1-33 所示的信号，$x(t)$ 的值落在 $(x, x+\Delta x)$ 内的时间为 $T_x$，即

$$T_x = \Delta t_1 + \Delta t_2 + \cdots + \Delta t_n = \sum_{i=1}^{n} \Delta t_i \tag{1-78}$$

当样本函数的记录时间 $T$ 趋于无穷大时，$T_x/T$ 的比值就是幅值落在 $(x, x+\Delta x)$ 内的概率，即

$$P[x < x(t) \leqslant x + \Delta x] = \lim_{T \to \infty} \frac{T_x}{T}$$

定义幅值的概率密度函数 $p(x)$ 为

$$p(x) = \lim_{\Delta x \to 0} \frac{P[x < x(t) \leqslant x + \Delta x]}{\Delta x} \tag{1-79}$$

利用概率密度函数可以识别不同的随

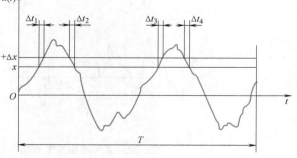

图 1-33 概率密度函数的解释

机信号，因为概率密度函数提供了随机信号的幅值分布信息。不同的随机信号即使某些特征参数相同（如均值等），但是它们的概率密度函数却是不同的，可以借此识别和区分不同的信号。图 1-34 所示为四种均值为零的随机信号的概率密度函数图形。

概率分布函数 $P(x)$ 表示随机信号的瞬时值低于某一个给定值 $x$ 的概率，即

$$P(x) = P[x(t) \leqslant x] = \lim_{T \to \infty} \frac{T'}{T} \tag{1-80}$$

式中，$T'$ 为 $x(t) \leqslant x$ 的总时间。

概率密度函数 $p(x)$ 和概率分布函数 $P(x)$ 的关系：概率密度函数是概率分布函数的微分；反之，是积分关系。即

$$p(x) = \lim_{\Delta x \to 0} \frac{P[x+\Delta x] - P(x)}{\Delta x} = \frac{dP(x)}{dx}$$

$$P(x) = \int_{-\infty}^{\infty} p(x)\,dx \tag{1-81}$$

而 $x(t)$ 的幅值落在 $(x_1, x_2)$ 内的概率为

$$P[x_1 < x(t) \leqslant x_2] = \int_{x_1}^{x_2} p(x)\,dx = P(x_2) - P(x_1) \tag{1-82}$$

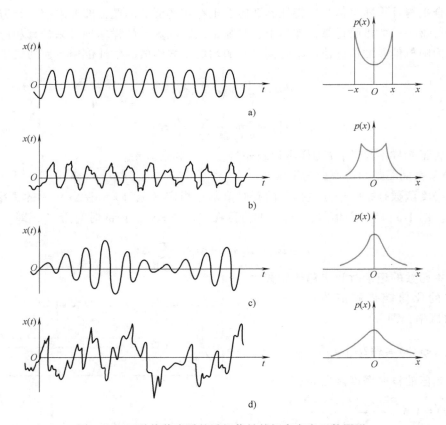

图 1-34 四种均值为零的随机信号的概率密度函数图形

a）正弦信号（初相位为随机量）　b）正弦信号加随机噪声
c）窄带随机信号　d）宽带随机信号

在日常生活及工程中，大量的随机现象都服从或近似服从正态分布，如一次考试中考生的考分、某地男子的身高、加工机械零件时的尺寸误差。所谓正态分布，其随机变量 $x$ 的概率密度函数具有如下形式：

$$p(x) = \frac{1}{\sqrt{2\pi}\,\sigma_x} \exp\left[-\frac{(x-\mu_x)^2}{2\sigma_x^2}\right] \quad -\infty < x < \infty \tag{1-83}$$

正态分布随机过程的概率密度函数和概率分布函数如图 1-35 所示。

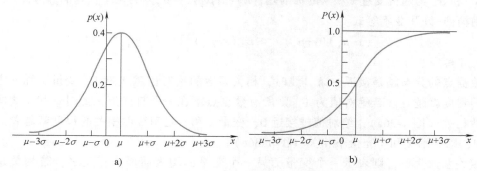

图 1-35　正态分布随机过程的概率密度函数和概率分布函数

a）概率密度函数　b）概率分布函数

## 1.6.3　相关分析及其应用

相关是用来描述两个随机过程在某个时刻状态间的线性依从关系，或者一个随机过程自身在时移前后状态关系的数字特征。

### 1. 相关

对于确定性信号而言，两个变量存在一一对应的确定关系，并可以用一函数关系来描述。但两个随机变量之间却不具有这种确定的关系，即一个变量取一个值时，另一个变量可能取多个值，而这些值可能存在某种内涵的、统计上可确定的规律性，也可能没有，或不明显。这时候，实际上要讨论这两个随机变量之间存在的相关关系。

两个随机变量 $x$ 和 $y$ 组成的数据点的分布情况如图 1-36 所示。其中图 1-36a 中变量 $x$ 和 $y$ 数据点具有一一对应的确定关系，两者之间完全相关；图 1-36b 中变量 $x$ 和 $y$ 之间虽然没

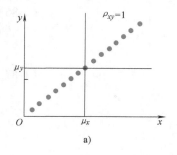
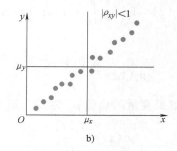
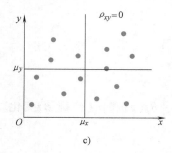

图 1-36　两个随机变量的相关性

a）完全相关　b）部分相关　c）完全不相关

有确定的关系，但从统计结果和总体上看，大体上具有某种线性关系，表明它们之间存在中等程度相关关系；图 1-36c 中数据点分布很分散，说明变量 $x$ 和变量 $y$ 完全不相关。

评价变量 $x$ 和 $y$ 间的相关程度，通常用相关系数 $\rho_{xy}$ 表示。定义为

$$\rho_{xy} = \frac{E[(x-\mu_x)(y-\mu_y)]}{\sigma_x \sigma_y} \tag{1-84}$$

式中，$E[\ ]$ 为数学期望；$\mu_x$ 为随机变量 $x$ 的均值，$\mu_x = E[x]$；$\mu_y$ 为随机变量 $y$ 的均值，$\mu_y = E[y]$；$\sigma_x$ 和 $\sigma_y$ 为随机变量 $x$ 和 $y$ 的标准差；$E[(x-\mu_x)(y-\mu_y)]$ 为两个变量的协方差。

利用柯西-许瓦兹不等式

$$E[(x-\mu_x)(y-\mu_y)]^2 \leqslant E[(x-\mu_x)^2]E[(y-\mu_y)^2]$$

可知 $|\rho_{xy}| \leqslant 1$。

当数据点的分布越是接近一条直线时，相关系数的绝对值越接近 1，变量 $x$ 和 $y$ 之间线性相关的程度就越好。若绝对值为 1，则所有数据点落在一条直线上，此时 $x$ 和 $y$ 之间是理想的线性相关（图 1-36a）；绝对值越接近 0，变量 $x$ 和 $y$ 之间线性相关的程度就越差。若绝对值为 0，则表示 $x$ 和 $y$ 完全不相关（图 1-36c）。

若相关系数为正，则表示一个变量随另一个变量的增大而增大；反之，若相关系数为负，则表示一个变量随另一个变量的增大而减小。

### 2. 自相关函数

假如 $x(t)$ 是某各态历经随机过程的一个样本，$x(t+\tau)$ 是 $x(t)$ 时移 $\tau$ 后的样本。计算 $x(t)$ 和 $x(t+\tau)$ 的相关系数，并把它记作 $\rho_x(\tau)$，那么

$$\rho_x(\tau) = \frac{\lim\limits_{T \to \infty} \frac{1}{T} \int_0^T [x(t) - \mu_x][x(t+\tau) - \mu_x]\mathrm{d}t}{\sigma_x^2}$$

由于

$$\lim_{T \to \infty} \frac{1}{T} \int_0^T x(t)\mathrm{d}t = \lim_{T \to \infty} \frac{1}{T} \int_0^T x(t+\tau)\mathrm{d}t = \mu_x$$

所以 $x(t)$ 和 $x(t+\tau)$ 的相关系数可以写成

$$\rho_x(\tau) = \frac{\lim\limits_{T \to \infty} \frac{1}{T} \int_0^T x(t)x(t+\tau)\mathrm{d}t - \mu_x^2}{\sigma_x^2} \tag{1-85}$$

对各态历经随机信号 $x(t)$ 定义其自相关函数 $R_x(\tau)$ 为

$$R_x(\tau) = \lim_{T \to \infty} \frac{1}{T} \int_0^T x(t)x(t+\tau)\mathrm{d}t \tag{1-86}$$

则有

$$\rho_x(\tau) = \frac{R_x(\tau) - \mu_x^2}{\sigma_x^2} \tag{1-87}$$

$R_x(\tau)$ 和 $\rho_x(\tau)$ 都随 $\tau$ 变化。如果变量的均值 $\mu_x$ 为零，则

$$\rho_x(\tau) = \frac{R_x(\tau)}{\sigma_x^2}$$

自相关函数 $R_x(\tau)$ 具有如下性质（图 1-37）：

1）自相关函数为偶函数，即

$$R_x(\tau) = R_x(-\tau) \qquad (1-88)$$

2）在整个时域内

$$R_x(\tau) = \rho_x(\tau)\sigma_x^2 + \mu_x^2$$

由于 $|\rho_x| \leqslant 1$，所以自相关函数 $R_x(\tau)$ 的范围为

$$\mu_x^2 - \sigma_x^2 \leqslant R_x(\tau) \leqslant \sigma_x^2 + \mu_x^2 \qquad (1-89)$$

3）自相关函数在 $\tau = 0$ 处为最大值，并且等于该信号的方均值，即

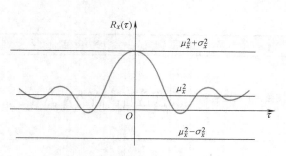

图 1-37　自相关函数性质

$$R_x(0) = \lim_{T \to \infty} \frac{1}{T} \int_0^T x^2(t)\,\mathrm{d}t = \psi_x^2 \qquad (1-90)$$

4）当 $\tau \to \infty$ 时，随机变量 $x(t)$ 和 $x(t+\tau)$ 之间没有联系，故

$$\begin{cases} \rho_x(\tau \to \infty) \to 0 \\ R_x(\tau \to \infty) \to \mu_x^2 \end{cases} \qquad (1-91)$$

5）周期函数的自相关函数仍然是一个周期函数，而且两者的频率相同，其幅值和原先周期信号的幅值有关，但原信号的相位信息丢失了。这一性质通过下面的例子加以说明。

例 1-11　求正弦函数 $x(t) = A\sin(\omega t + \varphi)$ 的自相关函数。初相位为一随机变量。

解　这个正弦函数是一个均值为零的各态历经的随机过程，其各种平均值可以用一个周期内的平均值来表示。该函数的自相关函数为

$$\begin{aligned} R_x(\tau) &= \lim_{T \to \infty} \frac{1}{T} \int_0^T x(t)x(t+\tau)\,\mathrm{d}t \\ &= \frac{1}{T_0} \int_0^{T_0} A^2 \sin(\omega t + \varphi)\sin[\omega(t+\tau)+\varphi]\,\mathrm{d}t \end{aligned}$$

其中 $T_0 = 2\pi/\omega$，是正弦函数的周期。

令 $\omega t + \varphi = \theta$，则 $\omega \mathrm{d}t = \mathrm{d}\theta$。于是有

$$R_x(\tau) = \frac{A^2}{2\pi} \int_0^{2\pi} \sin\theta\sin(\theta + \omega\tau)\,\mathrm{d}\theta = \frac{A^2}{2}\cos\omega\tau$$

从上面的例子来看，正弦函数的自相关函数是一个与原函数具有相同频率的余弦函数，它保留了原信号的幅值和频率的信息，而丢失了初相位 $\varphi$ 的信息。

自相关函数的工程意义及应用在于：①识别不同类别的信号；②提取被淹没在噪声中的周期信号。

表 1-7 所列是四种典型信号的自相关函数。观察表中的图可以看出，只要信号中有周期

表 1-7　四种典型信号的自相关函数

| | 时间历程 | 自相关函数图 |
|---|---|---|
| 正弦波 | 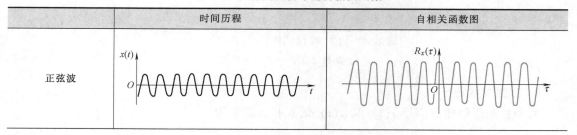 | |

（续）

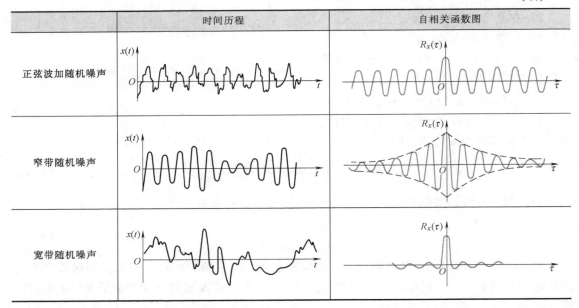

| | 时间历程 | 自相关函数图 |
|---|---|---|
| 正弦波加随机噪声 | | |
| 窄带随机噪声 | | |
| 宽带随机噪声 | | |

成分，自相关函数在 $\tau$ 很大时都不衰减，并且自相关函数也呈一定的周期性。不包含周期函数的随机信号，当 $\tau$ 稍微大些时，自相关函数就趋近零。从表中可看出，宽带随机噪声的自相关函数很快就衰减到零，窄带随机噪声的自相关函数衰减特性就比较慢。

利用自相关函数的这个特性可以检测淹没在随机噪声中的周期信号。这是因为随机噪声的自相关函数当 $\tau \to \infty$ 时趋于零或某一常值（$\mu_x^2$），而周期信号成分的自相关函数可保持原有的幅值与频率等周期性质。

例如，在汽车进行平稳性试验时，测得汽车在某处的加速度的时间历程如图 1-38a 所示。将此信号送入信号处理机处理，获得图 1-38b 所示的相关函数。由图 1-38b 可看出车身振动含有某一周期振动信号，从两个峰值的时间间隔为 0.11s，可算出周期振动信号的频率为

$$f = \frac{1}{T} = \frac{1}{0.11} = 9\text{Hz}$$

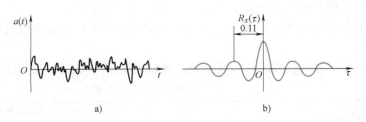

a) b)

**图 1-38  加速度时间历程及其自相关函数**

a) 加速度信号  b) 相关函数

### 3. 互相关函数

两个各态历经随机信号 $x(t)$ 和 $y(t)$ 的互相关系数为

$$\rho_{xy}(\tau) = \frac{E\{[x(t)-\mu_x][y(t+\tau)-\mu_y]\}}{\sigma_x\sigma_y}$$

$$= \frac{\lim\limits_{T\to\infty}\frac{1}{T}\int_0^T[x(t)-\mu_x][y(t+\tau)-\mu_y]\mathrm{d}t}{\sigma_x\sigma_y}$$

$$= \frac{\lim\limits_{T\to\infty}\frac{1}{T}\int_0^T x(t)y(t+\tau)\mathrm{d}t - \mu_x\mu_y}{\sigma_x\sigma_y}$$

定义 $x(t)$ 和 $y(t)$ 的互相关函数为

$$R_{xy}(\tau) = \lim_{T\to\infty}\frac{1}{T}\int_0^T x(t)y(t+\tau)\mathrm{d}t \tag{1-92}$$

所以有

$$\rho_{xy}(\tau) = \frac{R_{xy}(\tau)-\mu_x\mu_y}{\sigma_x\sigma_y} \tag{1-93}$$

互相关函数具有如下性质（见图 1-39）：

1）互相关函数一般不是关于 $\tau$ 的偶函数，也不是 $\tau$ 的奇函数，且一般 $R_{xy}(\tau) \neq R_{yx}(\tau)$，但是有

$$R_{xy}(\tau) = R_{yx}(-\tau) \tag{1-94}$$

2）当 $\tau\to\infty$ 时，随机变量 $x(t)$ 和 $x(t+\tau)$ 之间没有联系，故

$$\begin{cases} \rho_{xy}(\tau\to\infty)\to 0 \\ R_{xy}(\tau\to\infty)\to\mu_x\mu_y \end{cases} \tag{1-95}$$

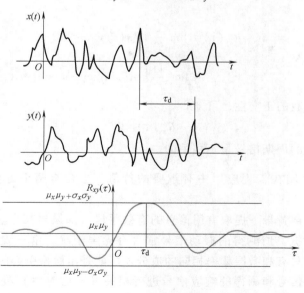

图 1-39  互相关函数

3）在整个时域内

$$R_{xy}(\tau) = \rho_{xy}(\tau)\sigma_x\sigma_y + \mu_x\mu_y$$

由于 $|\rho_{xy}| \leqslant 1$，所以互相关函数 $R_{xy}(\tau)$ 的范围为

$$\mu_x\mu_y - \sigma_x\sigma_y \leqslant R_{xy}(\tau) \leqslant \mu_x\mu_y + \sigma_x\sigma_y \qquad (1-96)$$

4）互相关函数的极大值一般不在 $\tau = 0$ 处，而是发生在 $\tau = \tau_d$ 处，如图 1-39 所示。

5）两周期函数的互相关函数具有同频率相关、不同频率不相关特性。

上面第 5 点性质可通过下面的例子进一步得以说明。

例 1-12　求函数 $x(t) = A\sin(\omega t + \theta)$ 和函数 $y(t) = B\sin(\omega t + \theta - \varphi)$ 的互相关函数。其中 $\theta$ 是 $x(t)$ 的初相位，$\varphi$ 为 $x(t)$ 和 $y(t)$ 的相位差。

解　这两个信号都是周期函数，可以用一个周期的平均值代替其整个时间历程的平均值。所以

$$\begin{aligned}
R_{xy}(\tau) &= \lim_{T\to\infty}\frac{1}{T}\int_0^T x(t)y(t+\tau)\,\mathrm{d}t \\
&= \frac{1}{T_0}\int_0^{T_0} AB\sin(\omega t + \theta)\sin[\omega(t+\tau)+\theta-\varphi]\,\mathrm{d}t \\
&= \frac{1}{2}AB\cos(\omega\tau - \varphi)
\end{aligned}$$

从这个例子可见，两个均值为零的同频率周期信号，它们的互相关函数保留了这两个信号的角频率 $\omega$、对应的幅值 $A$ 和 $B$、相位差 $\varphi$ 的信息，但丢失了初相位 $\theta$。

例 1-13　若例 1-12 中两个周期信号的角频率不等，即 $x(t) = A\sin(\omega_1 t + \theta)$、$y(t) = B\sin(\omega_2 t + \theta - \varphi)$，试求其互相关函数。

解　根据定义

$$\begin{aligned}
R_{xy}(\tau) &= \lim_{T\to\infty}\frac{1}{T}\int_0^T x(t)y(t+\tau)\,\mathrm{d}t \\
&= \lim_{T\to\infty}\frac{1}{T}\int_0^T AB\sin(\omega_1 t + \theta)\sin[\omega_2(t+\tau)+\theta-\varphi]\,\mathrm{d}t
\end{aligned}$$

根据正弦、余弦函数的正交性，可知

$$R_{xy}(\tau) = 0$$

可见两个不同频率的周期信号是不相关的。

互相关函数的性质在工程应用中有重要的价值。主要有两个方面：相关滤波和测量延时。

相关滤波是在噪声背景下提取有用信息的有效手段。如果对某台机床（设为线性系统，具有频率保持性）激振，所测得的振动信号常含有噪声干扰。由于线性系统具有频率保持性，所以振动信号中只有和激振频率相同的成分才可能是由激振引起的响应，而频率不同的成分是干扰。将激振信号和测得的响应信号进行相关（不必时移）处理，就能得到仅由激振引起的响应信号的幅值和相位差，从而消除了噪声干扰的影响。这种利用互相关函数同频率相关、不同频率不相关的原理来消除信号中的噪声干扰及提取有用信息的处理方法称为相关滤波。

测量延时是利用互相关函数的极大值发生在 $\tau = \tau_d$ 处这一性质。钢带速度的非接触测量

如图 1-40 所示。由于钢带表面存在不规则的微小不平，因而钢带的反射光发光强度呈随机变化特性。钢带表面的反射光经透镜聚焦在相距为 $d$ 的两个光电池上。通过光电池将反射光的发光强度波动转换为电信号 $x(t)$ 和 $y(t)$。$x(t)$ 经过可调延迟处理后变为信号 $x(t+\tau)$。$x(t+\tau)$ 和 $y(t)$ 被送入相关器进行相关运算。当可调延时量 $\tau$ 正好等于钢带上各点在两个测量点之间经过所需的时间 $\tau_d$ 时，互相关函数为最大值，则钢带的速度 $v=d/\tau_d$。

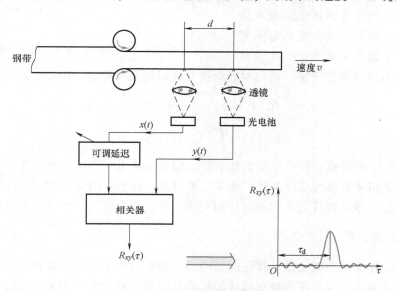

图 1-40  钢带速度的非接触测量

确定深埋在地下输油管漏损位置的例子如图 1-41 所示。将漏损处 $K$ 视为向两侧传播声音的声源，管道的两侧分别放置传感器 1 和 2。由于漏损处离放置传感器的两点距离是不相等的，所以两传感器接收漏损处漏油发出的声音信号有时间差，把两传感器接收到的信号进行相关处理，在互相关函数图上 $\tau=\tau_m$ 处互相关函数有最大值，而 $\tau_m$ 是两传感器接收到信号的时差。设 $S$ 是两传感器中心线到漏损处的位置，$v$ 是声音通过管道的传播速度，则根据下式就能确定漏损位置，即

$$S = \frac{v\,\tau_m}{2}$$

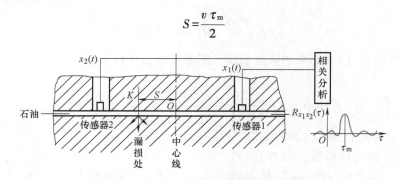

图 1-41  确定深埋在地下输油管漏损位置的例子

利用相关法还可测量流速和流量，图 1-42 所示是用相关法测量流速的原理图。在流体流动方向彼此相距 $S$ 距离处放置两个传感器，产生两个存在时间差 $T$ 的随机信号。与前面钢

带测速原理一样，通过互相关处理，得到这两个随机信号互相关函数为最大值时对应的时差 $T$，便可由公式 $v=S/T$ 求出流速，由流速进而又可确定流量。

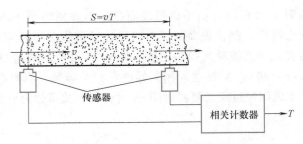

图 1-42　用相关法测量流速的原理图

前面式（1-86）和式（1-92）定义的相关函数只适用于各态历经的随机信号和功率信号。对于能量有限信号的相关函数，时间 $T$ 趋于无穷大后，无论时移 $\tau$ 为何值，结果都将趋于零。因此对能量信号进行相关分析时，应按下面的定义来运算：

$$R_x(\tau) = \int_{-\infty}^{\infty} x(t)x(t+\tau)\,\mathrm{d}t \tag{1-97}$$

$$R_{xy}(\tau) = \int_{-\infty}^{\infty} x(t)y(t+\tau)\,\mathrm{d}t \tag{1-98}$$

在实际运算中要将模拟信号不失真地沿时间轴做平移是一项困难的工作，因此模拟信号的相关处理只适用于某些特定的信号，如正弦信号等。在数字信号处理中，时移的工作很容易完成，信号的时序增减就表示它沿时间轴平移，所以相关处理一般采用数字技术来完成。

### 1.6.4　功率谱分析及其应用

前面介绍的相关函数概念是一种在时域中描述随机信号的方法。如果对相关函数进行傅里叶变换，则可得到相应的在频域中描述随机信号的另一种方法。相关函数经傅里叶变换得到功率谱密度函数。

#### 1. 自功率谱密度函数

（1）定义及物理意义　设 $x(t)$ 是均值为零的随机过程，又设 $x(t)$ 中没有周期分量，那么当 $\tau \to \infty$ 时有

$$R_x(\tau \to \infty) \to 0$$

这样，自相关函数 $R_x(\tau)$ 满足傅里叶变换的条件 $\int_{-\infty}^{\infty} |R_x(\tau)|\,\mathrm{d}\tau < \infty$。对 $R_x(\tau)$ 做傅里叶变换，即

$$S_x(f) = \int_{-\infty}^{\infty} R_x(\tau)\,\mathrm{e}^{-\mathrm{j}2\pi f\tau}\,\mathrm{d}\tau \tag{1-99}$$

式中，$S_x(f)$ 为 $x(t)$ 的自功率谱密度函数，简称自谱或自功率谱。其逆变换为

$$R_x(\tau) = \int_{-\infty}^{\infty} S_x(f)\,\mathrm{e}^{\mathrm{j}2\pi f\tau}\,\mathrm{d}f \tag{1-100}$$

$S_x(f)$ 和 $R_x(\tau)$ 是傅里叶变换对。

由于 $R_x(\tau)$ 是实偶函数，因此 $S_x(f)$ 也是实偶函数。用 $f$ 在（0，∞）范围内的不含负频率函数 $G_x(f) = 2S_x(f)$ 来表示信号全功率谱，并把 $G_x(f)$ 称为 $x(t)$ 的单边功率谱，如图 1-43 所示。

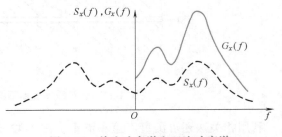

图 1-43　单边功率谱和双边功率谱

当 $\tau = 0$ 时,根据自相关函数和自功率谱密度函数的定义,有

$$R_x(0) = \lim_{T \to \infty} \frac{1}{T} \int_0^T x^2(t) \, dt = \int_{-\infty}^{\infty} S_x(f) \, df \tag{1-101}$$

由此可见,$S_x(f)$ 曲线下面和频率轴包围的面积就是信号的平均功率,$S_x(f)$ 就是信号的功率谱密度沿频率轴的分布。因此,称 $S_x(f)$ 为功率谱密度函数。

(2)巴塞伐尔(Parseval)定理 设有如下的傅里叶变换对:

$$x(t) \leftrightarrow X(f)$$
$$h(t) \leftrightarrow H(f)$$

按照傅里叶变换的频域卷积定理,有

$$x(t)h(t) \leftrightarrow X(f) * H(f)$$

即

$$\int_{-\infty}^{\infty} x(t)h(t) e^{-j2\pi qt} \, dt = \int_{-\infty}^{\infty} X(f)H(q-f) \, df$$

令 $q = 0$,得

$$\int_{-\infty}^{\infty} x(t)h(t) \, dt = \int_{-\infty}^{\infty} X(f)H(-f) \, df$$

又令 $x(t) = h(t)$,得

$$\int_{-\infty}^{\infty} x^2(t) \, dt = \int_{-\infty}^{\infty} X(f)X(-f) \, df$$

$x(t)$ 是实函数,则 $X(-f) = X^*(f)$,即为 $X(f)$ 的共轭函数,所以

$$\int_{-\infty}^{\infty} x^2(t) \, dt = \int_{-\infty}^{\infty} X(f)X^*(f) \, df = \int_{-\infty}^{\infty} |X(f)|^2 \, df$$

上式就是巴塞伐尔定理。它表明信号在时域中计算的总能量等于在频域中计算的总能量,因此又称信号能量等式。

$|X(f)|^2$ 称为能量谱,它是沿频率轴的能量分布密度。在整个时间轴上信号平均功率为

$$P = \lim_{T \to \infty} \frac{1}{T} \int_0^T x^2(t) \, dt = \int_{-\infty}^{\infty} \lim_{T \to \infty} \frac{1}{T} |X(f)|^2 \, df \tag{1-102}$$

式(1-101)已经推导出

$$P = R_x(0) = \lim_{T \to \infty} \frac{1}{T} \int_0^T x^2(t) \, dt = \int_{-\infty}^{\infty} S_x(f) \, df$$

由此得到自谱密度函数和幅值谱之间的关系为

$$S_x(f) = \lim_{T \to \infty} \frac{1}{T} |X(f)|^2 \tag{1-103}$$

利用这种关系,就可以直接对时域信号做傅里叶变换来计算自功率谱。

对于单边功率谱 $G_x(f)$,有

$$P = \int_{-\infty}^{\infty} S_x(f) \, df = \int_0^{\infty} G_x(f) \, df \tag{1-104}$$

谱分析是信号分析处理的重要内容。谱估计法分经典法和现代法(时序模型法)两类,其中周期图法属于经典的谱估计法,建立在快速傅里叶变换(FFT)的基础上,计算效率高,适用于观测数据较长的场合,这种场合有利于发挥计算效率高的优点,能得到足够的谱精度。对于短记录数据和瞬变信号,这种谱估计无能为力。

**2. 互功率谱密度函数**

如果互相关函数 $R_{xy}(\tau)$ 满足傅里叶变换条件 $\int_{-\infty}^{\infty}|R_{xy}(\tau)|\mathrm{d}\tau<\infty$，则可将 $R_{xy}(\tau)$ 进行傅里叶变换，即

$$S_{xy}(f)=\int_{-\infty}^{\infty}R_{xy}(\tau)\mathrm{e}^{-\mathrm{j}2\pi f\tau}\mathrm{d}\tau \tag{1-105}$$

定义 $S_{xy}(f)$ 为 $x(t)$ 和 $y(t)$ 的互功率谱密度函数，简称互功率谱或互谱。根据傅里叶变换的可逆性，有

$$R_{xy}(\tau)=\int_{-\infty}^{\infty}S_{xy}(f)\mathrm{e}^{\mathrm{j}2\pi f\tau}\mathrm{d}f \tag{1-106}$$

定义 $x(t)$ 和 $y(t)$ 的互功率为

$$\begin{aligned}P=R_{xy}(0)&=\lim_{T\to\infty}\frac{1}{T}\int_{0}^{T}x(t)y(t)\mathrm{d}t\\&=\int_{-\infty}^{\infty}\left[\lim_{T\to\infty}\frac{1}{T}X^{*}(f)Y(f)\right]\mathrm{d}f\end{aligned} \tag{1-107}$$

又有

$$R_{xy}(0)=\int_{-\infty}^{\infty}S_{xy}(f)\mathrm{d}f$$

因此互谱和幅值的关系为

$$S_{xy}(f)=\lim_{T\to\infty}\frac{1}{T}X^{*}(f)Y(f) \tag{1-108}$$

正如 $R_{xy}(\tau)\ne R_{yx}(\tau)$，一般 $S_{xy}(f)\ne S_{yx}(f)$。但根据 $R_{xy}(-\tau)=R_{yx}(\tau)$，不难证明

$$S_{xy}(-f)=S_{xy}^{*}(f)=S_{yx}(f) \tag{1-109}$$

式中，$S_{xy}^{*}(f)$ 是 $S_{xy}(f)$ 的共轭函数。

$S_{xy}(f)$ 也是含有正、负频率的双边频谱，实际运用中常取只含非负频率的单边互谱，由此规定

$$G_{xy}(f)=2S_{xy}(f)\quad f\ge0 \tag{1-110}$$

自谱是 $f$ 的实函数，而互谱则是 $f$ 的复函数。

**3. 功率谱的应用**

线性系统的传递函数 $H(s)$、频率响应函数 $H(f)$、脉冲响应 $h(t)$ 都是十分重要的概念。一个线性系统的输出 $y(t)$ 等于 $x(t)$ 和系统的脉冲响应 $h(t)$ 的卷积，即

$$y(t)=x(t)*h(t) \tag{1-111}$$

根据卷积定理，可得

$$Y(f)=X(f)H(f) \tag{1-112}$$

对式（1-112）两端乘以 $Y(f)$ 的复共轭并取期望值，得到

$$S_{y}(f)=|H(f)|^{2}S_{x}(f) \tag{1-113}$$

这表明了输入与输出的功率谱密度和频响函数间的关系。通过对输入、输出自谱的分析，就能得到系统的幅频特性。但式（1-113）中没有频率响应函数的相位信息，因此不能得到系统的相频特性。

如果在频域等式的两端乘以 $X(f)$ 的复共轭并取期望值，有

$$Y(f)X^*(f) = X(f)X^*(f)H(f)$$

进而有

$$S_{xy}(f) = H(f)S_x(f) \tag{1-114}$$

由于 $S_x(f)$ 是实偶函数，因此频响函数的相位取决于互谱密度函数的相位变化。式 (1-114) 完全保留了输入、输出的相位关系，是因为互相关函数包含了相位信息。

如果一个测试系统受到内部和外界的各种干扰，如图 1-44 所示，$n_1(t)$ 为输入噪声，$n_2(t)$ 为系统在中间环节的噪声，$n_3(t)$ 为输出端的噪声，则系统的输出 $y(t)$ 为

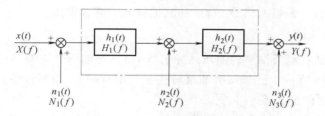

图 1-44　受外界干扰的系统

$$y(t) = x'(t) + n_1'(t) + n_2'(t) + n_3(t) \tag{1-115}$$

式中，$x'(t)$、$n_1'(t)$、$n_2'(t)$ 分别为系统对 $x(t)$、$n_1(t)$、$n_2(t)$ 的响应。

输出 $y(t)$ 和输入 $x(t)$ 的互相关函数为

$$R_{xy}(\tau) = R_{xx}'(\tau) + R_{xn_1}'(\tau) + R_{xn_2}'(\tau) + R_{xn_3}(\tau) \tag{1-116}$$

由于输入 $x(t)$ 和 $n_1(t)$、$n_2(t)$、$n_3(t)$ 是独立无关的，因此它们的互相关函数 $R_{xn_1}'(\tau)$、$R_{xn_2}'(\tau)$ 和 $R_{xn_3}(\tau)$ 都是零，所以

$$R_{xy}(\tau) = R_{xx}'(\tau) \tag{1-117}$$

因此

$$S_{xy}(f) = S_{xx}'(f) = H(f)S_x(f) \tag{1-118}$$

其中，$H(f) = H_1(f)H_2(f)$，就是所要研究的系统频率响应函数。

上面的推导说明当一个测控系统受到内部和外部的噪声干扰时，其输出也受到相应噪声的影响。而利用互谱分析可以消除噪声的影响，这是这种分析方法的优点。不过尽管互谱 $S_{xy}(f)$ 可以不受噪声的影响，但由于输入的自谱信号 $S_x(f)$ 仍然无法排除输入端测量噪声的影响，形成测量的误差。

为研究测控系统的动态特性，人们故意给正在运行的系统加以特定的已知扰动——输入 $z(t)$。只要 $z(t)$ 和其他各个输入量无关，在测得 $S_{zy}(f)$ 和 $S_z(f)$ 后，通过计算就能得到 $H(f)$。

**4. 相干函数**

评价系统的输入信号和输出信号的因果性，即输出信号的功率谱中有多少是输入量所引起的响应，是用相干函数 $\gamma_{xy}^2(f)$ 来描述的。其定义为

$$\gamma_{xy}^2(f) = \frac{|S_{xy}(f)|^2}{S_x(f)S_y(f)} \tag{1-119}$$

$\gamma_{xy}^2(f)$ 是一个量纲为一的值，称为信号 $x(t)$ 和 $y(t)$ 的相干函数。它的取值范围是

$$0 \le \gamma_{xy}^2(f) \le 1 \qquad (1\text{-}120)$$

利用上面的式子计算相干函数时，只能使用 $S_x(f)$、$S_y(f)$ 和 $S_{xy}(f)$ 的估计值，所得的相干函数也是一种估计值。只有采用经过平滑处理后的自谱和互谱估计值代入计算，才能得到较理想的 $\hat{\gamma}_{xy}^2(f)$。

若相干函数是零，则表示信号 $x(t)$ 和 $y(t)$ 不相干；若相干函数为 1，则表示输入信号 $x(t)$ 和输出信号 $y(t)$ 完全相干；若相干函数在 0~1 之间，则说明有以下三种可能：

1）信号受到噪声干扰。

2）输出信号 $y(t)$ 是输入信号 $x(t)$ 和其他输入的综合输出。

3）系统具有非线性。

**例 1-14** 柴油机润滑油泵的油压脉冲信号 $x(t)$ 与油压管道振动信号 $y(t)$ 的自谱和相干函数如图 1-45 所示。已知润滑油泵转速 $n=781\mathrm{r/min}$，油泵齿数 $z=14$。试分析油压脉冲与管道振动之间的关系。

**解** 根据已知条件，油压脉冲的基频为

$$f_0 = \frac{nz}{60} = 182.23\mathrm{Hz}$$

图 1-45c 是将油压脉冲信号 $x(t)$ 与油压管道振动信号 $y(t)$ 作相干分析得到的相干函数图。从这个相干函数图上看，当 $f \approx f_0$ 时，$\gamma_{xy}^2(f) \approx 0.9$；当 $f \approx 2f_0$ 时，$\gamma_{xy}^2(f) \approx 0.37$；

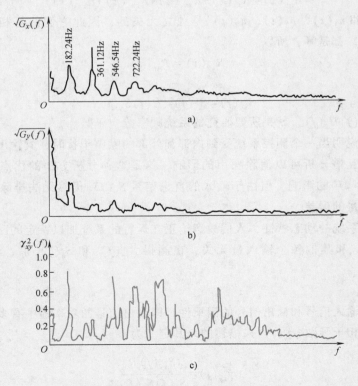

图 1-45 油压脉动与油管振动的相干分析

a）信号 $x(t)$ 的自谱 b）信号 $y(t)$ 的自谱 c）相干函数

当 $f \approx 3f_0$ 时，$\gamma_{xy}^2(f) \approx 0.8$；当 $f \approx 4f_0$ 时，$\gamma_{xy}^2(f) \approx 0.75$……齿轮引起的油压脉冲的各次谐频（$f_0$ 的整倍数频率）处对应的相干函数值比较大，而非各次谐频对应的相干函数的值则比较小。由此可见，油管的振动主要是由油压脉动引起的。

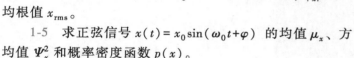
习 题

1-1  分别用三角函数形式、复指数函数形式对图 1-46 所示的周期方波函数进行傅里叶级数展开，分别画出幅频谱图、相频谱图，并分析各自的特点。

1-2  已知方波函数的傅里叶级数展开式为

$$f(t) = \frac{4A_0}{\pi}\left(\cos\omega_0 t - \frac{1}{3}\cos^3\omega_0 t + \frac{1}{5}\cos5\omega_0 t - \cdots\right)$$

求该方波函数的均值，并画出其频谱图。

1-3  求指数衰减振荡信号 $x(t) = Ae^{-\alpha t}\sin\omega_0 t$ 的频谱。

1-4  求正弦信号 $x(t) = x_0\sin\omega t$ 的绝对均值 $\mu_{|x|}$ 和方均根值 $x_{\mathrm{rms}}$。

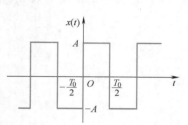

图 1-46  题 1-1 图

1-5  求正弦信号 $x(t) = x_0\sin(\omega_0 t + \varphi)$ 的均值 $\mu_x$、方均值 $\Psi_x^2$ 和概率密度函数 $p(x)$。

1-6  试求图 1-47 所示信号的频谱。提示：可将 $f(t)$ 看成矩形窗函数与脉冲函数 $\delta(t-2)$、$\delta(t+2)$ 的卷积。

1-7  设有一时间函数 $f(t)$ 及其频谱（图 1-48），现乘以余弦型振荡 $\cos\omega_0 t$，（$\omega_0 > \omega_m$）。在这个关系中，函数 $f(t)$ 称为调制信号，余弦型振荡 $\cos\omega_0 t$ 称为载波。试求调幅信号 $f(t)\cos\omega_0 t$ 的傅里叶变换。示意画出调幅信号及其频谱。又问：当 $\omega_0 < \omega_m$ 时将会出现什么情况？

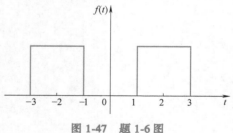

图 1-47  题 1-6 图

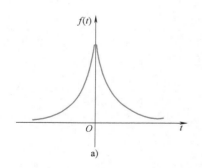

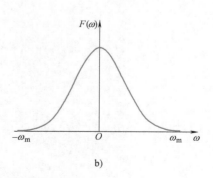

图 1-48  题 1-7 图

a）时间函数 $f(t)$  b）时间函数 $f(t)$ 的频谱

1-8 求被截断的余弦函数 $\cos\omega_0 t$ （图1-49）的傅里叶变换。

1-9 有一个信号，它由两个频率、相角均不等的余弦函数叠加而成，其数学表达式为

$$x(t) = A_1\cos(\omega_1 t + \varphi_1) + A_2\cos(\omega_2 t + \varphi_2)$$

求该信号的自相关函数。

1-10 已知某信号的自相关函数 $R_x(0) = 500\cos\pi\tau$。试求：

（1）该信号的均值 $\mu_x$。

（2）该信号的均方值 $\psi_x^2$。

（3）该信号的方均根值 $X_{\rm rms}$。

（4）自功率谱密度函数 $S_x(f)$。

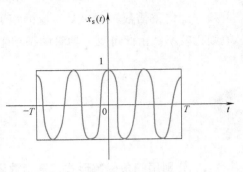

图1-49 题1-8图

# 第 2 章

# 传感技术基础

**本章主要内容** ⫴

　　本章在上一章信号及信号分析基础上，主要解决如何从物理上来获取信号。这种从物理上来获取信号的器件就是传感器，传感器是指能直接感受被测量并按一定规律转换成可用输出信号的器件或装置。在对传感器的种类和基本特性有一个总的了解基础上，介绍几种常用传感器的转换原理、基本特性、辅助电路等知识和应用，包括机械式传感器、电阻传感器、电感传感器、电容传感器、压电传感器、磁电传感器、光电传感器、热电传感器、计数编码类传感器、图像传感器以及微型、智能及网络传感器等。这些传感器的转换原理涉及力、电、磁、光、热等多方面的物理知识。传感器种类繁多，不胜枚举，本章学习的主要目的是从传感器应用的角度，学会如何正确选择和使用传感器，希望能举一反三。

## 2.1　概述

　　传感器是指能直接感受被测量并按一定规律转换成可用输出信号的器件或装置。传感器感受的被测量为各种物理量、化学量和生物量等，而转换后的信号也可以有各种形式，但大多数传感器转换后的信号为电信号。因而从狭义上讲，传感器是把外界输入的非电量转换成电信号的装置。一般也称传感器为变换器、换能器或探测器。

　　严格意义上讲，前面所谓的直接感受被测量，并实现被测量的量值转换的器件是敏感器件，敏感器件是传感器的核心，但它本身不能独立工作。完整意义上的传感器一般由敏感器件与必要的辅助器件组成。辅助器件一般指的是实现信号调理与转换的电路，它们能把敏感器件输出的信号转换为便于显示、记录、处理等有用的电信号的装置。

　　随着集成电路制造技术的发展，现在已经能把传感器和一些处理电路、接口电路集成在一起，构成模拟或数字集成传感器、网络传感器。进一步的发展是将传感器和微处理器相结合，形成一种新型的智能传感器。它具有一定的信号调理、信号分析、误差校正、环境适应等能力，甚至具有一定的辨认、识别、判断功能。这种传感器集成化、网络化、智能化的发展，无疑将对现代工业技术的发展起到更加重要的作用。

传感器种类繁多，难以一一介绍，特别是一些专用的传感器，读者只能参考其使用说明手册。本章主要介绍机电一体化系统中常用的传感器，侧重于从系统应用的角度出发，介绍传感器量值变换原理、主要性能指标、专用辅助电路和应用举例。希望读者在掌握这些常用传感器的同时，在实践中能做到举一反三。

## 2.2　传感器的分类与基本特性

### 2.2.1　传感器的分类

传感器种类繁多，其分类方法也很多，概括起来，主要有下面几种分类方法。

1) 按被测物理量来分类，可分为位移传感器、速度传感器、加速度传感器、力传感器、温度传感器等。

2) 按传感器工作的物理原理来分类，可分为机械式、电气式、辐射式、流体式等。

3) 按信号变换特征来分类，可分为物性型和结构型。

所谓物性型传感器，是利用敏感器件材料本身物理性质的变化来实现信号的检测。例如，水银温度计测温，是利用水银的热胀冷缩现象；光电测速传感器，是利用光电器件本身的光电效应；压电测力计，是利用了石英晶体的压电效应等。

所谓结构型传感器，则是通过传感器本身结构参数的变化来实现信号转换的。例如，电容式传感器，是通过极板间距离发生变化而引起电容量的变化；电感式传感器，是通过活动衔铁的位移引起自感或互感的变化等。

4) 按传感器与被测量之间的能量关系来分类，可分为能量转换型和能量控制型。

能量转换型传感器（也称无源传感器），是直接由被测对象输入能量使其工作的，如热电偶温度计、弹性压力计等。由于这类传感器在转换过程中需要吸收被测物体的能量，容易造成测量误差。

能量控制型传感器（也称有源传感器），是由外部供给辅助能量使传感器工作的，由被测量来控制该能量的变化。例如电桥电路应变仪，电桥电路的电源由外部提供，被测量引起应变片电阻的变化，从而导致电桥输出的变化。

5) 按传感器输出量的性质来分类，可分为模拟式和数字式两种。

模拟式传感器的输出量为连续变化的模拟量，数字式传感器由内部集成的模-数转换器使输出量为数字量。由于计算机在工程测试中的应用，数字式传感器可以直接通过串口或并口与计算机通信和传递数据，因此是很有发展前途的。

事实上，一种物理量可以用基于不同变换原理的传感器来检测；而依据同一原理的传感器也可用来测量不同的物理量。

### 2.2.2　传感器的基本特性

#### 1. 静态特性

如果传感器的输入、输出信号不随时间而变化，或随时间变化十分缓慢，则称为静态测量。此时，传感器所表现出来的特性称为传感器的静态特性。对传感器静态特性的基本要求：输入为 0 时，输出也应为 0；输出相对于输入应保持一定的对应关系。一些基本的静态特性指标如下：

（1）线性度　输入与输出量之间为常值比例关系，称为线性关系。实际传感器大都为非线性关系。此外，还有补偿电路、放大器、运算电路等引起的非线性。

通常采用最小二乘法得到拟合直线（图 2-1a 中实线）作为输入–输出关系标定曲线。标定曲线与拟合直线的偏离程度就是非线性度。若在标称（全量程）输出范围 $Y_{min} \sim Y_{max}$ 内，标定曲线偏离拟合直线的最大偏差为 $\Delta_{max}$（图 2-1a），则定义线性误差为

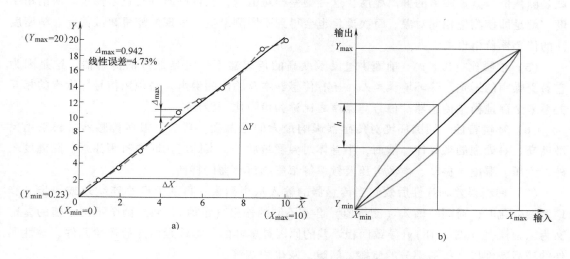

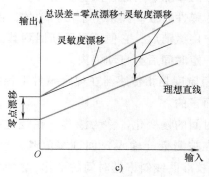

**图 2-1　传感器的有关静态特性**

a）线性误差和灵敏度　b）回程误差　c）零点漂移与灵敏度漂移

$$线性误差 = \frac{\Delta_{max}}{Y_{max} - Y_{min}} \times 100\% \tag{2-1}$$

（2）灵敏度　传感器的输入 $X$ 有一个变化 $\Delta X$，引起输出 $Y$ 发生相应的变化 $\Delta Y$，则定义灵敏度 $S$ 为

$$S = \Delta Y / \Delta X \tag{2-2}$$

线性传感器的灵敏度 $S$ 为常数，是输入-输出关系直线的斜率，斜率越大，其灵敏度就越高。非线性传感器的灵敏度 $S$ 是一个变量，通常用拟合直线的斜率表示传感器的平均灵敏度（图2-1a）。灵敏度的量纲由输入和输出的量纲决定。应该注意的是，传感器的灵敏度越高，就越容易受外界干扰的影响，即传感器的稳定性越差。

（3）灵敏阈　使传感器输出产生一个可察觉变化的最小输入量的变化量，它反映了传感器对输入微小变化的响应能力。

（4）精度　精度用来评价系统的优良程度。精度分为准确度和精密度。所谓准确度，就是测量值与其真实值的偏离程度，这种偏差相对恒定，且可以通过校正来修正。所谓精密度，就是即使测量相同对象，每次测量也会得到不同测量值，表现为随机离散偏差。精密度高的传感器价格也高。

（5）信噪比（S/N）　前面讲过灵敏度高的传感器不一定是最好的传感器，这是因为它易受噪声的影响。除环境噪声外，还有传感器本身输出的噪声。必须用信号与噪声的相互关系来全面地衡量传感器。信号与噪声之比称为信噪比（S/N）。

（6）环境特性　周围环境对传感器影响最大的是温度。目前，很多传感器材料采用灵敏度高、易处理的半导体。然而，半导体对温度最敏感，实际应用时要特别注意。除温度之外，气压、湿度、振动、电源电压及频率等都影响传感器的特性。

（7）回程误差和弹性后效　当传感器的输入从小到大，再从大到小连续地或一步一步地缓慢变化时，对同一输入（测量值）会有不同的输出（示值），将这两个不同示值的差定义为回程误差（图2-1b）。导致回程误差的原因是多样的，如装置内部的弹性元件、磁性元件的滞后特性以及机械部分的摩擦、间隙、灰尘积塞等。

另一种类似的现象称为弹性后效。如果一个可移动的、由弹簧支撑或推动的器械长时间地偏离其原位置，那么当作用撤消后，它便不再重新回到其原来的位置，这一现象称为弹性后效。这种弹性后效经过一定时间后会自动消失。

（8）稳定度和漂移　稳定度是指传感器在规定条件下保持其测量特性恒定不变的能力。通常稳定度是对时间变化而言的。

传感器的传感特性随时间的慢变化，称为漂移。在规定条件下，若输入保持恒定不变，输出值的漂移称为点漂。在被测量（输入）回到零值时，输出所反映的漂移，称为零点漂移，简称零漂。输入/输出校准曲线斜率随时间的变化，称为灵敏度漂移，如图2-1c所示。

**2. 动态特性**

如果传感器的输入、输出信号是随时间而变化的，则称为动态测量。此时，传感器所表现出来的特性称为传感器的动态特性。对传感器动态特性的基本要求是：传感器的动态特性要能跟踪输入信号的变化，这样可以获得准确的输出信号。如果输入信号变化太快，就可能跟踪不上。动态特性也称为响应特性，是传感器的重要特性之一。传感器动态输入与响应的关系如图2-2所示。

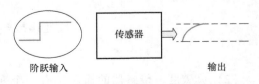

**图 2-2　传感器动态输入与响应的关系**

## 2.3 机械式传感器

机械式传感器的核心是弹性敏感元件,简称弹性元件。弹性元件具有在外力作用下其原来的尺寸和形状随之改变（称为变形）,并在外力去掉后完全恢复其原来尺寸和形状的特点。这种变形也称为弹性变形。弹性变形分为在力作用下的力变形和在热作用下的热变形两种,相应的输入量可以是力、压力、温度等物理量。

机械式传感器基于弹性元件的弹性变形量与被测物理量之间的对应关系,一般有两种途径,一是将这种变形转变成其他形式的变量,例如图2-3所示,在弹性变形体上贴电阻应变片,将变形量转变为电阻变化;二是将变形直接放大成为仪表指针的偏转,借助刻度指示出被测量的大

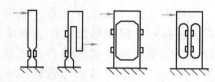

图2-3 弹性变形量转变为应变片电阻变化

小,例如图2-4所示便是以此类敏感元件作主体所构成的测量力、压力和温度的仪表。

机械式传感器广泛用于机电自动化系统中。例如,图2-5所示的机械式自动调温器,当加热温度达到某一值时,双金属片变形使电极断开,加热电路自动切断。

机械式传感器具有结构简单、可靠、使用方便、价格低廉等优点。但弹性元件具有蠕变大、弹性后效等现象,影响输出与输入之间的线性关系和动态响应等。在应用弹性元件时,应从具体应用场合需要出发,并从结构设计、材料选择和处理工艺等方面采取有效措施,以减轻上述现象的不良影响。

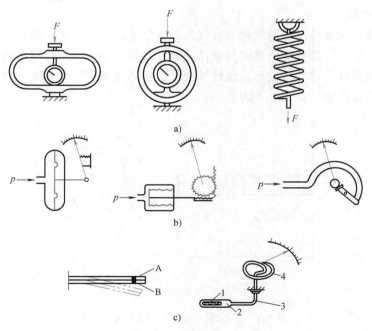

图2-4 典型机械式仪表

a）测力计  b）压力计  c）温度计

1—酒精  2—感温筒  3—毛细管  4—波登管  A、B—双金属片

# 2.4 电阻传感器

电阻传感器的基本原理是将被测量转换为电阻值的变化，然后通过对电阻值变化的测量来获得被测量的值。

构成电阻的材料有导体、半导体、绝缘体和电解质溶液等，引起这些材料电阻值发生改变的物理原因很多，如材料的长度变化、内应力变化、温度变化等。依据不同的物理原理，就产生了以各种各样电阻式敏感元件为核心的电阻传感器，如电位器式传感器、电阻应变式传感器、光敏电阻、压敏电阻、热敏电阻等。本节介绍电位器式传感器和电阻应变式传感器，其他几种将在后续章节中介绍。

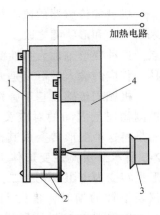

图 2-5　机械式自动调温器

1—双金属片　2—电极

3—温度调节盘　4—绝缘体

## 2.4.1　电位器式传感器

电位器是一种常用的电子元件，它把输入的机械位移量转换成与该位移量成一定函数关系的电阻或电压输出。具体地讲是通过滑动触点改变电阻丝的长度来改变分压电阻值的大小，并在电路中引起电压或电流的变化。

电位器按结构形式可分成线绕式、薄膜式等。按其特性函数可分成线性电位器和非线性电位器（函数电位器）两种类型。

### 1. 线性电位器

线性电位器式位移传感器通常做成线绕式，线绕电位器可分成单圈和多圈两种，目前以单圈线绕电位器居多。线性电位器式位移传感器有直线位移型和角位移型两种，如图 2-6 所示，分别用来测量线位移和角位移。线性线绕电位器的骨架应处处相等，并且由材料均匀的导线按相同的节距绕成，如图 2-7 所示。

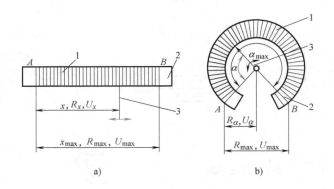

a)　　　　　　　　　　　b)

### 图 2-6　电位器式线位移和角位移传感器

a) 电位器式线位移传感器　b) 电位器式角位移传感器

1—导线　2—骨架　3—滑臂

图 2-6a、b 中，当滑臂由 $A$ 向 $B$ 滑动或转动后，$A$ 到滑臂间的阻值分别为

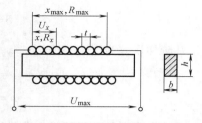

$$\begin{cases} R_x = \dfrac{x}{x_{\max}} R_{\max} = x S_R \\[3mm] R_\alpha = \dfrac{\alpha}{\alpha_{\max}} R_{\max} = \alpha S_R \end{cases} \qquad (2\text{-}3)$$

图 2-7　线位移电位器示意图

式中，$R_{\max}$ 为总电阻；$x_{\max}$、$\alpha_{\max}$ 分别为总长和总角度；$x$、$\alpha$ 分别为移动距离和转动角度；$S_R$ 为移动和转动的电阻灵敏度。

假设加在电位器 $A$、$B$ 间的电压为 $U_{\max}$，则相应的输出电压分别为

$$\begin{cases} U_x = \dfrac{x}{x_{\max}} U_{\max} = x S_U \\[3mm] U_\alpha = \dfrac{\alpha}{\alpha_{\max}} U_{\max} = \alpha S_U \end{cases} \qquad (2\text{-}4)$$

式中，$S_U$ 为移动和转动的电压灵敏度。

线性线绕电位器的特性稳定，制造精度容易保证。应用时还需要注意以下一些特性：

（1）线绕电位器式传感器的灵敏度　线位移电位器式传感器的截面与骨架尺寸如图 2-7 所示，其灵敏度应为

$$\begin{cases} S_R = \dfrac{R_{\max}}{x_{\max}} = \dfrac{2(b+h)\rho}{At} \\[3mm] S_U = \dfrac{U_{\max}}{x_{\max}} = I\dfrac{2(b+h)\rho}{At} \end{cases} \qquad (2\text{-}5)$$

可见，电位器式位移传感器的灵敏度除与电阻率 $\rho$ 有关外，还与骨架尺寸 $b$ 和 $h$、导线截面面积 $A$、绕线节距 $t$ 等结构参数有关，电压灵敏度还与通过电位器的电流 $I$ 的大小有关。因此，通过改变电位器骨架截面、绕线的材质和绕制方式等可以实现其灵敏度的改变。实际能做到绕线密度为 25 圈/mm，对直线位移型来说，分辨率最小可达 $40\mu m$，而对于一个直径为 5cm 的单线圈角位移型传感器来说，其最好的角分辨率约为 $0.1°$。

（2）线绕电位器式传感器的阶梯特性和分辨率　考察电刷在线绕电位器上的连续滑动过程（图 2-8），不难想象它与导线的接触是经历了从第 $N-1$ 匝，到第 $N-1$ 匝与第 $N$ 匝之间的短路，再到第 $N$ 匝这样的规律移动的，因此电位器的输出特性不是一条光滑的直线，而是一条由一系列小阶跃和大阶跃构成的阶梯形状的折线。工程上常把它简化成图上所示的理想阶梯特性曲线，并根据理想阶梯特性曲线定义电位器的电压分辨率，即在电刷的工作行程内，电位器的输出电压阶梯的最大值与最大输出电压比值的百分数。

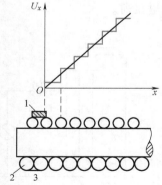

图 2-8　线绕电位器的理想阶梯特性曲线

1—电刷　2—电阻线　3—短路线

对于线性电位器，当电位器的总匝数为 $N$，总电阻为 $R$ 时，电位器的分辨率为

$$\delta = \frac{R/N}{R} \times 100\% = \frac{1}{N} \times 100\% \tag{2-6}$$

其阶梯误差为

$$\varepsilon = \frac{\pm\dfrac{R}{2N}}{R} \times 100\% = \pm\frac{1}{2N} \times 100\% \tag{2-7}$$

线绕电位器的阶梯特性和分辨率是由其固有的工作原理决定的，是一种原理误差。它也决定了线绕电位器所能达到的最高精度。减少阶梯误差的主要方式就是增加总匝数 $N$。当骨架长度一定时，就要减小导线直径；反之，当导线直径一定时，就要增大骨架长度。

（3）线绕电位器式传感器的负载特性  当电位器后接一电路时，后续电路会从传感器获得一部分能量，产生所谓的负载效应。如图 2-9 所示，若设传感器绕线长度为 $L$，总电阻为 $R$，滑动触点到固定接点的距离为 $x$，此两点间电阻为 $R(x)$，电源电压为 $U_s$，负载电阻为 $R_L$（图 2-9 中为一电压表内阻），负载两端的电压是 $U_o$。则

$$\frac{U_o}{U_s} = \left[ \frac{L}{x} + \frac{R}{R_L}\left(1 - \frac{x}{L}\right) \right]^{-1} \tag{2-8}$$

1）开路情况。当 $R_L = \infty$，即 $R/R_L = 0$ 时，$U_o = (x/L)U_s$。输入-输出关系为一直线（图 2-10 中 $R/R_L = 0$ 代表的直线）。

2）负载情况。在负载情况下，即当 $R_L \neq \infty$ 时，输入-输出关系为非线性关系，如图 2-10 所示。从图中可以看出，随着 $R/R_L$ 增大，非线性误差也随着增大。$R_L$ 给定时，在传感器灵敏度得以满足的前提下，$R$ 应足够小。

2. 非线性电位器

非线性电位器是指在空载时其输出电压（电阻）与电刷位移之间存在非线性函数关系的电位器。它可以实现指数函数、对数函数、三角函数及其他任意函数，也可以满足传感、检测系统最终获得线性输出的要求。因此，非线性电位器可以满足特殊场合应用的需要。非线性电位器有变骨架式、变节距式、分路电压式、电位给定式等。图 2-11 所示是一种变骨架式电位器。

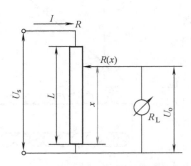

图 2-9  电位器式传感器负载等效电路

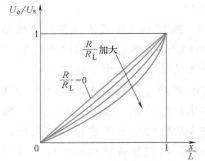

图 2-10  电位器式传感器输出特性

3. 电位器式传感器的应用

电位器作为敏感元件可以制成各种各样的电位器式传感器。例如，图 2-12 所示是滑线电阻式位移传感器的一种结构，图 2-13 所示是电位器式加速度传感器的一种结构。

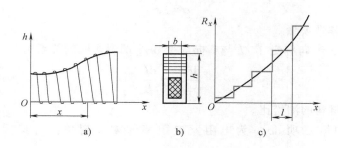

图 2-11　变骨架式电位器

a）骨架结构　b）骨架尺寸　c）阶梯特性曲线

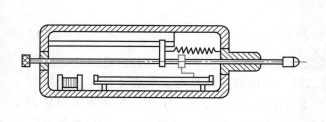

图 2-12　滑线电阻式位移传感器的一种结构

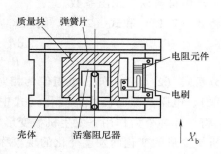

图 2-13　电位器式加速度传感器的一种结构

## 2.4.2　电阻应变式传感器

电阻应变片分金属电阻丝应变片和半导体应变片，分别基于外力引起金属导体机械变形的"应变效应"和外力引起半导体材料电导率变化的"压阻效应"。

### 1. 金属电阻丝应变片

设有一根长度为 $L$、截面面积为 $A$、电阻率为 $\rho$ 的金属丝（图 2-14）。其电阻值为

$$R = \rho \frac{L}{A} \qquad (2-9)$$

当其受到拉力（或压力）而伸长（或缩短）$dL$ 时，其横截面面积将相应减小（或增大）$dA$，电阻率因金属晶格畸变影响也将改变 $d\rho$，从而引起金属丝的电阻改变 $dR$。对式（2-9）微分可得

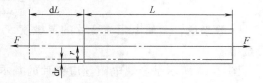

图 2-14　金属电阻丝的应变效应

$$dR = R\left(\frac{dL}{L} + \frac{d\rho}{\rho} - \frac{dA}{A}\right) \qquad (2-10)$$

考虑到导线一般为圆形截面，其半径为 $r$，则截面面积 $A = \pi r^2$，代入式（2-10）得

$$dR = R\left(\frac{dL}{L} + \frac{d\rho}{\rho} - \frac{2dr}{r}\right) \qquad (2-11)$$

式中，$dL/L$ 为电阻丝纵向应变，$\varepsilon = dL/L$；$dr/r$ 为电阻丝横向应变。

根据材料力学知，纵向应变 $\varepsilon$ 与所受应力 $\sigma$ 的关系为

$$\sigma = E\varepsilon$$

式中，$E$ 为材料的弹性模量。

由材料力学知，纵向应变 $\mathrm{d}L/L$ 与横向应变 $\mathrm{d}r/r$ 两者之间的关系为

$$\frac{\mathrm{d}r}{r} = -\gamma\frac{\mathrm{d}L}{L} \tag{2-12}$$

式中，$\gamma$ 为电阻丝材料的泊松比。

式（2-11）中第二项 $\mathrm{d}\rho/\rho$ 为电阻丝电阻率的相对变化，与其所受的纵向应力有关，即

$$\frac{\mathrm{d}\rho}{\rho} = \pi\sigma = \pi E\varepsilon \tag{2-13}$$

式中，$\pi$ 为材料纵向压阻系数。

将式（2-12）和式（2-13）代入式（2-11）得

$$\frac{\mathrm{d}R}{R} = (1+2\gamma+\pi E)\varepsilon \tag{2-14}$$

分析式（2-14）可知，电阻值的相对变化与下述因素有关：电阻丝长度的变化（式中第一项）、电阻丝截面面积的变化（式中第二项）及电阻丝材料电导率的变化（式中第三项）。将导体在外力作用下发生机械变形（长度与截面面积发生变化）时，其电阻值随着它所受机械变形的变化而发生变化的现象称为导体的"应变效应"；将外力引起导体材料电导率变化的现象称为"压阻效应"。

对于金属电阻丝而言，压阻效应可以忽略不计。金属电阻应变片的工作原理，是基于金属导体的应变效应。故式（2-14）可写成

$$\frac{\mathrm{d}R}{R} \approx (1+2\gamma)\varepsilon \tag{2-15}$$

式（2-14）和式（2-15）表明，电阻值的相对变化与应变成正比，因此通过测量电阻变化 $\mathrm{d}R/R$ 便可以测量应变 $\mathrm{d}L/L=\varepsilon$。对于金属电阻应变片，其灵敏度可表示为

$$S_{\mathrm{g}} = \frac{\mathrm{d}R/R}{\mathrm{d}L/L} = 1+2\gamma \tag{2-16}$$

一般来说，金属电阻应变片的灵敏度 $S_{\mathrm{g}} = 1.7\sim4.0$，常用的金属材料有铬镍合金和铁镍合金等。

图 2-15 所示是金属电阻丝应变片的基本结构。图 2-15 中 $L$ 称为应变片的标距，或称工作基长；$a$ 称为应变片的基宽。$aL$ 称为应变片的使用面积。应变片的规格一般是以使用面积和电阻值来表示的，如 $3\times10\mathrm{mm}^2$、$120\Omega$。

当前，在制造技术上，采用光刻技术的金属箔式应变片已代替金属丝电阻应变片，如图 2-16 所示。箔片厚度仅为 $1\sim10\mu\mathrm{m}$，且刻出的线条均匀、尺寸精确、适于批量生产。图 2-17 所示为金属箔式应变片的几种结构形式。图 2-17a、b、c 所示为敏感单方向上应变的应变片形式，其端部结构较大，为的是减小应变片的横向灵敏度；图 2-17d 所示为膜片应变片的形式，用于敏感面上的应变测量；图 2-17e、f、g、h 所示为几种应变花的形式，可同时敏感几个方向上的应变。

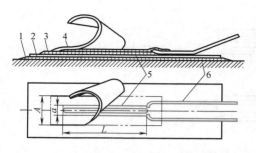

图 2-15　金属电阻丝应变片的基本结构

1、3—粘合层　2—基底

4—盖片　5—敏感栅　6—引出线

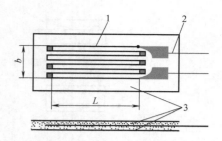

图 2-16　金属箔式应变片的基本结构

1—金属电阻应变丝　2—引出线　3—基片

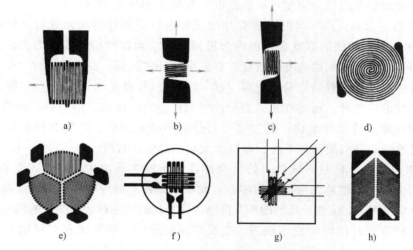

图 2-17　金属箔式应变片的几种结构形式

a)、b)、c) 敏感单方向上应变的应变片　d) 膜片应变片

e) 三片式应变花，60°箔式平面型　f) 双片式应变花，90°箔式叠合型

g) 三片式应变花，45°电阻丝式叠合型　h) 双片式应变花，90°剪切式平面型

## 2. 半导体应变片

如前所述，式（2-14）中 $\pi E\varepsilon$ 项是应力引起电阻材料电阻率的变化，即压阻效应。对半导体应变片来说，由于单晶半导体在外力作用下，原子点阵排列规律会发生变化，导致载流子迁移率及载流子浓度产生变化，从而引起电阻率较大改变，压阻效应特别明显。相对来说应变片几何尺寸变化引起的电阻变化可以忽略不计。因此，半导体应变片的工作原理是基于半导体材料的压阻效应，其灵敏度为

$$S_{\mathrm{g}}=\frac{\mathrm{d}R/R}{\mathrm{d}L/L}=\pi E \tag{2-17}$$

图 2-18 所示是半导体应变片的结构形式。与金属电阻应变片相比，半导体应变片具有很高的灵敏度，$S_{\mathrm{g}}$ 通常为几十到几百，但其最大的缺点是温度稳定性差、非线性及安装困难等。

## 3. 应变片主要特性

应用上需要关注应变片的以下一些主要特性：

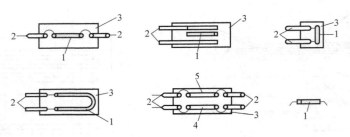

**图 2-18 半导体应变片的结构形式**

1—硅棒  2—引线带  3—塑料载体  4—P 型硅  5—N 型硅

（1）线性度  试件的应变 $\varepsilon$ 和电阻相对变化 $\Delta R/R$ 在理论上呈线性关系。实际上，当应变较大时，会出现非线性。应变片的线性度一般在 0.05% 或 1% 以内。

（2）机械滞后和热滞后  当贴有应变片的试件进行循环加载和卸载时，加载时和卸载时的 $(\Delta R/R)$-$\varepsilon$ 特性曲线的不重合程度称为机械滞后。当试件所受的外力为恒定值时，由于温度变化而使应变片指示的应变值改变。在温度循环中，同一温度下应变片指示应变的差值称为应变片的热滞后。热滞后只对中温（60~350℃）和高温（>350℃）应变片而言。

对新粘贴好的应变片，通过在正式测量前对试件进行三次以上的加载、卸载循环，可以减小应变片的机械滞后和非线性；通过进行充分的热稳定处理，即对试件在超过工作温度 30% 左右反复进行升降温循环若干次，可以大大减少热滞后数值。

（3）零漂和蠕变  粘贴在试件上的应变片在恒定温度环境中，在不承受载荷条件下，电阻值随时间变化的特性称为应变片的零漂；粘贴在试件上的应变片，在恒定温度环境和恒定机械应变长期作用下，应变片反映的应变值随时间变化的特性称为应变片的蠕变。零漂和蠕变都是用来衡量应变片的时间稳定性的。在长时间测量中，要考虑它们对结果带来一定的误差。

（4）应变极限、疲劳寿命  应变片的应变极限是指在一定温度下，应变片的指示应变 $\varepsilon_i$ 与试件的真实应变 $\varepsilon_g$ 的相对误差达规定值（一般为 10%）时的真实应变值。对于已安装的应变片，在恒定极值的交变应力作用下，可以连续工作而不产生疲劳损坏的循环次数 $N$，称为应变片的疲劳寿命。疲劳寿命反映了应变片对动态响应测量的适应性。

（5）温度效应  粘贴在试件上的电阻应变片，除感受机械应变而产生电阻相对变化外，在环境温度变化时，也会引起电阻的相对变化，产生虚假应变，这种现象称为温度效应。温度效应主要体现在以下两种影响：

1）当环境温度变化 $\Delta t$ 时，由于敏感栅材料的电阻温度系数 $\alpha_t$ 的存在，引起电阻相对变化，即

$$\left(\frac{\Delta R}{R}\right)_1 = \alpha_t \Delta t \tag{2-18}$$

2）当环境温度变化 $\Delta t$ 时，由于敏感栅材料和试件材料的膨胀系数不同，应变片产生附加拉长（或压缩），引起电阻的相对变化，即

$$\left(\frac{\Delta R}{R}\right)_2 = k(\beta_g - \beta_s)\Delta t \tag{2-19}$$

式中，$k$ 为应变片灵敏系数；$\beta_g$ 为试件膨胀系数；$\beta_s$ 为应变片敏感栅材料的膨胀系数。

因此，温度变化引起总的电阻相对变化为

$$\frac{\Delta R}{R} = \left(\frac{\Delta R}{R}\right)_1 + \left(\frac{\Delta R}{R}\right)_2 = \alpha_t \Delta t + k(\beta_g - \beta_s)\Delta t \tag{2-20}$$

相应的虚假应变为

$$\varepsilon_i = \left(\frac{\Delta R}{R}\right) \Big/ k = (\alpha_t / k)\Delta t + (\beta_g - \beta_s)\Delta t \tag{2-21}$$

为消除此项误差，必须采取温度补偿措施。

（6）应变片的动态特性　动态测量时，应变以波的形式从试件（弹性元件）材料经基底、粘合剂，最后到敏感栅。各个环节的情况不尽相同。应变波在试件材料中的传播速度与声波相同（对于钢材近似为 $v = 5000\text{m/s}$），传播时间可以忽略不计。由于粘合剂和基底很薄，应变波传过两者的时间也很短（$5\times10^{-8} \sim 2\times10^{-7}\text{s}$），传播时间也可以忽略不计。但当应变波在敏感栅方向上传播时，就会有时间的滞后，对动态（高频）测量就会产生误差。

图 2-19 所示为应变片对阶跃应变波的响应特性。其中图 2-19a 所示为阶跃应变波形，它在材料中传播必须通过一定长度的敏感栅全长后，其最大值才能被应变片反映出来，即应变片所反映的应变波形有一定的时间延迟。图 2-19b 所示的是阶跃应变的理论响应，由于应变片粘合层对应变波中高次谐波的衰减作用，实际输出信号如图 2-19c 所示。

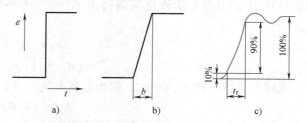

**图 2-19　应变片对阶跃应变波的响应特性**

a）阶跃输入信号　b）理论输出信号　c）实际输出信号

当测量按正弦规律变化的应变时，从应变片中反映出来的应变波形是应变片敏感栅长度内所感受变量的平均值。因此，所反映的波幅将低于实际应变波，从而给测量带来一定误差。设应变波长为 $\lambda$，应变片的基长为 $b$，误差的大小与应变波长对基长的相对比值 $\lambda/b$ 有关，$\lambda/b$ 越大，误差越小。应变片正弦应变波的响应特性与误差如图 2-20 所示。一般规定应变片基长 $b = \lambda/20 \sim \lambda/10$。在这种情况下，其相对误差 $\delta = 0.4\% \sim 1.6\%$。也就是说对于一定基长的应变片来说，它能测量的最高应变频率是有限制的。

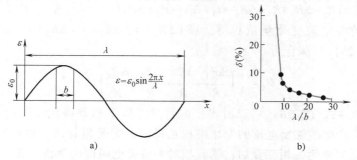

**图 2-20　应变片正弦应变波的响应特性与误差**

a）正弦应变波　b）应变片的动态误差

**4. 应变片的粘贴**

应变片测试应变时，需将应变片用粘合剂牢固地粘贴在被测试件表面上。这样，当试件受力变形时，应变片的敏感栅也随同变形，随之电阻也发生相应变化。粘合剂所形成的胶层起着非常重要的作用，要求粘结后力学性能可靠，粘结力强，粘合层有足够大的剪切弹性模量，另外也要求电气绝缘性能良好、化学性能稳定、耐湿性能好等。

**5. 应变片的测量电路**

应变片将试件应变 $\varepsilon$ 转换成电阻的相对变化 $\Delta R/R$，但还需要一种测量电路，将 $\Delta R/R$ 进一步转换成电压或电流后才能进行后续处理。这一转换采用一种电桥电路来实现。依据激励电源的不同，电桥分为直流电桥和交流电桥两种。

（1）直流电桥　直流电桥如图 2-21 所示，$U$ 为直流电源，$R_1$、$R_2$、$R_3$、$R_4$ 为电桥的 4 个桥臂，在电桥的对角点 $a$、$c$ 端接入直流电源 $U$ 作为电桥的激励电源，从另一对角点 $b$、$d$ 两端输出电压 $U_o$。由电工学原理可以得出 $U_o$ 与 4 个桥臂的数学关系式为

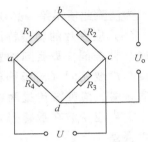

**图 2-21　直流电桥**

$$U_o = \frac{R_1 R_3 - R_2 R_4}{(R_1 + R_2)(R_3 + R_4)} U \tag{2-22}$$

当输出为零，即 $U_o = 0$ 时，称为电桥平衡，平衡条件为

$$R_1 R_3 = R_2 R_4 \tag{2-23}$$

电桥平衡后，若电桥 4 个电阻中任何一个或数个阻值发生变化，将有可能打破式（2-23）的平衡条件，使电桥的输出 $U_o$ 发生变化，电桥测量电路正是利用了这样的特点。

应用上，一般取 4 个桥臂上的电路初始相等，即 $R_1 = R_2 = R_3 = R_4 = R$。图 2-21 中，若 $R_1$、$R_2$、$R_3$、$R_4$ 分别变为 $R_1 + \Delta R_1$、$R_2 + \Delta R_2$、$R_3 + \Delta R_3$、$R_4 + \Delta R_4$，且 $\Delta R_1 \ll R_1$、$\Delta R_2 \ll R_2$、$\Delta R_3 \ll R_3$、$\Delta R_4 \ll R_4$，则电桥输出 $U_o$ 为

$$U_o = \left( \frac{R_1 + \Delta R_1}{R_1 + \Delta R_1 + R_2 + \Delta R_2} - \frac{R_4 + \Delta R_4}{R_3 + \Delta R_3 + R_4 + \Delta R_4} \right) U \approx \frac{1}{2} \left( \frac{\Delta R_1}{R} - \frac{\Delta R_4}{R} \right) U \tag{2-24}$$

或

$$U_o = \left( \frac{R_3 + \Delta R_3}{R_3 + \Delta R_3 + R_4 + \Delta R_4} - \frac{R_2 + \Delta R_2}{R_1 + \Delta R_1 + R_2 + \Delta R_2} \right) U \approx \frac{1}{2} \left( \frac{\Delta R_3}{R} - \frac{\Delta R_2}{R} \right) U \tag{2-25}$$

当应变引起的各电阻变化量值相等，即 $|\Delta R_1| = |\Delta R_2| = |\Delta R_3| = |\Delta R_4| = \Delta R$ 时，式（2-24）和式（2-25）可综合为

$$U_o = \frac{1}{4} \left( \frac{\Delta R_1}{R} - \frac{\Delta R_2}{R} + \frac{\Delta R_3}{R} - \frac{\Delta R_4}{R} \right) U \tag{2-26}$$

由式（2-24）~式（2-26）可以看出，电桥具有以下和差特性：①若相邻两桥臂电阻同向等值变化，所产生的输出电压的变化将相互抵消；②若相邻两桥臂电阻反向等值变化，所产生的输出电压的变化将相互叠加；③若相对两桥臂电阻同向等值变化，所产生的输出电压的变化将相互叠加；④若相对两桥臂电阻反向等值变化，所产生的输出电压的变化将相互抵消。掌握这些特性对构成实际的电桥测量电路具有重要意义。

根据具体测量对象不同，应变片在 4 个桥臂中有不同的接法：

1）单臂接法。应变片只接到一个桥臂（如 $R_1$），产生的电阻变化为 $\Delta R_1 = \Delta R$（图 2-22a），则根据式（2-26），输出电压为

$$U_o = \frac{1}{4} \frac{\Delta R}{R} U \qquad (2-27)$$

2）半桥接法。应变片接入到两个桥臂（图 2-22b，一般为相邻桥臂，如 $R_1$、$R_2$），且保证相应电阻变化方向相反，量值相等，则根据式（2-26），输出电压为

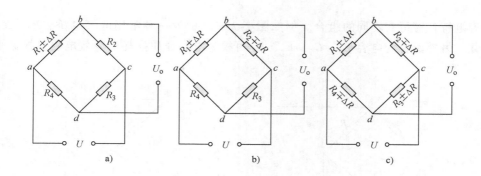

图 2-22　电桥的不同接法

a）单臂接法　b）半桥接法　c）全桥接法

$$U_o = \frac{1}{2} \frac{\Delta R}{R} U \qquad (2-28)$$

例如，用悬臂梁做敏感元件测力（图 2-23），常在梁的上下表面各贴一片应变片。当悬臂梁受载时，上应变片产生正向 $\Delta R$，下应变片产生负向 $\Delta R$。反之亦然。

3）全桥接法。工作中 4 个桥臂都随被测量而变化（图 2-22c），且 $\Delta R_1 = -\Delta R_2 = \Delta R_3 = -\Delta R_4$，量值均为 $\Delta R$，电桥输出电压为

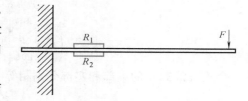

图 2-23　悬臂梁测力传感器

$$U_o = \frac{\Delta R}{R} U \qquad (2-29)$$

定义电桥的灵敏度 $S = U_o/(\Delta R/R)$。由上述知，单臂电桥 $S = U/4$，半桥 $S = U/2$，全桥 $S = U$。显然，电桥接法不同，灵敏度也不同，全桥接法可以获得最大灵敏度。

（2）交流电桥　交流电桥采用交流电源激励，电桥的 4 个臂可为电感、电容或电阻。此时，4 个臂为交流阻抗，一般为复数，用 $Z_1$、$Z_2$、$Z_3$、$Z_4$ 表示，如图 2-24 所示。交流电桥平衡时，也必须满足

$$Z_1 Z_3 = Z_2 Z_4 \qquad (2-30)$$

把各阻抗用指数形式表示为

$$Z_1 = Z_{01} e^{j\varphi_1} \qquad Z_2 = Z_{02} e^{j\varphi_2} \qquad Z_3 = Z_{03} e^{j\varphi_3} \qquad Z_4 = Z_{04} e^{j\varphi_4}$$

代入式（2-30）得

$$\begin{cases} Z_{01}Z_{03}=Z_{02}Z_{04} \\ \varphi_1+\varphi_3=\varphi_2+\varphi_4 \end{cases} \quad (2\text{-}31)$$

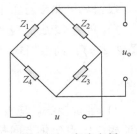

图 2-24 交流电桥

式中，$Z_{01}$、$Z_{02}$、$Z_{03}$、$Z_{04}$ 为各阻抗的模；$\varphi_1$、$\varphi_2$、$\varphi_3$、$\varphi_4$ 为阻抗角。

式（2-31）表明，交流电桥平衡必须满足两个条件：相对两臂阻抗之模的乘积应相等；它们的阻抗角之和应相等。在实际使用中往往需要对类似电位器进行反复多次调节来逐渐达到电桥的平衡。

交流电桥各臂可有不同的组合。例如图 2-25a 所示为一种常用电容电桥，$R_2$、$R_3$ 为纯电阻桥臂，另外两臂为电容 $C_1$、$C_4$，$R_1$、$R_4$ 可视为电容介质损耗的等效电阻。根据平衡条件，有

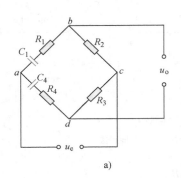

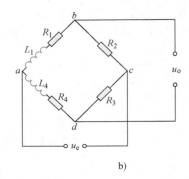

a)                              b)

图 2-25  电容和电感电桥

a) 电容电桥   b) 电感电桥

$$\left(R_1+\frac{1}{j\omega C_1}\right)R_3=\left(R_4+\frac{1}{j\omega C_4}\right)R_2 \quad (2\text{-}32)$$

令式（2-32）的虚部和实部分别相等，则得到

$$\begin{cases} R_1R_3=R_2R_4 \\ \dfrac{R_3}{C_1}=\dfrac{R_2}{C_4} \end{cases} \quad (2\text{-}33)$$

可见，要让电容电桥达到平衡，必须同时调节电阻与电容两个参数，即调节电阻达到电阻平衡，调节电容达到电容平衡。

图 2-25b 所示为一种常用的电感电桥，两相邻桥臂分别为电感 $L_1$、$L_4$ 与电阻 $R_2$、$R_3$，类似地可得到该电感电桥平衡条件为

$$\begin{cases} R_1R_3=R_2R_4 \\ L_1R_3=L_4R_2 \end{cases} \quad (2\text{-}34)$$

即使是一个纯电阻的交流电桥，由于导线间存在分布电容，相当于在各电桥上并联了一个电容（图 2-26a），因此，电路中除了调电阻平衡外，还需有电容调平衡功能。图 2-26b 就是其中一例，电阻 $R_1$、$R_2$ 和电位器 $R_3$ 组成电阻平衡调节部分，开关 S 实现电阻平衡微调与粗调的切换，电容 C 是一个差动可变电容器，借此使并联到相邻两臂的电容值改变，

以实现电容平衡。

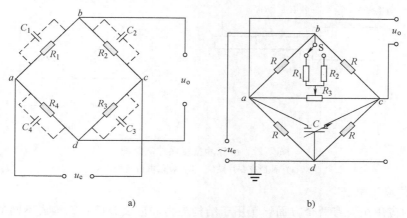

图 2-26 电阻交流电桥的分布电容与平衡调节电路

a）电阻交流电桥的分布电容 b）具有电阻电容平衡的电阻交流电桥

总之，电桥不但是应变片测量电路，还是测试仪表的常用电路，它的另外一些应用和功能将会在以后章节中提到。

### 6. 应变片的温度误差补偿

在外界温度变化时，应变片由于敏感栅温度系数 $\alpha_t$ 及栅丝与试件膨胀系数（$\beta_s$ 及 $\beta_g$）存在差异引起虚假应变输出，产生温度误差。为此，必须采取温度补偿措施。通常温度误差补偿方法有以下两类：

（1）自补偿法 自补偿法是指利用敏感栅材料自身的温度特性来补偿。有不同的补偿方法，如单丝自补偿法、组合式补偿法等。以单丝自补偿法为例来说明。从式（2-21）可以看出，为使 $\varepsilon_i = 0$，必须满足

$$\alpha_t = -k(\beta_g - \beta_s) \tag{2-35}$$

对于给定的试件（$\beta_g$ 给定），可以适当选取应变片栅丝的温度系数 $\alpha_t$ 及膨胀系数 $\beta_s$，以满足式（2-35），达到温度补偿的目的。

（2）电桥补偿法 如图 2-27a 所示，工作应变片 $R_1$ 安装在被测试件上，另选择一个特性与 $R_1$ 相同的补偿片 $R_B$，安装在试件上（或与试件相同的补偿块上），且温度与试件相同，但不承受应变。$R_1$ 和 $R_B$ 接入电桥相邻臂上（图 2-27b），由于温度变化造成的 $\Delta R_{1t}$ 与 $\Delta R_{Bt}$ 相同，根据电桥和差特性，两者相互抵消，不影响输出。

电桥补偿法简单易行，且能在较大温度范围内补偿，但必须满足下列三个条件：①工作应变片和补偿应变片属于同一批制造，即它们的电阻温度系数 $\alpha$、线胀系数 $\beta$、应变灵敏系数 $k$ 都相同，两片的初始电阻值也要求一样；②粘贴补偿片的构件材料和粘贴工作片的试件材料必须一样，即要求两者的线胀系数一样；③两应变片处于同一温度场。

在某些应变测试时，可以巧妙安装应变片，既起到温度补偿作用，又兼得灵敏度的提高。例如，图 2-23 所示的悬臂梁测力传感器，将 $R_2$ 特性选择得与 $R_1$ 一致，并将它们接入图 2-22b 所示的相邻桥臂中，电桥输出电压比单片时增大一倍，温度误差也得以补偿。

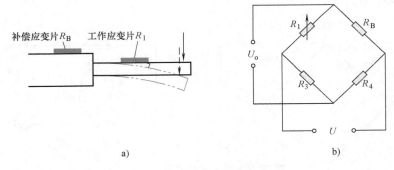

a)　　　　　　　　　　　　　　b)

图 2-27　应变片温度误差电桥补
a）补偿应变片贴法　b）补偿电桥接法

**7. 应变片应用举例**

应变片的应用主要有两个方面：①用于结构应力和应变分析；②构成不同的传感器。

第一种应用方面，常将应变片粘贴在待测构件的测量部位上（图 2-28），从而测得构件的应力或应变，用于研究机械、建筑、桥梁等构件在工作状态下的受力、变形等情况，为结构的设计、应力校验以及构件破损的预测等提供可靠的实验数据。

第二种应用方面，常将应变片粘贴或成形在弹性元件上，用于制成力、位移、压力、力矩和加速度等传感器。图 2-29 所示为应变式测力环。

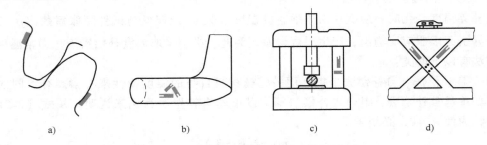

a)　　　　　　　　　b)　　　　　　　　　c)　　　　　　　　　d)

图 2-28　应变片粘贴在待测构件的测量部位
a）齿轮轮齿弯矩　b）飞机机身应力　c）立柱应力　d）桥梁应力

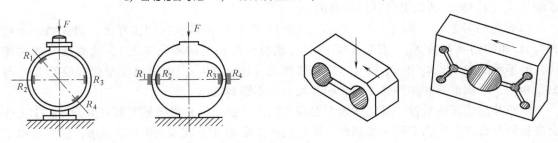

图 2-29　应变式测力环

# 2.5　电感传感器

电感传感器是利用线圈自感或互感的变化把被测量转化为电感量变化的一种装置。利用这种转换原理，可以测量位移、振动、压力、应变、流量、密度等参数。电感传感器种类很多，按照转换方式的不同可分为自感式和互感式两类。按照结构形式不同，自感式传感器有变气隙式、变截面式和螺管式。互感式传感器也有变气隙式及螺管式等结构。

## 2.5.1 可变磁阻式电感传感器

### 1. 可变磁阻式电感传感器的基本原理

可变磁阻式电感传感器的结构原理如图 2-30 所示，它由线圈、铁心及衔铁组成。在铁心和衔铁之间有空气隙 $\delta$。根据电磁感应定律，当线圈中通以电流 $i$ 时，产生磁通 $\Phi_m$，其大小与电流成正比，即

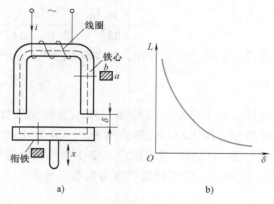

$$N\Phi_m = Li \qquad (2\text{-}36)$$

式中，$N$ 为线圈匝数；$L$ 为线圈电感（亨，H）。

根据磁路欧姆定律，磁通 $\Phi_m$ 为

$$\Phi_m = \frac{Ni}{R_m} \qquad (2\text{-}37)$$

**图 2-30 可变磁阻式电感传感器**
a）可变磁阻式变间隙型传感器结构　b）输入-输出特性

式中，$R_m$ 为磁路总磁阻（$H^{-1}$）。

所以，线圈电感（自感）可用下式计算：

$$L = \frac{N^2}{R_m} \qquad (2\text{-}38)$$

当空气隙 $\delta$ 较小，而且不考虑磁路的铁损时，磁路总磁阻为

$$R_m = \frac{l}{\mu A} + \frac{2\delta}{\mu_0 A_0} \qquad (2\text{-}39)$$

式中，$l$ 为导磁体（铁心）的长度（m）；$\mu$ 为铁心磁导率（H/m）；$A$ 为铁心导磁横截面面积（$m^2$）；$\delta$ 为空气隙长度（m）；$\mu_0$ 为空气磁导率（H/m）；$A_0$ 为空气隙导磁横截面面积（$m^2$）。

式（2-39）中第一项铁心磁阻相对于第二项空气隙磁阻很小，可以忽略，则

$$R_m \approx \frac{2\delta}{\mu_0 A_0} \qquad (2\text{-}40)$$

因此，自感 $L$ 可写为

$$L = \frac{N^2 \mu_0 A_0}{2\delta} \qquad (2\text{-}41)$$

式（2-41）表明，自感 $L$ 与空气隙 $\delta$ 成反比，而与空气隙导磁截面面积 $A_0$ 成正比。改变其中一个就会引起自感 $L$ 的改变，这就是可变磁阻自感式传感器的工作原理。可变磁阻自感式传感器又有两种基本形式：变间隙型和变面积型。

（1）变间隙型　当固定 $A_0$ 不变，变化 $\delta$ 时，$L$ 与 $\delta$ 成非线性（双曲线）关系，如图 2-30 所示。此时，传感器的灵敏度为

$$S=\frac{\mathrm{d}L}{\mathrm{d}\delta}=-\frac{N^2\mu_0 A_0}{2\delta^2} \tag{2-42}$$

灵敏度 $S$ 与气隙长度的平方成反比（非线性），$\delta$ 越小，灵敏度越高。由于 $S$ 不是常数，故会出现非线性误差，为了减小这一误差，通常规定 $\delta$ 在较小的范围内工作。例如，若间隙变化范围为 $(\delta_0,\ \delta_0+\Delta\delta)$，则灵敏度为

$$S=-\frac{N^2\mu_0 A_0}{2\delta^2}=-\frac{N^2\mu_0 A_0}{2\ (\delta_0+\Delta\delta)^2}\approx\frac{N^2\mu_0 A_0}{2\delta_0^2}\left(1-2\frac{\Delta\delta}{\delta_0}\right) \tag{2-43}$$

由式（2-43）可以看出，当 $\Delta\delta\ll\delta_0$ 时，由于

$$1-2\frac{\Delta\delta}{\delta_0}\approx 1 \tag{2-44}$$

故灵敏度 $S$ 趋于定值，即输出与输入近似呈线性关系。实际应用中，一般取 $\Delta\delta/\delta_0\leqslant 0.1$。这种传感器适用于较小位移的测量，一般为 $0.001\sim 1\mathrm{mm}$。

（2）变面积型　将 $\delta$ 固定，变化空气隙导磁截面面积 $A_0$ 时，自感 $L$ 与 $A_0$ 呈线性关系，如图 2-31 所示。传感器灵敏度为常数，即

$$S=\frac{N^2\mu_0}{2\delta} \tag{2-45}$$

### 2. 可变磁阻式电感传感器的典型结构

几种常用可变磁阻式电感传感器的典型结构有：可变导磁面积型、差动型、单螺管线圈型、双螺管线圈差动型，如图 2-32 所示。双螺管线圈差动型比单螺管线圈型有较高灵敏度及线性，用于电感测微计上，其测量范围为 $0\sim 300\mu\mathrm{m}$，最小分辨力为 $0.5\mu\mathrm{m}$。

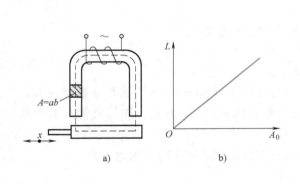

图 2-31　变面积型可变磁阻式电感传感器
a）结构　b）输入-输出特性

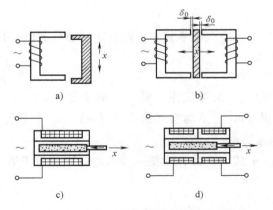

图 2-32　可变磁阻式电感传感器的典型结构
a）可变导磁面积型　b）差动型
c）单螺管线圈型　d）双螺管线圈差动型

### 3. 电感传感器的等效电路

实际的电感传感器不是纯电感，线圈本身存在铜耗电阻，铁磁材料在交变磁场中，一方面被磁化，另一方面也要以各种方式消耗能量，因此电感传感器的等效电路应为图 2-33 所示，$L$ 为线圈电感，$R_c$ 为铜耗电阻，$R_e$ 为涡流损耗电阻，$R_h$ 为磁滞损耗电阻，$C$ 为线圈固有电容。

**4. 电感传感器的测量电路**

电感传感器中电感的变化需要转变成电压或电流的变化，才能送入下一级电路进行放大和处理。原则上可将电感变化转换成电压（或电流）的幅值、频率、相位的变化，分别称为调幅、调频、调相电路，其中调幅电路用得较多。最主要的调幅电路是交流电桥。实际应用中，交流电桥常和差动式电感传感器配合使用，传感器的两个电感线圈作为电桥的两个工作臂，电桥的平衡臂可以是纯电阻，或者是变压器的两个二次侧线圈，如图 2-34 所示。

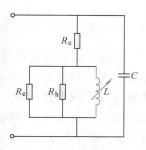

图 2-33 电感传感器的等效电路

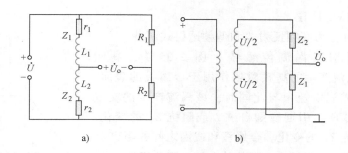

a)　　　　　　　　　　b)

图 2-34 交流电桥的一般形式及等效电路

a) 电阻平衡臂电桥　b) 变压器电桥

在图 2-34a 中，$R_1$、$R_2$ 为平衡电阻，一般取 $R_1 = R_2$。$Z_1$、$Z_2$ 为工作臂，即传感器的阻抗。其值可写成

$$Z_1 = r_1 + j\omega L_1 \quad Z_2 = r_2 + j\omega L_2$$

式中，$r_1$、$r_2$ 为串联损耗电阻；$L_1$、$L_2$ 为线圈电感；$\omega$ 为电源角频率。

当使电桥处于初始平衡状态时，$Z_1 = Z_2$。工作时传感器的衔铁由初始平衡零点产生位移，使得

$$Z_1 = Z + \Delta Z \quad Z_2 = Z - \Delta Z$$

经推导，电桥输出为

$$U_o = \frac{U}{2}\frac{\Delta L}{L} \tag{2-46}$$

图 2-34b 所示为变压器电桥。$Z_1$、$Z_2$ 为传感器两个线圈的阻抗，另两臂为电源变压器次级线圈的两半，每半电压为 $U/2$。输出空载电压为

$$U_o = \frac{U}{Z_1 + Z_2}Z_1 - \frac{U}{2} = \frac{U}{2}\frac{Z_1 - Z_2}{Z_1 + Z_2} \tag{2-47}$$

在初始平衡状态，$Z_1 = Z_2 = Z$，$U_o = 0$。当衔铁偏离中心零点时，$Z_1 = Z + \Delta Z$，$Z_2 = Z - \Delta Z$，代入式（2-47）可得

$$U_o = \frac{U}{2}\frac{\Delta Z}{Z} \tag{2-48}$$

这种桥路与上一种相比，使用元件少，输出阻抗小，因此有更广泛的应用。

### 2.5.2 涡流式电感传感器

涡流式电感传感器（简称涡流传感器）的变换原理是利用金属导体在交流磁场中的涡电流效应。如图2-35所示，金属板置于一只线圈的附近，它们之间相互的间距为$\delta$，当线圈输入一交变电流$i$时，便产生交变磁通量$\Phi$，金属板在此交变磁场中会产生感应电流$i_1$，这种电流在金属体内是闭合的，所以称为"涡电流"或"涡流"。涡流的大小与金属板的电阻率$\rho$、磁导率$\mu$、厚度$h$、金属板与线圈的距离$\delta$、励磁电流角频率$\omega$等参数有关。若改变其中的某项参数，而固定其他参数不变，就可根据涡流的变化测量该参数。涡流传感器完整地看应是一个载流线圈加上金属导体，尽管实际上其中的金属导体往往是被测金属工件本身。

#### 1. 涡流传感器的原理

涡流传感器可分为高频反射式和低频透射式两种。

（1）高频反射式涡流传感器  图2-35中，高频（>1MHz）激励电流产生的高频磁场作用于金属板的表面，在金属板表面形成涡电流。与此同时，该涡流产生的交变磁场又反作用于线圈，引起线圈自感$L$或阻抗$Z_L$的变化。线圈自感$L$或阻抗$Z_L$的变化和金属板和线圈之间的距离$\delta$、该金属板的电阻率$\rho$、磁导率$\mu$、激励电流$i$及角频率$\omega$等有关，即$L=f(\rho, \mu, i, \omega, \delta)$。若只改变距离$\delta$而保持其他参数不变，则可将位移的变化转换为线圈自感的变化，

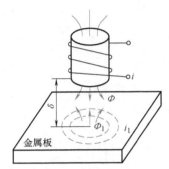

图 2-35  高频反射式涡流传感器

通过测量电路转换为电压输出。高频反射式涡流传感器多用于位移测量。

（2）低频透射式涡流传感器  涡电流具有趋肤效应。当磁场进入导体后，磁场强度随着离表面的距离增大而按指数规律衰减，电涡流密度在金属导体中的轴向分布也是按指数规律衰减的。趋肤深度，即电涡流的轴向贯穿深度，为

$$t = \sqrt{\frac{\rho}{\mu_0 \mu_r \pi f}} \tag{2-49}$$

它与线圈的励磁频率$f$、导体材料的性质（相对磁导率$\mu_r$和电阻率$\rho$）和真空磁导率$\mu_0$有关。

式（2-49）表明低频磁场在导体中的渗透深度。低频透射式涡流传感器的工作原理如图2-36a所示，发射线圈$N_1$和接收线圈$N_2$分别置于被测金属板材料$G$的上、下方。当低频（音频范围）电压$e_1$加到线圈$N_1$的两端后，所产生磁力线的一部分透过金属板材料$G$，使线圈$N_2$产生感应电动势$e_2$。但由于涡流消耗了部分磁场能量，使感应电动势$e_2$减少，当金属板材料$G$越厚时，损耗的能量越大，输出电动势$e_2$越小（图2-36b）。因此，$e_2$的大小与$G$的厚度及材料的性质有关，试验表明，$e_2$随材料厚度$h$的增加按负指数规律减少，因此，若金属板材料的性质一定，则利用$e_2$的变化即可测量其厚度。

#### 2. 涡流传感器的测量电路

反射式涡流传感器线圈与被测金属间距离的变化可以变换为线圈阻抗和电感参数的变化，测量电路通常采用电桥电路、调幅电路和调频电路等，把这些参数变换为电压或电流值

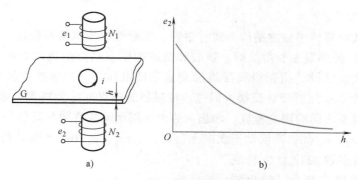

图 2-36　低频透射式涡流传感器

a）结构　b）输入-输出特性

并显示出来。有兴趣的读者可参阅有关参考书。

3. 涡流传感器的性质和应用

涡流传感器不但具有测量范围大、灵敏度高、抗干扰能力强、不受油污等介质的影响、结构简单、安装使用方便等特点，而且具有非接触测量的特点。因此可广泛应用于工业生产和科学研究的各个领域，进行位移、振动、转速、距离、厚度、表面探伤等参数的测量。

图 2-37 所示是涡流传感器的工程应用实例。图 2-37a 所示为径向振摆测量；图 2-37b 所示为轴心轨迹测量；图 2-37c 所示为转速测量；图 2-37d 所示为板材厚度测量；图 2-37e 所示为零件计数；图 2-37f 所示为表面裂纹测量。

涡流传感器测量位移可为 0～1mm、0～30mm，甚至 80mm。一般的分辨率为满量程的 0.1%，也有绝对值达 0.05μm 的。凡是可变换成位移量的参数，都可用涡流传感器来测量，如钢液液位、纱线张力、流体压力等。

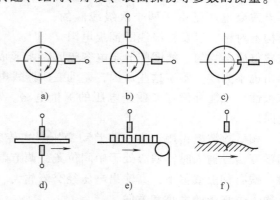

图 2-37　涡流传感器的工程应用实例

a）径向振摆测量　b）轴心轨迹测量　c）转速测量
d）板材厚度测量　e）零件计数　f）表面裂纹测量

### 2.5.3　差动变压器式电感传感器

1. 互感现象

差动变压器式电感传感器基于互感现象。图 2-38 中，当变压器初级线圈 $N_1$ 施加稳定交流电压后，次级线圈 $N_2$ 便会有感应电压产生，该电压随被测量引起两线圈的耦合程度的变化而变化，即

$$e_{12} = -M \frac{\mathrm{d}i}{\mathrm{d}t} \qquad (2-50)$$

式中，$M$ 为比例系数，也称互感（H），是两线圈 $N_1$ 和 $N_2$ 之间耦合程度的度量，其大小与两线圈的相对位置及周围介质的磁导率等因素有关。

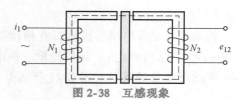

图 2-38　互感现象

### 2. 结构及工作原理

差动变压器式电感传感器的结构形式有多种，以螺管式应用较为普遍，其结构及工作原理如图 2-39 所示。传感器主要由线圈、铁心和活动衔铁三部分组成。线圈包括一个初级线圈和两个反接的次级线圈，当初级线圈施加交流激励电压时，次级线圈将产生感应电动势 $e_1$ 和 $e_2$。由于两个次级线圈极性反接，因此，传感器的输出电压为两者之差，即 $e_o = e_1 - e_2$。活动衔铁能改变线圈之间的耦合程度，输出 $e$ 的大小随活动衔铁的位置而变。当活动衔铁的位置居中时，$e_1 = e_2$，$e_o = 0$；当活动衔铁向上移时，$e_1 > e_2$，$e_o > 0$；当活动衔铁向下移时，$e_1 < e_2$，$e_o < 0$。活动衔铁的位置往复变化，其输出电压也随之变化，输出特性如图 2-39c 所示。

### 3. 测量电路

差动变压器式电感传感器输出的电压是交流量，如用交流电压表指示，则输出值只能反映铁心位移的大小，而不能反映移动的方向；其次，交流电压输出存在一定的零点残余电压，零点残余电压是由于两个次级线圈的结构不对称，以及初级线圈铜损电阻、

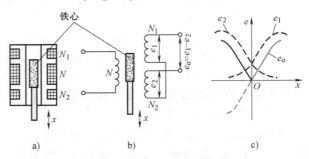

图 2-39 差动变压器式电感传感器工作原理
a) 差动变压器结构  b) 等效电路
c) 输出电压特性曲线

铁磁材质不均匀、线圈间分布电容等原因所形成的。所以，即使活动衔铁位于中间位置时，输出也不为零。鉴于这些原因，差动变压器式电感传感器的后接电路应采用既能反映铁心位移极性，又能补偿零点残余电压的测量电路。常用的测量电路有相敏检波电路、差分整流电路。

相敏检波电路用于小位移差动变压器式传感器的后接电路，工作原理如图 2-40 所示。当没有信号输入时，铁心处于中间位置，调节电阻 $R$，使零点残余电压减小；当有信号输入时，铁心移上或移下，其输出电压经交流放大、相敏检波、滤波后得到直流输出。由表头指示输入位移量的大小和方向。

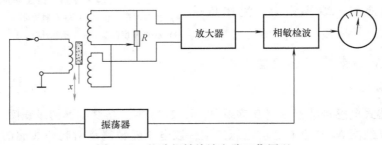

图 2-40 差动相敏检波电路工作原理

### 4. 应用

差动变压器式电感传感器具有精度高（达 $0.1\mu m$ 量级）、线圈变化范围大（可扩大到 $\pm 100mm$，视结构而定）、结构简单、稳定性好等优点，广泛应用于直线位移测量及其他压力、振动等参量的测量。图 2-41 所示是差动变压器式轴向电感测微仪的结构图。测头 1 通

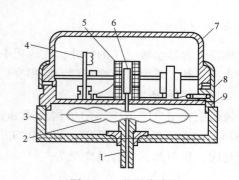

过轴套 2 和测杆 3 连接，衔铁 4 固定在测杆上，线圈架 5 上绕有三组线圈，中间是一次绕组，两端是二次绕组，它们通过导线 7 与外接测量电路相连。线圈外面的屏蔽套 8 用来增加灵敏度和防外界磁场的干扰。

差动变压器式传感器还可以进行力、压力、压力差等力学参数的测量。图 2-42 所示为微压传感器，这种传感器经分档可测量$-4\times10^4\sim6\times10^4$Pa 的压力，精度为 1.5%。

利用差动变压器加上悬臂梁弹性支承可以构成振动测量加速度计，如图 2-43 所示。由于结构上的限制，该加速度计能测量的振动频率上限一般在 150Hz 以下。

**图 2-42 微压传感器**
1—接头 2—膜盒 3—底座 4—线路板
5—差分变压器 6—衔铁 7—罩壳 8—插头 9—通孔

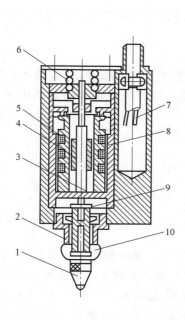

**图 2-41 差动变压器式轴向电感测微仪的结构图**
1—测头 2—轴套 3—测杆 4—衔铁
5—线圈架 6—恢复力弹簧 7—导线
8—屏蔽套 9—圆片弹簧导轨 10—防尘罩

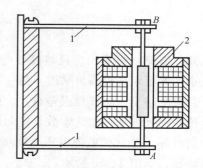

**图 2-43 振动测量加速度计**
1—悬臂梁 2—差动变压器

## 2.6 电容传感器

### 2.6.1 工作原理

电容传感器采用电容器作为传感元件，将不同物理量的变化转换为电容量的变化。其基本工作原理以最简单的平行极板电容器（图 2-44）为例加以说明。在忽略边缘效应的情况下，平板电容器的电容量为

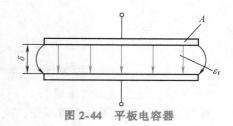

**图 2-44 平板电容器**

$$C = \frac{\varepsilon_0 \varepsilon_r A}{\delta} \tag{2-51}$$

式中，$\varepsilon_0$ 为真空的介电常数，$\varepsilon_0 = 8.854 \times 10^{-12} \text{F/m}$；$A$ 为极板的覆盖面积（$\text{m}^2$）；$\varepsilon_r$ 为极板间介质的相对介电常数，在空气中，$\varepsilon_r = 1$；$\delta$ 为两平行极板间的距离（m）。

式（2-51）表明，当被测量 $\delta$、$A$ 或 $\varepsilon_r$ 发生变化时，都会引起电容的变化。如果保持其中的两个参数不变，而仅改变另一个参数，就可把该参数的变化变换为单一电容量的变化，再通过配套的测量电路，将电容的变化转换为电信号输出。

### 2.6.2 类型

根据电容器参数变化的特性，在应用中电容传感器可分为极距变化型、面积变化型和介质变化型三种，其中极距变化型和面积变化型应用较广。

#### 1. 极距变化型电容传感器

极距变化型电容传感器的结构原理和输入-输出特性分别如图 2-45a、b 所示。根据式（2-51），如果两极板相互覆盖面积及极间介质不变，则当两极板在被测对象作用下发生位移变化时，所引起的电容量变化为

$$dC = -\frac{\varepsilon_0 \varepsilon_r A}{\delta^2} d\delta \tag{2-52}$$

由此可得到传感器的灵敏度为

$$S = \frac{dC}{d\delta} = -\frac{\varepsilon_0 \varepsilon_r A}{\delta^2} = -\frac{C}{\delta} \tag{2-53}$$

从式（2-53）可看出，灵敏度 $S$ 与极距二次方成反比，极距越小，灵敏度越高。一般通过减小初始极距来提高灵敏度。另一方面，电容量 $C$ 与极距 $\delta$ 成非线性关系，引起非线性误差，且极距越小，非线性误差越大。通常规定测量范围 $\Delta\delta \ll \delta_0$。一般取 $\Delta\delta/\delta_0 \approx 0.1$，此时，传感器的灵敏度近似为常数。实际应用中，为了提高传感器的灵敏度、增大线性工作范围和克服外界条件（如电源电压、环境温度等）的变化对测量精度的影响，常采用差动式电容传感器，如图 2-45c 所示。

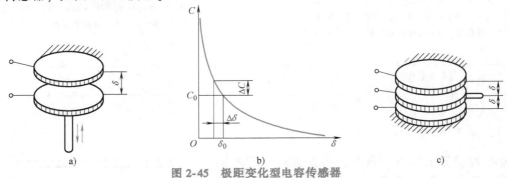

**图 2-45 极距变化型电容传感器**

a）原理结构 b）输入-输出特性 c）差动式电容传感器结构

#### 2. 面积变化型电容传感器

保持电容器极距和电介质不变，改变极板间覆盖面积的电容传感器，导致电容器电容量

的改变。图 2-46 所示为面积变化型电容传感器的结构示意图。其中图 2-46a 所示为线位移型；图 2-46b 所示为角位移型；图 2-46c 所示为圆柱式；图 2-46d 所示为差动式。由式（2-51）知，这类传感器电容的变化量与面积的变化量呈线性关系，灵敏度为常数。

面积变化型电容传感器的优点是输出与输入呈线性关系，但与极距变化型电容传感器相比，灵敏度较低，适用于大量程的角位移和直线位移的测量。一般而言，线位移传感器的测量范围为几厘米，角位移传感器的测量范围为 0~180°。测量的频率范围为 0~10kHz。

### 3. 介质变化型电容传感器

介质变化型电容传感器基于被测物理量引起电容器介质电解常数变化引起的电容值改变这一工作原理。这类电容传感器常用来测量电介质的厚度（图 2-47a）、位移（图 2-47b）、液位和液量（图 2-47c），还可根据极间介质的介电常数随温度、湿度、厚度改变而改变来测量温度、湿度、厚度等物理量（图 2-47d）。

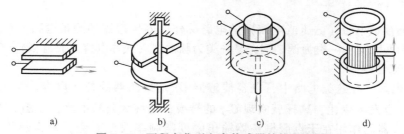

图 2-46 面积变化型电容传感器结构示意图

a）线位移型 b）角位移型 c）圆柱式 d）差动式

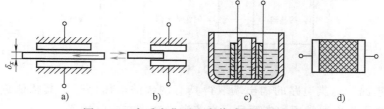

图 2-47 介质变化型电容传感器及其应用

a）测量厚度 b）测量位移 c）测量液位和液量 d）测量温度、湿度、厚度等物理量

## 2.6.3 电容传感器的特点及等效电路

### 1. 特点

电容传感器与电阻传感器、电感传感器等相比，有如下一些优点：温度稳定性好，结构简单，适应性强，动态响应好，可以实现非接触测量，具有平均效应。此外，电容传感器因其带电极板间的静电引力很小，所需输入力和输入能量极小，因而可测极低的压力、力和很小的加速度、位移等，能敏感到 $0.01\mu m$，甚至更小的位移。

电容传感器的主要缺点是：输出阻抗高，负载能力差，寄生电容影响大，输出特性非线性。应该指出，随着材料、工艺、电子技术的高速发展，电容传感器的优点在不断发扬，缺点在不断克服，正在逐渐成为一种高灵敏度、高精度，在动态、低压及一些特殊测量方面大有发展前途的传感器。

### 2. 等效电路

以图 2-48a 所示的平板电容器的接线为例，图 2-48b 所示是从输入端 $A$、$B$ 两点看进去的等效电路。其中 $L$ 为传输线的电感；$R_p$ 为并联损耗电阻，它代表极板间的泄漏电阻和极板间的介质损耗；串联电阻 $R$ 代表引线电阻、电容支架和极板的电阻，这个值通常是很小的；$C$ 为传感器的电容；$C_p$ 为寄生电容。

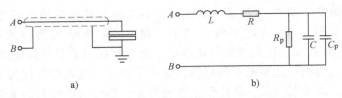

图 2-48 电容式传感器的接线和等效电路
a）平板电容器的接线　b）等效电路图

由图 2-48 可见，等效电路有一谐振频率，通常为几十兆赫。在谐振时，或者在接近谐振频率附近，它破坏了电容的正常作用。因此，只有低于谐振频率（通常为谐振频率的 $1/3 \sim 1/2$），才能获得电容传感元件的正常运用。

### 2.6.4　电容传感器测量电路

将电容量转换成电量（电压或电流）的电路称作电容传感器的测量电路，它们的种类很多，一般归结为两大类：一类为调制型；另一类为脉冲型（或称电容充放电型）。现简述如下。

#### 1. 调制型测量电路

（1）调频电路　在这类电路中，电容传感器 $C_x$ 是振荡器的外接电容。当 $C_x$ 发生改变时，振荡频率 $f$ 也发生变化，这样就实现 $C\text{-}f$ 的转换，故称为调频电路，如图 2-49 所示。图 2-49 中限幅放大器的作用在于克服振荡器输出幅度随频率改变而变；鉴频器的作用在于输出与被测频率变化 $\Delta f$ 成正比的电压或电流模拟量。

图 2-49　调频电路

（2）调幅电路　这类电路的输出端取得具有调幅的电压信号，其幅值近似地正比于被测信号。实现调幅的方法常用的有两种：交流激励法和交流电桥法。

1）交流激励法。交流激励法的基本原理如图 2-50a 所示，一般采用松耦合。次端的等效电路如图 2-50b 所示。图 2-50 中 $L$ 为变压器二次线圈的电感值；$R$ 为变压器二次线圈的直流电阻值；$C_x$ 为电容传感器的电容值。电容传感器上的电压 $u_C$ 值经推导得

$$u_C = KQE_2$$

$$K = \frac{1}{Q} \frac{1}{\sqrt{\left(1 - \dfrac{\omega^2}{\omega_0^2}\right)^2 + \dfrac{1}{Q^2}\dfrac{\omega^2}{\omega_0^2}}}$$

$$\omega_0 = 2\pi f_0 = \frac{1}{\sqrt{LC_0}}$$

$$Q = \omega_0 \frac{L}{R}$$

（2-54）

式中，$C_0$ 为传感器的初始电容值；$\omega_0$ 为电感电容回路的初始谐振频率。

依据式（2-54）得到的对应不同频率的谐振曲线如图 2-51 所示。将曲线 1 作为此回路的谐

振曲线。若激励源的频率为 $f$，则可确定其工作在 $A$ 点。当传感器工作时，引起电容值改变，从而将使谐振曲线左、右移动（曲线 3、2），工作点也在同一频率 $f$ 的纵坐标直线上下移动（如 $B$、$C$ 点）。因此，电路输出的电信号是与激励源同频率，幅值随被测量的大小而改变的调幅波。

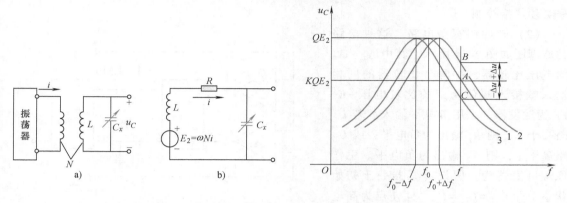

图 2-50　交流激励法基本原理图

a）基本原理　b）等效电路

图 2-51　谐振曲线图

2）交流电桥法。将电容传感器接入交流电桥的一个臂或两个相邻臂，另两臂可以是电阻、电容或电感，也可以是变压器的两个次级线圈。如图 2-52 所示，$C_{x1}$ 为电容传感器的电容，$C_{x2}$ 为与它匹配的固定电容或差动式传感器中与它变化相反的另一个电容器。测量前 $C_{x1} = C_{x2}$，电桥平衡，输出电压 $U_o = 0$。测量时被测量变化使电容值随之改变，电桥失衡，输出电压幅值与被测量变化有关。因此通过电桥电路将电容变化转换成电量变化。

**2. 脉冲型测量电路**

脉冲型测量电路基于电容的充放电特性，常见的有两种形式：双 T 形充放电网络；脉冲调宽型电路。

（1）双 T 形充放电网络　图 2-53 所示为双 T 形充放电网络原理图。图 2-53 中 $u$ 为对称方波的高频电源电压，$C_1$、$C_2$ 是差动电容式传感器的电容（对于单极式电容传感器，一个为固定电容，另一个为传感器电容）。$R_L$ 为负载电阻，$VD_1$、$VD_2$ 为两个理想二极管，$R_1$、$R_2$ 为固定电阻。

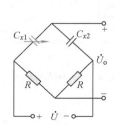

图 2-52　电容传感器构成交流电桥的一种形式

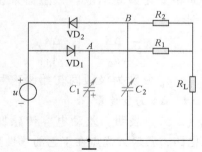

图 2-53　双 T 形充放电网络原理图

电路的工作原理基于电源正、负半周，对应 $VD_1$、$VD_2$ 导通和截止两充放电回路的电压输出。当 $R_1 = R_2$，$R_L$ 为已知时，输出电压为

$$u_o = Kuf(C_1 - C_2) \qquad (2\text{-}55)$$

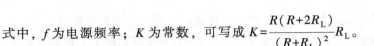

式中，$f$ 为电源频率；$K$ 为常数，可写成 $K = \dfrac{R(R+2R_L)}{(R+R_L)^2}R_L$。

这种电路的灵敏度与高频方波电源的电压及频率有关。因此，高频方波电源的电压及频率必须严格控制。

（2）脉冲调宽型电路　这种电路的原理图如图 2-54 所示。其中 $A_1$、$A_2$ 为电压比较器，在两个比较器的同相输入端接入幅值稳定的比较电压 $+E$。FF 为触发器，采用负电平输入。若 $U_C$ 略高于 $E$，则 $A_1$ 输出为负电平；或 $U_D$ 略高于 $E$，则 $A_2$ 输出为负电平。工作原理可简述为：假设传感器处于初始状态，即 $C_{x1} = C_{x2} = C_0$，且 $A$ 点为高电平，即 $U_A = U$，而 $B$ 点为低电平，即

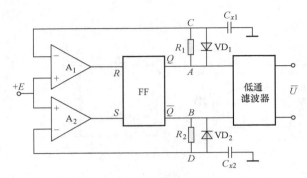

图 2-54　脉冲调宽型电路原理图

$U_B = 0$，在触发器和电容器充放电的共同作用下，由于 $R_1 = R_2 = R$，$C_{x1} = C_{x2} = C_0$，所以 $\tau_1 = \tau_2$，$T_1 = T_2$，呈对称方波，如图 2-55 所示。假设在 $t_4$ 时刻有一被测量输入，导致 $C_{x1} = C_0 + \Delta C_1$，$C_{x2} = C_0 - \Delta C_2$，则有

$$\tau_1 = R(C_0 + \Delta C_1)$$
$$\tau_2 = R(C_0 - \Delta C_2)$$

显然 $\tau_1 \neq \tau_2$，$T_1 \neq T_2$，这时 $U_{AB}$ 不再是宽度相等的对称方波，其正半周宽度大于负半周宽度。通过低通滤波器后，输出平均电平将正比于输入传感器的被测量大小，即

$$\overline{U} = \frac{T_1 - T_2}{T_1 + T_2}U = \frac{C_{x1} - C_{x2}}{C_{x1} + C_{x2}}U \tag{2-56}$$

根据式（2-56），对于极距变化型差动电容传感器和面积变化型差动电容传感器来说，滤波器输出分别为

$$\overline{U} = \frac{\Delta d}{d_0}U \quad \overline{U} = \frac{\Delta A}{A_0}U \tag{2-57}$$

式中，$d_0$、$A_0$ 分别为极板间初始距离和初始有效面积；$\Delta d$、$\Delta A$ 为变化量。

式（2-57）表明，差动电容传感器结合脉冲调宽型电路，其最大优点在于它的线性变换特性。

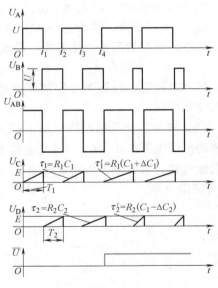

图 2-55　各点电压波形图

### 2.6.5　电容传感器的应用

电容传感器可用来测量直线位移、角位移、微小振幅（小至 $0.05\mu m$），尤其适合测量高频振动、精密轴系回转精度、加速度等机械量，还可用来测量压力、压力差、液位、物质水分含量、非金属材料涂层、油膜厚度，测量电解质的湿度、密度、厚度等。下面介绍几种

电容传感器的应用。

典型的差动式电容压力传感器结构图如图 2-56 所示。它由薄金属膜片和两个镀金属的玻璃圆片组成。薄金属膜片夹在两片镀金属的中凹玻璃之间。当两个腔的压差增加时，膜片弯向低压的一边，这一微小位移改变了每个玻璃圆片与中间膜片之间的电容，所以分辨率很高，可以测量 0~0.75Pa 的小压力，响应速度为 100ms。

图 2-57 所示是空气阻尼加速度计。由于采用空气阻尼，空气黏度的温度系数相对液体小得多。这种加速度传感器的优点是精度较高、频率响应范围大、量程范围大。

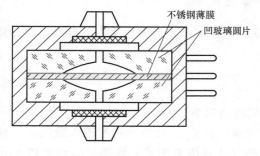

图 2-56 差动式电容压力传感器结构图

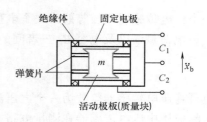

图 2-57 空气阻尼加速度计

## 2.7 压电传感器

### 2.7.1 压电效应和逆压电效应

某些物质（物体），如石英、钛酸钡等，当受到外力作用时，不仅几何尺寸会发生变化，而且内部也会被极化，表面会产生电荷；当外力去掉后，又重新回到原来的状态，这种现象称为"压电效应"。相反，如果将这些物质（物体）置于电场中，其几何尺寸也会发生变化，这种由外电场作用导致物质（物体）产生机械变形的现象，称为"逆压电效应"或"电致伸缩效应"。压电传感器正是基于压电效应，常用来测量压力、应力、加速度等，而利用逆压电效应则可用来制造微位移驱动器。压电传感器是一种无源传感器。

### 2.7.2 压电传感器简介

最简单的压电传感器结构如图 2-58 所示。在压电晶片的两个工作面上进行金属蒸镀，形成金属膜，构成两个电极。当压电晶片受到压力 $F$ 的作用时，分别在两个极板上积聚数量相等而极性相反的电荷，形成电场。如果施加于压电晶片的外力不变，积聚在极板上的电荷又无泄漏，那么在外力继续作用时，电荷量将保持不变。这时在极板上积聚的电荷与力的关系为

$$q = DF \qquad (2-58)$$

式中，$q$ 为电荷量；$F$ 为作用力（N）；$D$ 为压电常数，

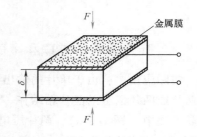

图 2-58 最简单的压电传感器结构

与材质及切片的方向有关（C/N）。

式（2-58）表明，电荷量与作用力成正比，压电传感器可以看作一个电荷发生器。

另一方面，压电传感器也可以看成一个电容器。在作用力终止时，电荷就逐渐消失。利用压电传感器测量静态或准静态量值时，必须采取一定的措施，使电荷从压电晶片上经测量电路的漏失减小到足够小程度。而在动态力作用下，电荷可以得到不断补充。故压电传感器适宜做动态测量。

### 2.7.3　压电传感器的等效电路

一个压电传感器可被等效为一个电荷源，如图 2-59a 所示。等效电路中电容器上的开路电压 $e_a$、电荷量 $q$ 以及电容 $C_a$ 三者间的关系有

$$e_a = \frac{q}{C_a} \tag{2-59}$$

也可将压电传感器等效为一个电压源，其等效电路如图 2-59b 所示。

实际应用中压电传感器在测量电路中还包括电缆电容 $C_c$、后续电路的输入阻抗 $R_i$、输入电容 $C_i$ 以及压电传感器的漏电阻 $R_a$。考虑这些因素后压电传感器的等效电路如图 2-60 所示。

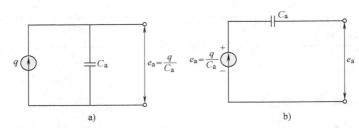

图 2-59　压电式传感器等效电路
a）电荷源　b）电压源

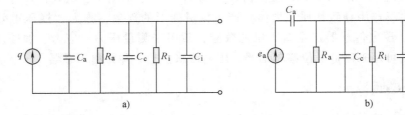

图 2-60　压电式传感器实际等效电路
a）电荷源　b）电压源

### 2.7.4　压电晶片的并联和串联

实际应用中，由于单片的输出电荷很小，因此，组成压电式传感器的晶片不止一片，常将两片或两片以上的晶片粘结在一起。粘结的方法有两种，即并联和串联，如图 2-61 所示。并联方法中（图 2-61a），两片压电晶片的负电荷集中在中间电极上，正电荷集中在两侧的电极上，传感器的电容量大，输出电荷量大，时间常数也大，故这种传感器适用于测量缓变

信号及电荷量输出信号。串联方法中（图2-61b），正电荷集中于上极板，负电荷集中于下极板，传感器本身的电容量小，响应快，输出电压大，故这种传感器适用于测量以电压作输出的信号和频率较高的信号。

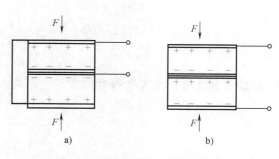

**图 2-61 压电晶片的并联和串联**
a）并联 b）串联

### 2.7.5 压电传感器的测量电路

由于压电传感器的输出电信号很微弱，通常先把传感器信号输入到高输入阻抗的前置放大器中，经过阻抗变换以后，方可用一般的放大检波电路将信号输入到指示仪表或记录器中。

前置放大器的作用有两个：①将传感器的高阻抗输出变换为低阻抗输出；②放大传感器输出的微弱电信号。

前置放大器电路有两种形式：一种是电压放大器，其输出电压与输入电压（即传感器的输出）成正比；另一种是用带电容反馈的电荷放大器，其输出电压与输入电荷成正比。

压电传感器接至电压放大器的等效电路如图2-62所示。根据电荷平衡建立的方程式有

$$q = Ce_i + \int i\,dt \qquad (2\text{-}60)$$

式中，$q$ 为压电传感器上所产生的电荷；$C$ 为等效电路总电容，$C = C_a + C_c + C_i$，其中，$C_i$ 为放大器输入电容，$C_a$ 为压电传感器等效电容，$C_c$ 为电缆杂散电容；$e_i$ 为电容上建立的电压；$i$ 为泄漏电流。

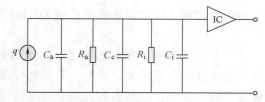

**图 2-62 压电传感器接至电压放大器的等效电路**

且有
$$e_i = Ri \qquad R = R_i /\!/ R_a$$
式中，$R_i$ 为放大器输入阻抗；$R_a$ 为传感器泄漏电阻。

当被测外力为谐振力 $F = F_0 \sin\omega_0 t$ 时，传感器上产生的电荷为

$$q = DF = DF_0 \sin\omega_0 t = q_0 \sin\omega_0 t \qquad (2\text{-}61)$$

由此可得

$$CRi + \int i\,dt = q_0 \sin\omega_0 t \qquad (2\text{-}62)$$

式（2-62）的稳态解为

$$i = \frac{\omega_0 q_0}{\sqrt{1 + (\omega_0 CR)^2}} \sin(\omega_0 t + \varphi) \qquad (2\text{-}63)$$

其中
$$\varphi = \arctan \frac{1}{\omega_0 RC}$$

电容上的电压值为

$$e_\mathrm{i} = Ri = \frac{q_0}{C}\frac{1}{\sqrt{1+\left(\dfrac{1}{RC\omega_0}\right)^2}}\sin(\omega_0 t+\varphi) \tag{2-64}$$

设放大器是增益为 $K$ 的线性放大器，则放大器输出为

$$e_\mathrm{o} = -K\frac{q_0}{C}\frac{1}{\sqrt{1+\left(\dfrac{1}{RC\omega_0}\right)^2}}\sin(\omega_0 t+\varphi) \tag{2-65}$$

由式（2-65）知，压电传感器的输出与电容 $C$ 密切关联。由于电容 $C$ 中包含电缆形成的杂散电容 $C_\mathrm{c}$、放大器输入电容 $C_\mathrm{i}$、传感器等效电容 $C_\mathrm{a}$，而 $C_\mathrm{a}$ 和 $C_\mathrm{i}$ 均较小，因而整个测量系统对电缆电容 $C_\mathrm{c}$ 十分敏感，电缆长短或位置变化时均会造成输出的不稳定变化，从而影响仪器的测量精度。

电荷放大器是一个带电容负反馈的高增益运算放大器，电荷放大器的等效电路如图2-63所示，由于忽略了漏电阻，所以电荷量为

$$q \approx e_\mathrm{i}(C_\mathrm{a}+C_\mathrm{c}+C_\mathrm{i})+(e_\mathrm{i}-e_\mathrm{o})C_\mathrm{f} \tag{2-66}$$

式中，$e_\mathrm{i}$ 为放大器输入端电压；$e_\mathrm{o}$ 为放大器输出端电压，$e_\mathrm{o}=-Ke_\mathrm{i}$，$K$ 为电荷放大器开环放大倍数；$C_\mathrm{i}$ 为放大器输入电容；$C_\mathrm{f}$ 为电荷放大器反馈电容。

式（2-66）可简化为

$$e_\mathrm{o} = \frac{-Kq}{(C+C_\mathrm{f})+KC_\mathrm{f}} \tag{2-67}$$

如果放大器开环增益足够大，则 $KC_\mathrm{f}\gg(C+C_\mathrm{f})$，故式（2-67）可简化为

$$e_\mathrm{o} \approx -q/C_\mathrm{f} \tag{2-68}$$

式（2-68）表明，在一定情况下，电荷放大器的输出电压与传感器的电荷量成正比，并且与电缆分布电容无关。因此，采用电荷放大器时，即使连接电缆长度在百米以上，其灵敏度也无明显变化，这是电荷放大器的突出优点。

### 2.7.6 压电传感器的应用

压电传感器的应用可分为压电力传感器和压电加速度传感器两类，前者主要用于测量力（力矩）、压力等，后者主要用于测量振动（加速度）等物理量。

压电加速度传感器有多种结构形式，如图 2-64 所示。压电加速度传感器具有量程大、频带宽、体积小、重量轻等特点，广泛用于航空、航天、船舶、车辆、机床等系统的振动测量、冲击测试、动平衡校准等方面。

压电力传感器是通过压电元件后，输出电荷与作用力成正比的力-电转换装置。压电力传感器的种类也很多，图2-65 所示为压电单向力传感器。

选择和使用压电传感器时，需要考虑的一些传感器精度指标和影响因

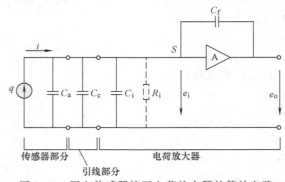

图 2-63 压电传感器接至电荷放大器的等效电路

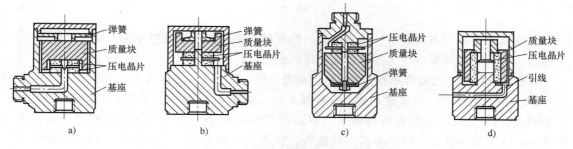

**图 2-64 压电加速度传感器结构图**

a）外圆配合压缩式 b）中心配合压缩式 c）倒装中心配合压缩式 d）剪切式

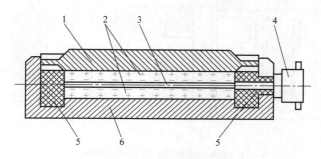

**图 2-65 压电单向力传感器**

1—上盖 2—压电片 3—中心电极 4—引出端子 5—绝缘套 6—底座

素有：

（1）非线性 我国规定，用于测量振动信号的幅值线性度不得大于 5%，用于测量冲击不得大于 10%。

（2）横向灵敏度 指加速度传感器感受到与其主轴向（轴向灵敏度）垂直的单位加速度振动式的灵敏度，一般用它与主轴向灵敏度的百分比来表示，称为横向灵敏度比。理想压电传感器的横向灵敏度比应该为零。

此外，使用压电传感器时还要考虑环境温度、湿度、电缆噪声、接地回路噪声、声场效应、磁场效应及辐射场效应、基座应变效应等因素。

## 2.8 磁电传感器

### 2.8.1 磁电感应式传感器

#### 1. 工作原理和结构

磁电感应式传感器也称感应式传感器，或称电动式传感器。它是利用导体和磁场发生相对运动而在导体两端输出感应电动势的，是一种机-电能量变换型传感器。

根据法拉第电磁感应定律，$N$ 匝线圈在磁场中切割磁力线运动或线圈所在磁场的磁通发生变化时，线圈中所产生的感应电动势 $e$ 的大小取决于穿过线圈的磁通量 $\Phi$ 的变化率，即

$$e = -N\frac{\mathrm{d}\Phi}{\mathrm{d}t} \tag{2-69}$$

而磁通变化率与磁场强度、磁路磁阻、线圈相对磁场的运动速度有关，故若改变其中一个因素，都会导致线圈中产生的感应电动势的变化。

根据上述原理，这类传感器有两种结构类型：恒定磁通式、变磁通式。

（1）恒定磁通式　恒定磁通式的一些基本结构如图 2-66 所示。根据运动部件不同，可分为两类：图 2-66a、b 所示为动圈式，即运动部件是线圈，永久磁铁与传感器壳体固定；图 2-66c 所示为动铁式，即运动部件是磁铁，线圈、金属骨架和壳体固定。根据运动方式，图 2-66a、c 所示为线位移型，图 2-66b 所示为角位移型。

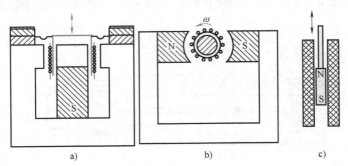

**图 2-66　动圈式和动铁式传感器**

a）动圈式线位移型　b）动圈式角位移型　c）动铁式线位移型

当线圈在垂直于磁场方向做相对直线运动或旋转运动时，若以线圈相对磁场运动的速度 $v$ 或角速度 $\omega$ 表示，则所产生的感应电动势 $e$ 为

$$\begin{cases} e = -NBlv \\ e = -NBA\omega \end{cases} \tag{2-70}$$

式中，$l$ 为每匝线圈的平均长度；$B$ 为线圈所在磁场的磁感应强度；$A$ 为每匝线圈的平均截面面积。

在传感器中当结构参数确定后，$B$、$l$、$N$、$A$ 均为定值，感应电动势 $e$ 与线圈和磁场的相对运动速度（$v$ 或 $\omega$）成正比，所以这类传感器的基本形式是速度传感器，能直接测量线速度或角速度。也就是说，磁电感应式传感器只适用于动态测量。

将传感器线圈中产生的感应电动势 $e_0$ 与电压放大器相连接，其等效电路如图 2-67 所示。其等效电路的输出电压为

$$e_1 = e_0 \frac{1}{1 + \dfrac{Z_0}{R_1} + \mathrm{j}\omega C_{\mathrm{c}} Z_0} \tag{2-71}$$

式中，$e_0$ 为发电线圈感应电动势；$R_1$ 为负载电阻（放大器输入电阻）；$C_{\mathrm{c}}$ 为电缆导线的分布电容，一般 $C_{\mathrm{c}} = 70\mathrm{pF/m}$；$Z_0$ 为发电线圈阻抗，$Z_0 = r + \mathrm{j}\omega L$，$r$ 为 $300\sim2000\Omega$，$L$ 为数百毫亨。

图 2-67 中，$R_{\mathrm{c}}$ 为电缆导线电阻，一般 $R_{\mathrm{c}} = 0.03\Omega/\mathrm{m}$，相对于 $Z_0$ 可以忽略不计。在不使用特别加长电缆时，$C_{\mathrm{c}}$ 可忽略，又当 $R_1 \gg Z_0$ 时，放大器输入电压 $e_1 \approx e_0$。感应电动势经放大、检波后，即可推动指示仪表。若经微分或积分电路，又可得到运动物体的加速度或位移（图 2-67）。

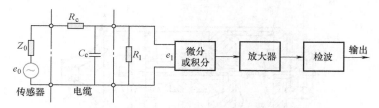

**图 2-67 动圈磁电式传感器等效电路**

（2）变磁通式　变磁通式结构也称变磁阻式或变气隙式，常用于旋转角度的测量，如图 2-68 所示。图 2-68a 所示为开磁路变磁通式，线圈 3 和永久磁铁 5 静止不动，测量齿轮 2 由磁导材料制成，安装在被测旋转体 1 上一起转动，每转过一个齿，磁阻变化一次，磁通也就变化一次，线圈 3 上产生感应电动势，且其频率等于齿轮齿数和转速的乘积。这种传感器输出信号小。图 2-68b 所示为两极式闭环磁路变磁通式结构。被测转轴 1 带动椭圆形动铁心 2 在磁场气隙中等速转动，使气隙平均长度周期性变化，因而磁路磁阻也周期性地变化，致使磁通同样地周期性变化，在线圈 3 中产生频率与椭圆形动铁心 2 转速成正比的感应电动势。

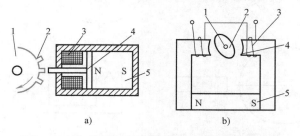

a) b)

**图 2-68 变磁通式磁电感应式传感器结构原理图**

a）开磁路变磁通式　b）两极式闭环磁路变磁通式

1—被测旋转体　2—测量齿轮（或椭圆形动铁心）　3—线圈　4—软铁（或磁轭）　5—永久磁铁

**2. 应用**

磁电感应式传感器测量电路简单、直接输出感应电动势，一般不需要增益放大器，且性能稳定、输出阻抗小，又具有一定的频率响应范围（一般为 10~1000Hz），对环境条件要求不高，能在 -150~90℃ 的温度下工作，也能在油、水雾、灰尘等条件下工作。适用于振动、转速、转矩等的测量。但这种传感器的尺寸和质量相对较大。

磁电式速度传感器分为绝对式速度传感器和相对式速度传感器两种。图 2-69 所示为绝对式速度传感器的结构图；图 2-70 所示为相对式速度传感器的结构图。

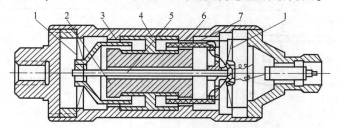

**图 2-69 绝对式速度传感器的结构图**

1—弹簧片　2—永磁铁　3—阻尼环　4—支架　5—中心轴　6—外壳　7—线圈

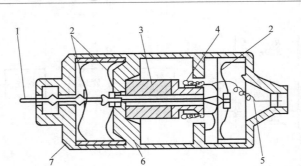

**图 2-70 相对式速度传感器的结构图**

1—顶杆 2—弹簧片 3—磁铁 4—线圈 5—引线 6—导磁体 7—壳体

磁阻式传感器的工作原理及应用如图 2-71 所示，分别用来测齿数、转速、振动、偏心量等。

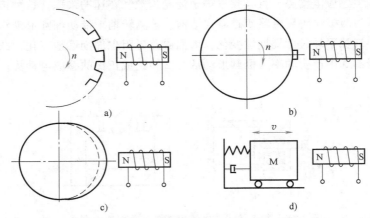

**图 2-71 磁阻式传感器的工作原理及应用**

a）测齿数 b）测转速 c）测偏心 d）测振动

### 2.8.2 霍尔传感器

**1. 霍尔效应**

如图 2-72 所示，半导体薄片置于磁场中，当有电流流过时，在垂直于电流和磁场的方向上将产生电动势，这种物理现象称为霍尔效应。

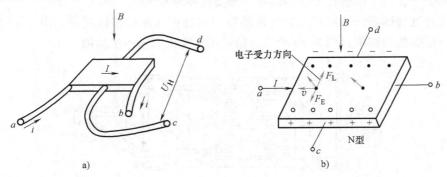

**图 2-72 霍尔效应示意图**

a）霍尔元件 b）霍尔效应原理

假设薄片为 N 型半导体，磁感应强度为 $B$ 的磁场方向垂直于薄片，如图 2-72 所示，在薄片左右两端通以控制电流 $I$，那么半导体中的载流子（电子）将沿着与电流 $I$ 相反的方向运动。外磁场 $B$ 的作用，使电子受到磁场力 $F_L$（洛仑兹力）而发生偏转，结果在半导体的后端面上电子积累带负电，而前端面缺少电子带正电，在前后端面间形成电场。该电场产生的电场力 $F_E$ 阻止电子继续偏转。当 $F_E$ 和 $F_L$ 相等时，电子积累达到动态平衡。这时在半导体前后两端面之间（即垂直于电流和磁场方向）建立电场，称为霍尔电场，相应的电动势称为霍尔电动势 $U_H$。霍尔电动势可用下式表示：

$$U_H = R_H \frac{IB}{d} = k_H IB \qquad (2\text{-}72)$$

式中，$R_H$ 为霍尔系数，由载流材料的物理性质决定；$k_H$ 为灵敏度系数，与载流材料的物理性质和几何尺寸有关，表示在单位磁感应强度和单位控制电流时的霍尔电动势的大小；$d$ 为薄片厚度。

如果磁场和薄片法线的夹角为 $\alpha$，那么

$$U_H = k_H IB \cos\alpha \qquad (2\text{-}73)$$

霍尔效应在高纯半导体中表现较为显著，其一般由锗（Ge）、锑化铟（InSb）、砷化铟（InAs）等半导体材料制成。

**2. 霍尔传感器简介**

基于霍尔效应工作的半导体器件称为霍尔传感器，霍尔传感器多采用 N 型半导体材料。霍尔元件越薄，$k_H$ 就越大，薄膜霍尔元件厚度只有 0.1mm 左右。霍尔元件的外形、结构和符号如图 2-73 所示。霍尔元件的结构很简单，它由霍尔片、四根引线和壳体组成。霍尔片是一块半导体单晶薄片（一般为 4mm×2mm×0.1mm），在它的长度方向两端面上焊有 $a$、$b$ 两根引线，称为控制电流端引线，通常用红色导线，其焊接处称为控制电极；在它的另两侧端面的中间以点的形式对称地焊有 $c$、$d$ 两根霍尔输出引线，通常用绿色导线，其焊接处称为霍尔电极。霍尔元件的壳体是用非导磁金属、陶瓷或环氧树脂封装的。霍尔元件在电路中可用图 2-73c 所示的两种符号表示。

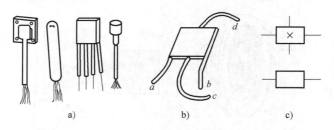

**图 2-73　霍尔元件**

a）外形　b）结构　c）符号

**3. 测量电路**

霍尔元件的基本测量电路如图 2-74 所示。激励电流由电源 $E$ 供给，可变电阻 $R_p$ 用来调节激励电流 $I$ 的大小。$R_L$ 为输出霍尔电动势 $U_H$ 的负载电阻，该电阻通常是显示仪表、记录装置或放大器的输入阻抗。

**4. 霍尔传感器的应用**

霍尔传感器最直接的应用是用来测量磁场强度，此外

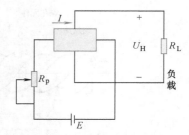

**图 2-74　霍尔元件的基本测量电路**

还可间接用来测量产生或影响磁场的物理量，如力、位移、速度、加速度等参量。

霍尔位移传感器的工作原理如图 2-75 所示。将霍尔元件置于磁场中，左半部磁场方向向下，右半部磁场方向向上，并形成一个均匀梯度磁场，即 $dB/dx$ 为常数。保持霍尔元件的激励电流恒定，当它沿 $x$ 方向移动时，霍尔电动势的变化为

$$\frac{dU_H}{dx} = k_H I \frac{dB}{dx} = S \tag{2-74}$$

式中，$S$ 为该位移传感器的灵敏度。

将式（2-74）积分，则得

$$U_H = Sx \tag{2-75}$$

式（2-75）表明霍尔电动势与位移成正比，电动势的极性表明了元件相对中心位置的方位。这种位移传感器对磁场梯度的均匀性要求很高。若霍尔元件在均匀磁场内转动，则产生与转角的正弦函数成正比的霍尔电压，据此可以测量角位移。

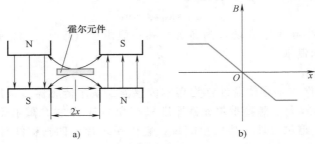

**图 2-75 霍尔位移传感器的工作原理**
a）结构 b）输入-输出特性

采用霍尔转速传感器测量齿轮的转速如图 2-76 所示。采用霍尔效应对钢丝绳做断丝检测的例子如图 2-77 所示。

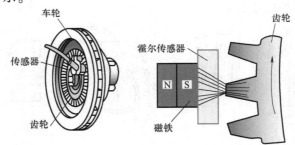

**图 2-76 采用霍尔转速传感器测量齿轮的转速**

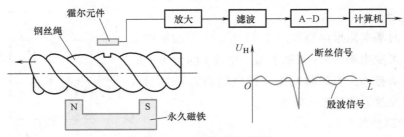

**图 2-77 钢丝绳断丝检测**

## 2.9 光电传感器

光电传感器也称光敏传感器，或光敏元件。顾名思义它对光敏感，将光能量变化转换为电量变化（产生电能或控制电能）。依据光量子理论，每个光子所具有的能量 $E$ 与其频率成正比。光电传感器的工作基础是光电效应。所谓光电效应，即是由于物体吸收了能量为 $E$ 的光后产生的电效应。光电效应又可分为：外光电效应、内光电效应、光生伏特效应。不同的光敏元件取决于不同的光电效应。

### 2.9.1 光电效应

#### 1. 外光电效应

在光照作用下，材料内的电子从表面逸出的现象称为外光电效应，也称光电子发射效应。光电管及光电倍增管即是基于这一效应。

爱因斯坦从光量子的概念出发，揭示了这一现象，提出了著名的爱因斯坦光电效应方程式：

$$h\gamma = \frac{1}{2}mv^2 + A \tag{2-76}$$

式中，$h$ 为普朗克常数（$h = 6.626 \times 10^{-34} \text{J} \cdot \text{s}$）；$m$ 为电子质量（$m = 9.109 \times 10^{-31} \text{kg}$）；$\gamma$ 为入射光频率；$v$ 为电子逸出材料时的初速度；$A$ 为材料（光电阴极）的逸出功。

该方程左边部分表示一个光子的能量。它表明当物体受到频率为 $\gamma$ 的光辐射时，其中的电子吸收了一个光子的能量 $h\gamma$，该能量的一部分用于使电子由物体内部逸出时所做的逸出功 $A$，另一部分则表现为逸出电子的动能 $\frac{1}{2}mv^2$。

由光电效应方程式可知：

1）光电子能否产生，取决于光子的能量是否大于该材料的电子表面逸出功。即电子逸出物体表面的条件是 $h\gamma > A$。因此，对每一种光电阴极材料均有一个确定的光频率阈值 $\gamma_0$（$h\gamma_0 = A$）。只有当入射光频率高于该阈值频率时，才能引发电子（也称光电子）发射。对应于此频率的波长 $\lambda_0$（$\lambda_0 = c/\gamma_0$，$c$ 为光速）称为这种光敏元件或光电阴极材料的"红限"。这也说明并非所有材料都能产生光电发射效应。

2）低于"红限"的光入射，且保持频率成分不变，单位时间内发射的光电子数与入射光光强成正比。

3）当 $h\gamma > A$ 时，光电子逸出就具有初始动能，即使阳极电压为零，也会产生光电流。只有在阳极加一反向截止电压 $U_a$，并满足下式时，光电流才能为零：

$$\frac{1}{2}mv^2 = e|U_a| \tag{2-77}$$

式中，$e$ 为电子电荷（$e = 1.602 \times 10^{-19} \text{C}$）。

#### 2. 内光电效应

内光电效应分为两类：一类是半导体材料在光照的作用下，电阻率发生改变的现象，光敏电阻以此为基础；另一类是 PN 结在光照作用下，导电性能发生改变的现象，光敏二极管、光敏晶体管以此为基础。

半导体材料电阻率发生改变的内光电效应产生过程：光照射到半导体材料上时，价带中的电子受到能量大于或等于禁带宽度的光子轰击，并使其由价带越过禁带跃入导带，使材料中导带内的电子和价带内的空穴浓度增大，从而使电导率增大。因此，材料的导电性能取决于禁带宽度，光子能量 $h\gamma$ 应大于禁带宽度 $E_g$，即 $h\gamma \geq E_g$，半导体锗的 $E_g = 0.7\text{eV}$。

PN 结导电性能发生改变的内光电效应产生过程：PN 结在电路中处于反向偏置工作状态，即所加外电源与 PN 结二极管导通方向相反，在无光照时，光敏二极管不导通（除很小的暗电流外）。一旦光照射到 PN 结上，在 PN 结附近产生电子–空穴对，它们在内电场作用下做定向运动，形成光电流，光敏二极管导通。

### 3. 光生伏特效应

在光线作用下能使物体产生一定方向的电动势的现象称为光生伏特效应。基于光生伏特效应的光敏元件是光电池，它是一个有源器件。

根据工作机理不同，光生伏特效应可分为三种：金属–半导体接触光生伏特效应、PN 结光生伏特效应、丹培效应。常用光电池是基于 PN 结的光生伏特效应，图 2-78a 所示为 PN 结处于热平衡状态时的势垒。当有光照射至 PN 结上时，如果光子能量 $h\gamma$ 大于半导体材料的禁带宽度，价带中的电子跃升入导带，便产生电子–空穴对，被光激发的电子在势垒附近电场梯度的作用下向 N 侧迁移，而空穴向 P 侧迁移。如果外电路处于开路，则结的两边由于光激发而附加的多数载流子促使固有结压降降低，于是 P 侧的电极对于 N 侧的电极为 $V$ 电位，如图 2-78b 所示。若将 PN 结两端用导线连接起来，电路中便会有电流流过，方向为从 P 区通过外电路至 N 区。

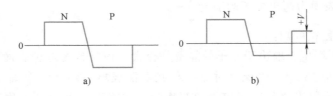

图 2-78 PN 结处于热平衡状态时的势垒

a）无光照热平衡态时 PN 结的势垒 b）有光照时 PN 结的势垒

## 2.9.2 光电器件及其特征

### 1. 光电管及光电倍增管

（1）结构 正如前述，光电管及光电倍增管的工作原理基于外光电效应。光电管种类很多，图 2-79 所示是真空光电管的结构形式。它包括一个光电阴极和一个阳极，封装在一个抽成真空的玻璃壳内。波长低于"红限"的入射光投射到阴极 K 后，逸出的光电子被阳极 A 接收，并在闭合回路中形成光电流。光电流的大小与入射光强成正比。图 2-79a 所示为金属底层光电阴极光电管，图 2-79b 所示为光透明阴极光电管。除真空光电管外，还有充入氩、氖等惰性气体的充气光电管。

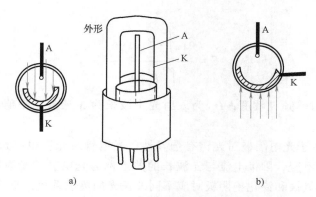

**图 2-79 真空光电管的结构形式**

a）金属底层光电阴极光电管　b）光透明阴极光电管

光电管的光电转换灵敏度一般不高，人们在光电管的基础上发展了光电倍增管。光电倍增管是在光电阴极和阳极之间装了若干个"倍增极"，或称"次阴极"。倍增极上涂有在电子轰击下能发射更多电子的材料，每个倍增极的电动势依次提高，从而使前一极发射的电子依次轰击下一极，形成倍增效应，如图 2-80 所示。设每极的倍增系数为 $m$（一个电子能轰击产生 $m$ 个电子），若共有 $n$ 个次阴极，则总的光电流倍增系数 $M = (\beta m)^n$（$\beta$ 为各次阴极电子收集效率）。光电倍增管阳极电流被大大地放大，是阴极电流的 $M$ 倍。光电倍增管的倍增极一般采用 Sb-Cs 涂料或 Mg 合金涂料，倍增极数可在 4～14 之间，$m$ 值的范围是 3～6。光电倍增管的灵敏度高，适合于探测微弱光信号。也正因为如此，光电倍增管在使用中要注意不能接受强光刺激。

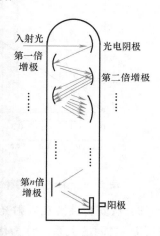

**图 2-80 光电倍增管的基本结构**

（2）光电阴极　光电阴极是外光电器件的主要组成部分之一，它决定了外光电器件的主要技术特性。表征光电阴极特性的主要是它的频谱灵敏度、阈值波长和逸出功，从而决定了外光电器件的光电特性和它的适用范围。

光电阴极材料大体可分为三类：纯金属材料阴极、表面吸附一层其他元素原子的金属阴极、半导体阴极。前两种材料在可见光区的响应率很低，而在紫外区的响应率则较高，因此大都在紫外区使用。在可见区和红外区广泛采用半导体光电阴极。20 世纪 70 年代以来，在半导体光电阴极基础上又发展了一种负电子亲和势光电阴极，它把长波限延伸到 1.6μm，量子效率也有明显提高。

（3）特性　光电管的基本特性可由以下几方面来描述：

1）光电特性和积分灵敏度。在光电管的工作电压和入射光的频谱成分保持不变的条件下，光电管所接收的入射光通量 $\Phi$ 与其输出光电流 $I_\Phi$ 之间的关系，称为光电管的光电特性。两种不同光电阴极材料的真空光电管的光电特性如图 2-81 所示。

光电管的积分灵敏度指的是在指定光源照射下（通常用色温 2850K 的钨丝白炽灯作为标准光源），每单位光通量所产生的饱和光电流值，单位为 μA/lm 或 mA/W。积分灵敏度可

表示为

$$S = \frac{S_{\lambda m}\int_0^\infty P_\lambda S_\lambda \, \mathrm{d}\lambda}{\int_0^\infty P_\lambda \, \mathrm{d}\lambda} \tag{2-78}$$

式中，$S_{\lambda m}$ 为最高绝对单频灵敏度；$P_\lambda$ 为入射光中波长为 $\lambda$ 通量功率值；$S_\lambda$ 为对应于波长 $\lambda$ 的相对单频灵敏度。

2）光谱特性。由于光电阴极对光谱有选择性，光电管对光谱也有选择性。保持光通量和光电管的工作电压不变，阳极电流与光波长的关系称为光电管的光谱特性。图 2-82 所示曲线Ⅰ、Ⅱ分别为铯氧银和锑化铯阴极对应不同波长光的灵敏系数，Ⅲ为人眼视觉特性。

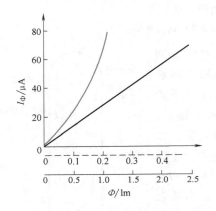

图 2-81　真空光电管的光电特性

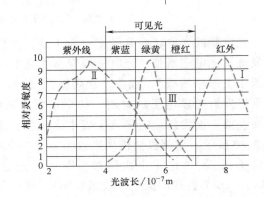

图 2-82　真空光电管的光谱特性

3）伏安特性。在入射光的频谱成分及其强度不变的条件下，光电管的光电流 $I_\Phi$ 与阳极电压 $U_a$ 之间的关系，称为伏安特性，如图 2-83 所示。当阳极电压较低时，阴极所发射的电子只有一部分到达阳极，随着阳极电压的增高，光电流随之增大。当阴极发射的电子全部到达阳极时，阳极电流便稳定，称为饱和状态。从图 2-83 中可见，为使光电管的输出与入射光通量之间有良好的线性关系，负载线不应进入伏安特性的弯曲部分。

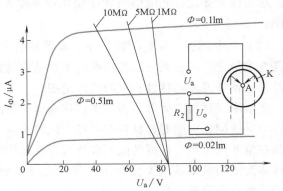

图 2-83　真空光电管的伏安特性

此外，光电管还有温度特性、疲劳特性、频率响应、热稳定性、暗电流和衰老等特性指标，使用时应参考产品手册合理选用。

光电倍增管选择应用时，主要参数和特性如下：

1）阴极和阳极的光照响应率。阴极的光谱响应率和光谱响应率函数，与光电管一样取决于光电阴极材料的性质。阳极的光谱响应率等于阴极的光谱响应率和光电倍增管放大倍数的乘积，而其光谱响应率函数基本上与阴极的相同。

2）光电倍增管的放大倍数（增益）。由相邻两极之间的电压和倍增极数决定。一般光电倍增管的倍增系数在 $10^5 \sim 10^7$ 之间。使用中要求级间电压稳定，一般电源电压的稳定度应比测量精度高一个数量级。例如：测量精度为1%，电源电压稳定度应为0.1%。

3）暗电流。光电倍增管的暗电流是指在施加规定的电压后，在无光照情况下测定的阳极电流。暗电流决定了光电倍增管的极限灵敏度。引起暗电流的原因是多方面的，在此不再赘述。

4）稳定性。光电倍增管的稳定性受到下列三种因素的影响：由于光谱响应率很慢且又不可逆变化的长期漂移，称为老化；由光照后产生光谱响应率或积分率的可逆变化，称为疲劳；电源电压变化后，阳极电流的滞后。

5）时间特性。光电倍增管的时间特性涉及光电阴极接收光通量后发射光子，并依次通过倍增极传输和放大，最后到达阳极输出全过程的时间。一般在 $10^{-8}$ s 量级。时间特性用时间常数 $\tau$ 及其离散性来表示，它决定了能探测光信号变化的频率上限和分辨率，与光电倍增管的结构有密切关系。鼠笼式管子的频率特性很好，而百叶窗式的最高响应频率仅几十兆赫。

6）光电倍增管的噪声和探测率。光电倍增管的噪声包括光电倍增管的散粒噪声、光电阴极和倍增极的闪烁噪声、电阻的热噪声等。这些噪声是光电倍增管最终探测极限的决定因素。

2. 光敏电阻

光敏电阻基于内光电效应，为纯电阻元件，其阻值随光照增强而减小。光敏电阻的特点是灵敏度高、光谱响应范围宽，可从紫外一直延伸到红外，且体积小、性能稳定，因此广泛用于测试技术。光敏电阻的材料种类很多，适用的波长 $\lambda$ 的范围也不一样，如硫化镉（CdS）、硒化镉（CdSe）适用于可见光（$\lambda = 0.4 \sim 0.75\mu m$）的范围；氧化锌（ZnO）、硫化锌（ZnS）适用于紫外线范围；而硫化铅（PbS）、硒化铅（PbSe）、碲化铅（PbTe）则适用于红外线范围。

光敏电阻的典型结构如图 2-84a 所示，光敏电阻常做成图 2-84b 所示的栅形结构，装在外壳中。两极间可加直流电压，也可加交流电压。光敏电阻的图形符号如图 2-84c 所示。

图 2-84 光敏电阻结构及表示符号
a）结构 b）电极 c）图形符号

光敏电阻在未受光照条件下呈现的阻值称为"暗电阻"，此时流过的电流称为"暗电流"。光敏电阻在受到某一光照时呈现的阻值称为"亮电阻"，此时流过的电流称为"亮电流"。亮电流与暗电流之差称为"光电流"。一般希望暗电阻大、亮电阻小，以便产生较大的光电流。光敏电阻的暗电阻一般为兆欧量级，而亮电阻却在千欧以下。

### 3. 光敏二极管及光敏晶体管

大多数半导体二极管和晶体管都是对光敏感的。即当二极管和晶体管的 PN 结受到光照时，通过 PN 结的电流将增大，因此，常规的二极管和晶体管都需要用金属或其他壳体密封起来，以防止光照。而光敏二极管和光敏晶体管则必须将 PN 结装在顶部，上面有一个透镜制成的窗口，以便接受最大的光照射。图 2-85 所示为光敏二极管的结构、表示符号及基本接线图。

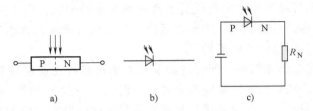

**图 2-85 光敏二极管的结构、表示符号及基本接线图**

a）结构 b）表示符号 c）基本接线图

光敏晶体管的结构与光敏二极管相似，不同的是它具有两个 PN 结。当光照射到光敏晶体管的一个 PN 结附近时，产生与光敏二极管类似的光电流。光电流相当于晶体管的基极电流，在晶体管的电流放大作用下，集电极电流为光电流的 $\beta$ 倍，因此光敏晶体管的灵敏度比光敏二极管高。光敏晶体管有 NPN 和 PNP 两种类型，如图 2-86 所示。

由于光敏晶体管的信号输入是光辐射，所以一般无需基极引线，因此市场上的光敏晶体管往往只有两根引线，这一点应该注意，以免与光敏二极管相混。

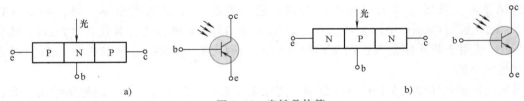

**图 2-86 光敏晶体管**

a）PNP 光敏晶体管的结构和表示符号 b）NPN 光敏晶体管的结构和表示符号

此外，在光敏二极管的基础上，发展产生了 APD 管、PIN 管这两种光电探测器。

（1）APD 管 APD 管也称为雪崩光敏二极管。当二极管反向偏置且反向电压超过击穿电压时，PN 结内部电场的电位差增加到极限值，光子入射产生的载流子被此高电压电场加速，在与其他原子碰撞时给予它们能量，产生新的载流子。如此随着加速度的增大，载流子呈雪崩式倍增。因此，APD 管是一种高灵敏度、高响应速度的光电传感器。一个硅雪崩光敏二极管的典型数据为：雪崩增益系数为 $10^3$，在 $\lambda = 0.9 \mu m$ 时的灵敏度为 $100 A/W$，时间常数为 $0.5 ns$，等效噪声功率约为 $10^{-15} W$。

（2）PIN 管 PIN 光敏二极管是在 P 型区和 N 型区之间设置有相当厚度的本征半导体层，使得原光敏二极管的耗尽层加宽，结电容减小，时间常数随之减小，特别是当反向偏置电压增大时，耗尽区进一步扩大。PIN 管可检测 1ns 的激光脉冲，频响达 $10^9 Hz$。因此 PIN 光敏二极管也称快速光敏二极管。

### 4. 光电池

光电池是基于光生伏特效应制成的有源器件。它有较大面积的 PN 结，当光照射在 PN

结上时，在结的两端出现电动势。从用途上讲，光电池可分为两类：一类是把光电池用作电源，即常说的太阳能电池，要求其效率高、成本低、寿命长、功率大等；另一类是把它当作光电探测器，称为测量用光电池，要求它线性好、光谱响应范围合适、响应时间短等。在此只讨论测量用光电池。

常用的光电池有硅光电池、硒光电池，它们分别以硅和硒材料制成。图 2-87a 所示为硅光电池的构造原理，在 N 型硅片上用扩散的方法渗入一些 P 型杂质而形成一个大面积的 PN 结，P 层很薄，光线能穿透薄 P 层到 PN 结。图 2-87b 所示为硒光电池的构造原理，它是在金属基板上沉积一层硒薄膜，然后加热使硒结晶，再把氧化镉沉积在硒层上形成 PN 结，硒层为 P 区，氧化镉为 N 区。图 2-87c 所示为光电子的电路表示符号。

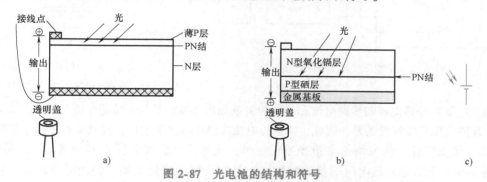

图 2-87 光电池的结构和符号

a）硅光电池的构造原理　b）硒光电池的构造原理　c）光电子的电路表示符号

另外值得一提的还有两种特殊的光电池，即象限光电池和坐标光电池。

（1）象限光电池　四象限光电池的工作原理如图 2-88 所示，它是通过光刻技术把一个圆形光敏面分割成四个面积相等、形状相同、位置对称的区域，并分别镀上前极，引出输出线，而后极则仍为整个一片。实际上每个区域相当于一个光电池。象限光电池主要用于激光准直、定位、跟踪等场合，如图 2-88 所示，当入射的激光束光斑偏离象限光电池中心时，其偏离量可通过 $X$、$Y$ 定标后读出。

（2）坐标光电池　坐标光电池又称位置敏感探测器（PSD），有一维和二维之分（图 2-89）。以图 2-89b 所示的二维 PSD 为例，它与大面积光电池的主要区别在于其前极制成四条，配置在四端，分别引出 $X_1$、$X_2$ 和 $Y_1$、$Y_2$ 的电信号。当有光照射到表面某一点时，就在那里产生光生电动势，并经四电极引出与光点位置有关的电信号。经适当运算处理可得到位置坐标值。用 PSD 测量位置的线性主要取决于表面扩散层及底层材料电阻率的均匀性。

**5. 半导体光敏元件的特性**

光敏电阻、光敏二极管和晶体管、光电池这三种半导体光电传感器，原理和特征各有不同，但又有相似之处。在此把它们综合起来分析介绍，在具体选用时应参考产品手册。

（1）光电特性　光电特性是指光敏元件产生的光电流与光照之间的关系。

图 2-90a 所示为硒光敏电阻的 $I-\phi$ 特性曲线，呈非线性。适合作光电开关和控制元件，不宜作检测元件。

图 2-90b 所示为光敏二极管的光照特性曲线，有较好的线性关系。但光照足够大时会出现饱和。

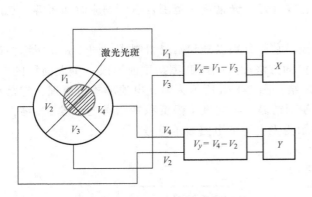

图 2-88　四象限光电池的工作原理

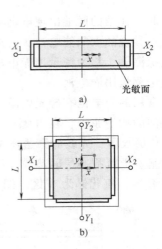

图 2-89　一维和二维 PSD

a）一维 PSD 结构　b）二维 PSD 结构

硅光电池的开路电压与短路电流和光照的关系如图 2-90c 所示。短路电流与光照呈良好线性关系，开路电压呈非线性关系。因此，测量光电池应当作电流源使用，使其接近短路工作状态。

（2）伏安特性　伏安特性是指光照一定时，光敏元件的端电压 $U$ 与电流 $I$ 的关系。

图 2-91a 所示为光敏电阻的伏安特性，它具有良好的线性关系。使用时要注意不能超过额定功率。

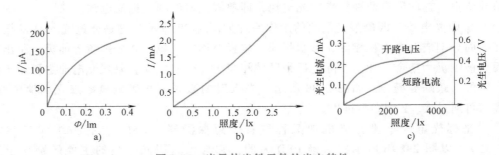

图 2-90　半导体光敏元件的光电特性

a）硒光敏电阻的 $I$-$\phi$ 特性曲线　b）光敏二极管的光照特性曲线

c）硅光电池的开路电压与短路电流和光照的关系

图 2-91b 所示为锗光敏二极管的伏安特性；图 2-91c 所示为硅光电池的伏安特性。由这两种特性曲线可以作出光敏元件的负载曲线，并确定最大功率时的负载电阻，使输出电流饱和稳定。

（3）光谱特性　光谱特性是指光敏元件灵敏度对不同波长光的选择性。

几种不同材料光敏电阻的相对光谱特性如图 2-92a 所示。除硫化镉的光谱响应峰值处于可见光处外，其余两种处于红外区域。

硅、锗光敏晶体管的光谱特性如图 2-92b 所示。硅光敏晶体管的峰值波长约为 $0.8\mu m$，响应波段为 $0.4\sim1.0\mu m$；锗光敏晶体管响应波段较宽，峰值约为 $1.4\mu m$。

硅、硒光电池的光谱特性如图 2-92c 所示。硒光电池的响应波段为 $0.3\sim0.7\mu m$，峰值波长约为 $0.5\mu m$，与人眼视觉特性曲线很接近。

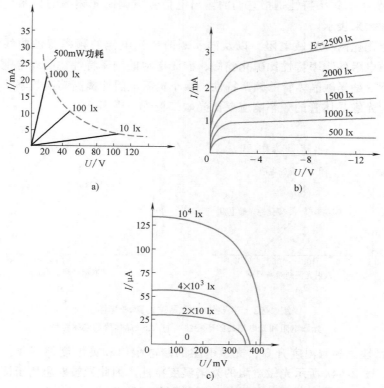

**图 2-91 半导体光敏元件的伏安特性**

a）光敏电阻的伏安特性 b）锗光敏二极管的伏安特性 c）硅光电池的伏安特性

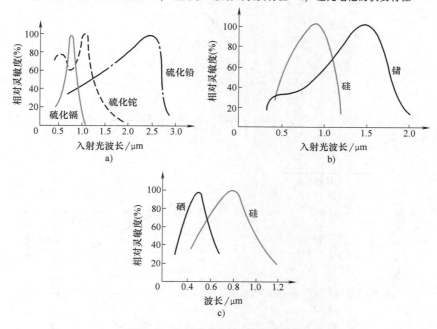

**图 2-92 半导体光敏元件的光谱特性**

a）几种不同材料光敏电阻的相对光谱特性 b）硅、锗光敏晶体管的光谱特性 c）硅、硒光电池的光谱特性

（4）频率特性　频率特性是指它们的输出电信号与调制光频率的关系，反应的时间响应也可用时间常数来表示。

硫化铅、硫化铊两种光敏电阻，以及硅、硒两种光电池的频率特性曲线如图2-93a所示。硫化铅光敏电阻的频率特性比硫化铊好，硅光电池的频率特性比硒光电池好。

图2-93b所示是光敏晶体管的频率特性。减小负载电阻能提高响应频率，但输出电压降低。一般来说，光敏晶体管的频率响应要比光敏二极管小得多。

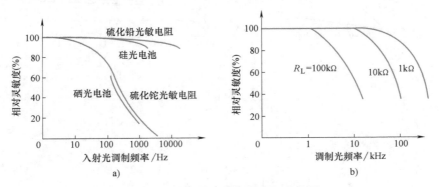

图 2-93　半导体光敏元件的频率特性

a）光敏电阻和光电池的频率特性　b）光敏晶体管的频率特性

（5）温度特性　随着温度升高，光敏电阻的暗电阻值和灵敏度都下降，而频谱特性向短波方向移动，图2-94a所示光敏电阻的光谱温度特性。因此光敏电阻用于测量时需要温度补偿或恒温。也可采取降温的办法使其峰值灵敏度往长波移动。

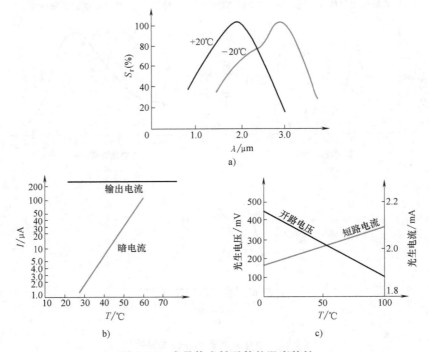

图 2-94　半导体光敏元件的温度特性

a）光敏电阻的光谱温度特性　b）锗光敏晶体管的温度特性　c）硅光电池在1000lx光照下的温度特性

图 2-94b 所示为锗光敏晶体管的温度特性。温度变化对输出电流影响较小，而对暗电流影响较大。因此在使用时应采取温度补偿措施。

光电池的温度特性是指开路电压、短路电流与温度的关系。硅光电池在 1000 lx 光照下的温度特性关系如图 2-94c 所示。可见开路电压随温度升高很快下降，而短路电流却升高。温度对光电池的影响也很大，因此用作检测元件时也要有温度补偿措施。

### 2.9.3 测量电路及其应用

图 2-95 所示为常用光电倍增管的测量电路。各倍增极的电压由分压电阻链 $R_1$、$R_2$、$\cdots$、$R_n$ 获得。$C$ 为电源去耦电容，如果电源电压稳定，$C_n \sim C_1$ 可以省去。通常要求供电电源电压稳定度优于 $\pm 0.1\%$。

光敏电阻应用在照相机自动曝光电子快门的电路如图 2-96 所示。一按快门，与快门相连的开关 S 就闭合，使电磁铁线圈 YA 通电，快门打开。通过快门进入相机的光，一方面使胶片感光，另一方面也照到光敏电阻 $R_p$ 上，使 $R_p$ 的阻值下降，从而对电容器 $C$ 充电。当电容器 $C$ 上的电压达到或超过 $E_{R2} + 0.7V$ 时，三极管 $VT_1$ 开始导通，三极管 $VT_2$、$VT_3$ 也随之导通，使三极管 $VT_4$ 截止，YA 断电，关闭快门。YA 从通电到断电所经历的时间就是胶片的曝光时间，此时间长短取决于电容器 $C$ 的充电时间 $t(\mu s)$，即

$$t = 1.57 R_v R_p C$$

式中，$R_v$ 为分压系数，等于 $R_2/(R_1 + R_2)$，并且与预定的光圈有关；$R_p$ 为光敏电阻值 $(\Omega)$，其值与入射光的光强有关；$C$ 为电容 $(\mu F)$。

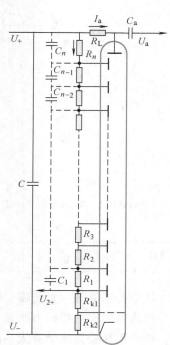

图 2-95 常用光电倍增管的测量电路

显然，$C$ 值确定后，光照越强，$R_p$ 越小，曝光时间越短；光照越弱，$R_p$ 越大，曝光时间越长。

利用光电传感器进行边缘检测的装置如图 2-97 所示，用于钢带冷轧过程中控制钢带的移动位置偏移。当钢带左、右偏移时，遮光面积或减小，或增加，从而使角矩阵反射镜 5 反射回光敏晶体管 1 的光通量增加或减小，于是输出光电流增加或减小，该电流变化信号经放大后，作为防跑偏的控制信号。

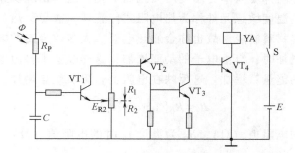

图 2-96 光敏电阻应用在照相机自动曝光电子快门的电路

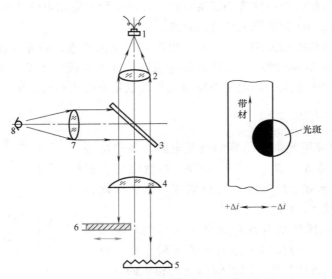

图 2-97 利用光电传感器进行边缘检测的装置

1—光敏晶体管 2—凸透镜 3—分光镜 4—平面透镜 5—角矩阵反射镜 6—钢带 7—双凸透镜 8—白炽灯

## 2.10 热电传感器

热电传感器是一种将温度变化转换为电量变化的装置。在各种热电式传感器中，以温度量转换为电阻或电势的方法最为普遍。其中将温度转换为电阻值大小的热电传感器称为热电阻，将温度转换为电动势大小的热电传感器称为热电偶。

按照将温度传递到热敏元件上的方式，热电传感器可分为两种：接触式和非接触式。接触式热电传感器是通过热传导和热对流将热量传递到敏感元件之上，非接触式热电传感器则是通过热辐射形式接收热信号。测量时使已知热特性物体同未知物体达到热平衡状态，在达到稳定状态之后便可以知道待测物体的温度。

下面主要介绍目前常用的热电阻、热敏电阻和热电偶。

### 2.10.1 热电阻

几乎所有物质的电阻都随其本身温度的变化而变化，这一物理现象称为热电阻效应。以这一效应为工作原理的温度敏感元件称为热电阻式传感器，或简称热电阻。

热电阻通常用金属材料制成，故也称金属热电阻。大多数金属的电阻随温度的升高而增加。其原因是：温度增加时，自由电子的动能增加，这样改变了自由电子的运动方式，使之形成定向运动所需要的能量就增加。这反映在电阻上，阻值就会增加，一般可以描述为

$$R_t = R_0 \left[ 1 + \alpha (t - t_0) \right] \tag{2-79}$$

式中，$R_t$ 为温度 $t$ 时的电阻值（$\Omega$）；$R_0$ 为温度 $t_0$ 时的电阻值（$\Omega$）；$\alpha$ 为热电阻的电阻温度系数（$1/℃$）。

金属热电阻的灵敏度为

$$S = \frac{1}{R_0} \frac{\mathrm{d}R_t}{\mathrm{d}t} = \alpha \tag{2-80}$$

金属的电阻温度系数 $\alpha$ 一般在（0.3%~0.6%）/℃之间，且对绝大多数金属来说 $\alpha$ 并不一定是一个常数，它随温度的变化而变化，只能在一定温度范围内将其看成一个常数。常用的金属热电阻有：铂热电阻、铜热电阻等。铂的电阻–温度关系在一个很广的范围内（-263~545℃）保持良好的线性（图2-98），因此铂热电阻是最佳热电阻。室温下铂热电阻能检测到 $10^{-4}$℃量级的温度变化。

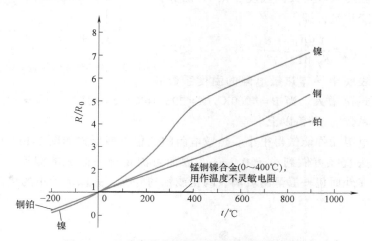

图 2-98　几种常用热电阻的电阻–温度关系曲线

图 2-99 所示是铂热电阻结构示意图，它由铜铆钉、铂热电阻线、云母支架和银导线等构成。为了改善热传导，将铜制薄片与两侧云母片和盖片铆在一起，并用银丝做成引出线。

图 2-100 所示是铜热电阻结构示意图，它由铜引出线、补偿线阻、铜热电阻和线圈骨架所组成。采用与铜热电阻线串联的补偿线阻是为了保证铜电阻的电阻温度系数与理论值相等。

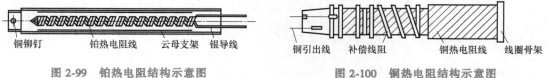

铜铆钉　　铂热电阻线　　云母支架　　银导线　　　　　铜引出线　　补偿线阻　　　　铜热电阻线　　　线圈骨架

图 2-99　铂热电阻结构示意图　　　　　　　图 2-100　铜热电阻结构示意图

### 2.10.2　热敏电阻

热敏电阻一般由半导体材料制成，它是利用半导体材料的电阻率随温度变化而发生变化的性质制成的温度敏感元件。

半导体热敏电阻随温度变化的典型特性有三种类型，即负温度系数热敏电阻 NTC、正温度系数热敏电阻 PTC 和在某一特定温度下电阻值发生变化的临界温度电阻器 CTR。它们的特性曲线如图2-101所示。PTC 和 CTR 热敏电阻随温度变化的特性为剧变型，适合在某一较窄的温度范围内用作温度开关或监测元件；而 NTC 热敏电阻随温度变化的特性为缓变型，适合在稍宽的温度范围内用作温度测量元件，是目前使用的主要热敏电阻。NTC 热敏电阻的阻值与温度的关系近似符合指数规律，可以写为

$$R_T = R_0 e^{B\left(\frac{1}{T} - \frac{1}{T_0}\right)} \tag{2-81}$$

式中，$T$ 为被测温度（K）；$T_0$ 为参考温度（K）；$R_T$ 为温度为 $T$（K）时热敏电阻的电阻值（Ω）；$R_0$ 为温度为 $T_0$（K）时热敏电阻的电阻值（Ω）；$B$ 为热敏电阻的材料常数（K），通常由实验获得，一般在 2000～6000K。

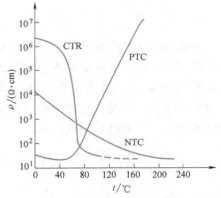

图 2-101　半导体热敏电阻的温度特性曲线

热敏电阻的温度系数定义为温度变化 1K 时其自身电阻值的相对变化量，即

$$\alpha_T = \frac{1}{R_T}\frac{dR_T}{dT} = \frac{-B}{T^2} \tag{2-82}$$

式（2-82）表明半导体热敏电阻的温度系数随温度 $T$ 的降低而迅速增大。当 $B = 4000$K、$T = 293.16$K（$t = 20$℃）、$\alpha_T = -4.65\%/$℃ 时，约为铂热电阻温度系数的 10 倍以上。

半导体热敏电阻元件能做得很小。热敏电阻的几种典型形式如图 2-102 所示。其中微珠式热敏电阻的珠头直径可做到小于 0.1mm，因而可测量微小区域的温度，且响应时间短。大多数场合需要在外面包一层薄的玻璃、陶瓷或钢的外壳，并保证最小的热传递误差。

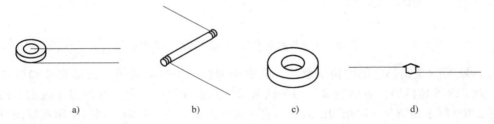

图 2-102　热敏电阻的几种典型形式

a）盘式　b）杆式　c）垫圈式　d）微珠式

### 2.10.3　热电偶

#### 1. 热电效应

热电偶的工作机理是热电效应，包括帕尔贴效应和汤姆逊效应。

（1）帕尔贴效应　当 A、B 两种不同材料的导体相互紧密地连接在一起时（图 2-103），由于导体中都有大量自由电子，而且不同导体材料的自由电子的浓度不同（假设导体 A 的自由电子浓度大于导体 B 的自由电子浓度），那么在单位时间内，由导体 A 扩散到导体 B 的电子数要比由导体 B 扩散到导体 A 的电子数多。这时导体 A 失去电子而带正电，导体 B 因得到电子而带负电，于是在接触处便形成了电位差。该电位差称为接触电动势（即帕尔贴热电势）。这一电动势将阻碍扩散运动，并最终达到平衡，接触电动势到达一个稳态值，即

$$e_{AB}(T) = \frac{kT}{e}\ln\frac{n_A(T)}{n_B(T)} \tag{2-83}$$

式中，$k$ 为玻耳兹曼常数，$k = 1.381 \times 10^{-23}$J/K；$e$ 为电子电荷量，$e = 1.602 \times 10^{-19}$C；$T$ 为结

点处的热力学温度（K）；$n_A(T)$、$n_B(T)$ 分别为材料 A、B 在温度 $T$ 时的自由电子浓度。

可见，接触电动势的大小与两种导体材料的性质和接触点的温度有关，一般该接触电动势的数量级为 $0.001 \sim 0.01 \text{V}$。

（2）汤姆逊效应　对于单一均质导体 A（图 2-104），当其两端的温度不同时（假设一端温差为 $T$，另一端温度为 $T_0$，且 $T>T_0$），由于温度较高的一端（$T$ 端）的电子能量高于温度较低的一端（$T_0$ 端）的电子能量，因此产生了电子扩散，形成了温差电动势，称为单一导体的温差热电动势（即汤姆逊热电动势）。该电动势形成的电场将阻碍扩散运动的进行，并最终达到动平衡，温差热电动势达到一个稳态值。温差热电动势的大小与导体材料的性质和导体两端的温度有关，其数量级约为 $10^{-5}\text{V}$。由物理学可知，导体 A 的温差热电动势为

$$e_A(T,T_0) = \int_{T_0}^{T} \sigma_A \mathrm{d}T \tag{2-84}$$

式中，$\sigma_A$ 为材料 A 的汤姆逊系数（V/℃），表示单一导体两端温差为 1℃ 时所产生的温差热电动势。

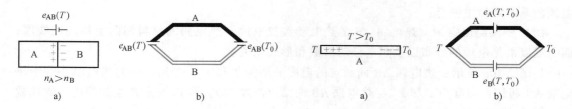

**图 2-103　接触热电动势**
a）电子扩散示意图　b）等价电路

**图 2-104　温差热电动势**
a）电子扩散示意图　b）等价电路

（3）热电偶工作机理　图 2-105 所示为热电偶的原理结构及热电动势示意图。A、B 两种不同导体材料两端相互紧密地连接在一起，组成一个闭合回路，构成一个热电偶。当两结点温度不等（$T>T_0$）时，回路中就会产生电动势，从而形成电流，这就是热电偶的工作机理。通常 $T_0$ 端称为参考端或冷端；$T$ 端称为测量端或热端。

图 2-105 中热电偶的总接触热电动势（帕尔贴热电动势）为

$$e_{AB}(T) - e_{AB}(T_0) = \frac{kT}{e}\ln\frac{n_A(T)}{n_B(T)} - \frac{kT_0}{e}\ln\frac{n_A(T_0)}{n_B(T_0)} \tag{2-85}$$

总温差热电动势（汤姆逊热电动势）为

$$e_A(T,T_0) - e_B(T,T_0) = \int_{T_0}^{T}(\sigma_A - \sigma_B)\mathrm{d}T \tag{2-86}$$

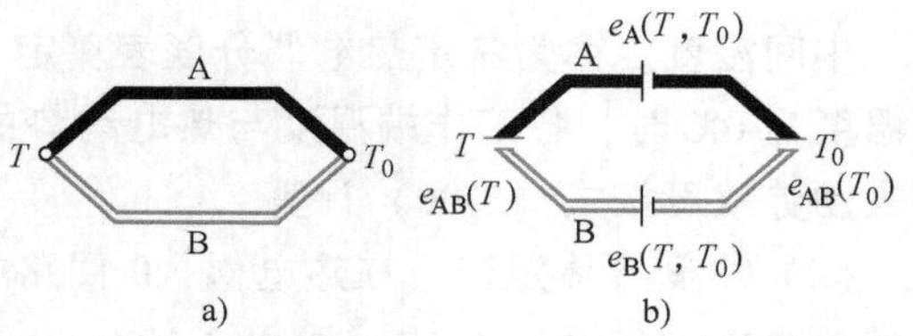

**图 2-105　热电偶的原理结构及热电动势示意图**
a）热电偶原理图　b）等价电路

总的热电动势为

$$E_{AB}(T,\ T_0) = \frac{kT}{e}\ln\frac{n_A(T)}{n_B(T)} - \frac{kT_0}{e}\ln\frac{n_A(T_0)}{n_B(T_0)} - \int_{T_0}^{T}(\sigma_A - \sigma_B)\mathrm{d}T \tag{2-87}$$

式（2-87）表明热电偶产生热电动势必须同时满足的两个条件是：①必须采用两种不同

材料作为热电极；②热电偶的热端和冷端必须具有不同的温度。这是因为如果构成热电偶的两个热电极材料相同，则帕尔贴热电动势为零，即使两结点温度不同，由于两支路的汤姆逊热电动势相互抵消，热电偶回路内总的热电动势也为零。另一方面，如果热电偶两个结点温度相等（$T=T_0$），则汤姆逊热电动势为零，尽管两个导体材料不同，由于两端的帕尔贴热电动势相互抵消，热电偶回路内总的热电动势也为零。

热电偶两种不同导体的材料确定后，回路的热电动势就是两个结点温度函数之差，即

$$E_{AB}(T,T_0)=f(T)-f(T_0) \tag{2-88}$$

当参考端温度 $T_0$ 保持固定时，$f(T_0)$ 是常数。热电动势就是测量端温度 $T$ 的单值函数，即

$$E_{AB}(T,T_0)=f(T)-C=F(T) \tag{2-89}$$

### 2. 热电偶基本定律

实用中，测出总热电动势后，通常不是利用公式计算，而是通过查热电偶分度表来确定被测温度。分度表是将自由端温度保持为0℃，通过实验建立起来的热电动势与温度之间的数值对应关系。热电偶测温完全是建立在利用实验热特性和一些基本热电定律基础上的。热电偶的基本定律主要有：

（1）中间温度定律　热电偶 AB 的热电动势仅取决于热电偶的材料和两个结点的温度，而与温度沿热电极的分布以及热电极的参数和形式无关。

如图 2-106 所示，热电偶 AB 两结点的温度分别为 $T$ 和 $T_0$，则所产生的热电动势等于热电偶 AB 两结点温度为 $T$ 和 $T_C$ 与热电偶 AB 两结点温度为 $T_C$ 和 $T_0$ 时所产生的热电偶的代数和，用公式表示为

$$E_{AB}(T,T_0)=E_{AB}(T,T_C)+E_{AB}(T_C,T_0) \tag{2-90}$$

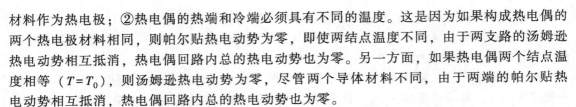

图 2-106　中间温度定律

中间温度定律为制定热电偶分度表奠定了理论基础。根据中间温度定律，只需列出参考端温度为0℃时，各工作端温度与热电动势的关系表。当参考端温度不是0℃时，所产生的热电动势就可按式（2-90）计算。

（2）中间导体定律　在热电偶 AB 回路中，只要接入的第三导线两端温度相同，则对回路的总热电动势没有影响，如图 2-107所示。

中间导体定律告诉我们在热电偶测温过程中，在回路中引入测量导线和仪表并不会影响热电动势的测量。

（3）标准电极定律　当热电偶回路的两个结点温度分别为 $T$ 和 $T_0$ 时，用导体 AB 组成的热电偶的热电动势等于热电偶 AC 和热电偶 CB 的热电动势

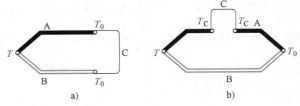

图 2-107　中间导体定律

a）中间导体跨接在冷端

b）中间导体接入同一导体等温两端

的代数和（图 2-108），即

$$E_{AB}(T,T_0) = E_{AC}(T,T_0) + E_{CB}(T,T_0) \tag{2-91}$$

标准电极 C 通常采用纯铂丝制成，因为铂的物理、化学性能稳定，易提纯，熔点高。如果已求出各种热电极对铂极的热电动势，就可以用标准电极定律，求出其中任意两种材料配成热电偶后的热电动势值，从而大大简化了热电偶的选配工作。

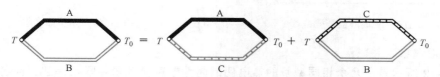

图 2-108 标准电极定律

### 3. 热电偶的误差及其补偿措施

由式（2-89）知，只有当热电极材料一定，自由端温度 $T_0$ 恒定，热电动势才是其工作端温度 $T$ 的函数。另外，热电偶分度表给出的热电动势与测量端温度关系也是基于参考端为 0℃ 恒温。实际应用中，参考端的温度随环境而改变，就会带来测量误差。常采用以下几种补偿方法：

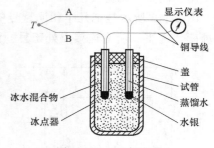

图 2-109 0℃ 恒温法

（1）0℃ 恒温法　0℃ 恒温法，即将自由端置于冰和水混合的恒温容器中，如图 2-109 所示。将测得的热电动势值对照相应的分度表，即可得准确的温度值。但这一方法使用不便，只适用于实验室中。

（2）计算修正法　实际使用中，若热电偶冷端保持 0℃ 恒温有困难，可将其保持在某一恒定温度（如置于恒温箱内）。此时，可采用冷端温度修正法。

由冷端温度 $T_C \neq 0℃$ 而引入的误差值 $E_{AB}(T_C, T_0)$ 是一个常数，而且可在分度表上查得其电动势值。根据中间温度定律：$E_{AB}(T, T_0) = E_{AB}(T, T_C) + E_{AB}(T_C, T_0)$，将测得电动势值 $E_{AB}(T, T_C)$ 加上查得电动势值 $E_{AB}(T_C, T_0)$，就可以得到冷端 $T_0 = 0℃$ 时的热电动势 $E_{AB}(T, T_0)$，再查分度表，即可得到被测温度值。

（3）电桥补偿法　测温时若保持冷端为某一恒温也有困难，则可采用电桥补偿法，如图 2-110 所示。$E$ 为电桥电源，$R$ 为限流电阻。补偿电桥与热电偶冷端处于相同温度环境中。其中三个桥臂 $R_1$、$R_2$、$R_3$ 用温度系数近于零的锰铜绕制，且 $R_1 = R_2 = R_3$；另一桥臂为补偿臂，用铜线绕制。选取合适的 $R_{Cu}$，使初始时电桥平衡。当冷端温度受环境影响变化，例如升高时，则补偿桥臂 $R_{Cu}$ 阻值相应增大，电桥输出 $U_{AB}$ 也增大；同时，由于冷端温度升高，故热电偶热电动势减小。若两者能相互抵消，则总输出值就不随冷端温度的变化而变化。

（4）延引热电极法　当热电偶冷端离热源较近，受其影响使冷端温度变化很大时，直接采用冷端温度补偿将很困难，此时可采用延引热电极的方法。将热电偶输出的电动势传输到 10m 以外的显示仪表上，即将冷端移至温度变化比较平缓的环境中，再用上述方法进行补偿，如图 2-111 所示。

此外，热电偶使用时还存在动态误差（该项误差由热电偶的时间常数决定），以及分度误差、仪表误差、接线误差及干扰和漏电误差等，需要在使用中尽量加以减小。

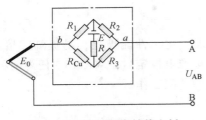

图 2-110 冷端温度补偿电桥

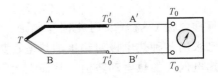

图 2-111 延引热电极

### 4. 热电偶串、并联

图 2-112 所示是把几个相同型号的热电偶的同性电极参考端并联在一起，而各个热电偶的测量结果处于不同温度下，其输出电动势为各热电偶电动势的平均值。所以这种并联热电偶可用于测量平均温度。

图 2-113 所示是把几个相同型号的热电偶串联在一起，又称热电堆。所有测量端处于同一温度 $T$ 之下，所有连接点处于另一温度 $T_0$ 之下，输出电动势是每个热电动势之和。

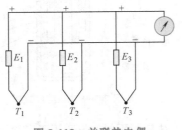

图 2-112 并联热电偶

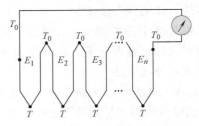

图 2-113 串联热电偶

## 2.11 计数编码类传感器

前面介绍的一些传感器将被测量直接或间接地转换为电压或电流模拟量输出。这类传感器的精度和分辨率不仅受传感器本身物理性能的影响，而且还受到诸如电源电压波动、外界温度和电磁干扰等的影响。本节将要介绍的传感器具有的共同特点是将转换后的电量按开关量（或脉冲）计数或编码等数字形式输出，从而提高了传感器的抗外界干扰能力。这类传感器包括感应同步器、光栅、磁栅、光电编码器等。为便于比较，将它们归结为计数编码类传感器。

### 2.11.1 感应同步器

感应同步器是基于电磁感应原理来测量直线或角位移的器件。测量直线位移的称为直线感应同步器，测量角位移的称为圆感应同步器。

感应同步器的基本结构是两片平面型印制电路绕组，两片绕组以 $0.05 \sim 0.25 \mathrm{mm}$ 的间距相对平行安装，其中一片固定不动（定尺、定子），另一片相对于固定片做直线或旋转运动（滑尺、转子）。

图 2-114a 所示是直线感应同步器的结构示意图。定尺上是连续绕组，节距为 $d$；滑尺上有两个绕组，彼此相隔四分之一节距（$d/4$），并分别采用正弦和余弦激励，故也称为正弦

和余弦绕组。定尺一般装在设备的固定部件（如机床床身），滑尺则安装在移动部件上。图2-114b 所示是圆感应同步器的结构示意图。转子相当于直线感应同步器的定尺，为连续绕组；定子相当于滑尺，定子绕组也做成正弦和余弦绕组形式，两者要相差 90°相角。直线感应同步器和圆感应同步器都有各自不同的型号和尺寸。

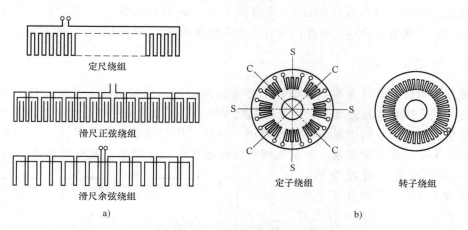

图 2-114　直线和圆感应同步器的结构示意图
a）直线感应同步器　b）圆感应同步器

感应同步器的工作原理是电磁感应原理，感应电动势的大小与励磁电压和两尺的相对位置有关。以直线感应同步器为例加以说明，如图 2-115 所示。图 2-115 中 S 表示滑尺正弦绕组，C 表示滑尺余弦绕组，两绕组在位置上相隔四分之一节距（$d/4$）。S=1 代表绕组 S 通有励磁电流，C=0 代表绕组 C 未通励磁电流，图 2-115b 表示滑尺与定尺的相对位置关系，图 2-115b 中（1）位置为坐标起点。图 2-115c 所示为以直流电流只对滑尺正弦绕组 S 激励，滑尺相对于定尺向右移动，由于电磁感应原理，定尺绕组上产生的感应电动势。图 2-115c 中 $x=0$ 对应图 2-115b 中（1），图 2-115c 中 $x=d/4$ 对应图 2-115b 中（2）；图 2-115c 中 $x=d/2$ 对应图 2-115b 中（3），可见滑尺与定尺的相对位置不同，感应电动势大小也不同。

感应同步器式传感器可采用两种励磁方式：一是由滑尺（或定子）励磁，由定尺（或

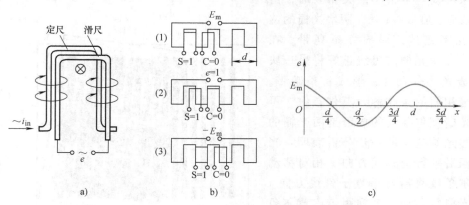

图 2-115　感应同步器工作原理
a）电磁感应原理图　b）滑尺与定尺的相对位置　c）感应电动势

转子）绕组取出感应电动势；二是由定尺（或转子）励磁，由滑尺（或定子）绕组取出感应电动势。目前较常用的是第一类励磁方式。在信号处理方面，一般分为鉴幅型和鉴相型两种检测系统。

感应同步器具有对环境要求低、抗干扰能力强、维护简单、使用寿命长等特点。经专门的细分电路，它的分辨率为 0.01mm，甚至到 0.001mm 线位移或 0.5°角位移，并能进行大位移测量和能实现数字显示。因此，在自动化检测和控制系统中具有广泛的应用。

### 2.11.2 光栅传感器

光栅是一种在基体（金属或玻璃）上刻有等间距均匀分布刻线的光学元件。按其工作原理可分物理光栅和计量光栅。物理光栅刻线细而密，达 500~2000 条/mm，其工作原理基于光的衍射现象，通常用于光谱分析仪器中。计量光栅刻线较粗，通常达 20~250 条/mm，其工作原理基于几何光学现象。计量光栅分圆光栅和长光栅两类，其分类如图 2-116 所示，分别用来测量长度（或线位移）、角度（或角位移）。从制作工艺上分，计量光栅又可以分为反射式与透射式，反射式光栅是在金属镜面上刻出全反射和漫反射间隔相等的条纹；透射式光栅是在玻璃表面上制出透光和不透光的黑白相间线纹。一般情况下，刻线宽度与缝隙宽度相等，即 $a=b$，栅线间距 $W=a+b$。

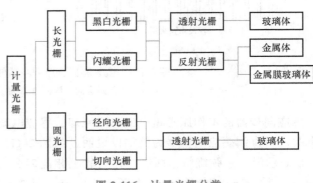

图 2-116　计量光栅分类

计量光栅工作原理基于莫尔条纹现象，现以透射式长光栅为例来介绍。

#### 1. 莫尔条纹与光栅测量方程

光栅莫尔条纹的形成如图 2-117 所示。两块光栅组成光栅副，通常一块称为标尺光栅，另一块称为指示光栅，两块光栅栅距 $W$ 相同，当它们的刻划面彼此平行互相靠近，且沿刻线方向保持成一个很小的夹角 $\theta$ 时，由于透光效应，在 $a$—$a$ 处，两块光栅的透光缝隙互不遮挡，形成一条亮带。在 $b$—$b$ 处，一块光栅的黑线正好将另一块光栅的透光部分挡住，形成一条暗带。这种亮暗相间的条纹称为莫尔条纹。可见计量光栅莫尔条纹的成因是两光栅的遮光和透光效应。进一步分析表明：当两块光栅沿平行于刻线方向 $x$ 相对移动时，莫尔条纹将沿着垂直于刻线方向 $y$ 移动，光栅每移动一个栅距 $W$，莫尔条纹也跟着移动一个条纹宽度 $B$。莫尔条纹宽度 $B$ 由下式：

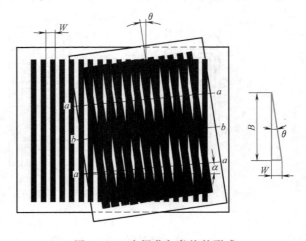

图 2-117　光栅莫尔条纹的形成

$$B = \frac{W}{2\sin\frac{\theta}{2}} \approx \frac{W}{\theta} \tag{2-92}$$

式中，$\theta$ 为两光栅夹角（rad）；$W$ 为光栅栅距（mm）；$B$ 为莫尔条纹宽度（mm）。

这样，莫尔条纹变化数与光栅相对移动关系，即光栅测量方程为

$$L = \delta_1 + NW + \delta_2 \tag{2-93}$$

式中，$N$ 为条纹变化数；$W$ 为栅距；$\delta_1$、$\delta_2$ 分别为起点和终点不足一个栅距的部分。

**2. 莫尔条纹的类型**

莫尔条纹可分为：①横向莫尔条纹，两光栅的栅距 $W_1 = W_2$，栅线夹角 $\theta$ 较小，此时莫尔条纹与栅线近似垂直，条纹宽度计算见式（2-92）；②光闸莫尔条纹，两光栅的栅距 $W_1 = W_2$，栅线夹角 $\theta = 0$，条纹宽度无限大；③斜向莫尔条纹，两光栅的栅距 $W_1 \neq W_2$，栅线夹角 $\theta \neq 0$。应用中常采用前两种。

**3. 莫尔条纹的性质与光栅传感器的基础**

莫尔条纹有如下一些重要特性，它们是光栅传感器的工作基础：

（1）莫尔条纹移动与光栅运动有对应关系　两光栅沿与光栅刻线平行方向相对移动时，莫尔条纹沿近似垂直于光栅刻线方向运动。两光栅相对移动一个栅距 $W$，莫尔条纹移动一个条纹间距 $B$，光栅反向移动，莫尔条纹也反向移动。利用这种关系，根据光敏元件接收到的条纹数目，就可以确定光栅相对移动的大小。

（2）莫尔条纹具有位移放大作用　从式（2-92）可以看出，当栅距 $W$ 一定时，$\theta$ 越小，则 $B$ 越大。这相当于将位移放大了 $1/\theta$ 倍，从而大大提高了测量灵敏度。

实用中，一般 $\theta$ 都取很小值，因此放大倍数很大。例如，令 $\theta = 20' \approx 0.0058\text{rad}$，则放大倍数约为 172。

（3）莫尔条纹具有误差平均效应　莫尔条纹是由光栅的大量刻线共同形成的，对单条刻线误差有平均作用，从而能在很大程度上消除由单条刻线引起的短周期误差的影响。

根据偶然误差规律，假设单个栅距误差为 $\delta$，形成莫尔条纹的区域内有 $N$ 条刻线，则综合栅距误差可表示为

$$\Delta = \pm\frac{\delta}{\sqrt{N}} \tag{2-94}$$

**4. 光栅传感器的结构组成**

光栅读数头由标尺光栅（主光栅 3）、指示光栅 4 构成的光栅副、光源 1、聚光透镜 2 构成的照明系统和光敏元件 5 组成，如图 2-118 所示。标尺光栅的长度依据被测对象长度、距离而定，指示光栅较短，与标尺光栅重叠，两光栅之间保持一微小间隙 $d$，一般取 $d = W^2/\lambda$，$\lambda$ 为有效光波波长。从光源发出的光经过聚光透镜 2 形成平行光束照射在光栅上，形成的莫尔条纹被硅光电池接收，即可把光信号转换为电信号。

**5. 莫尔条纹的辨向和可逆计数器**

在实际应用中，被测物体的移动方向是不确定的。主光栅向前或向后移动，在一固定点上观察时，莫尔条纹同样都是做明暗交替的变化，后面的数字电路都将产生同样的计数脉冲，从而无法判别光栅移动的方向，也不能正确测量出有往复移动时位移的大小。因而在计数前必须进行辨向，从而区分是加脉冲还是减脉冲。相应的电路称为辨向电路，相应的计数

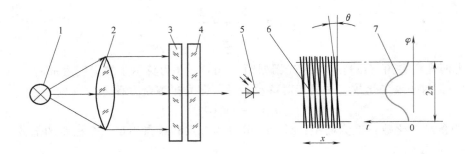

**图 2-118 光栅传感器的结构组成**

1—光源 2—聚光透镜 3—主光栅 4—指示光栅 5—光敏元件 6—莫尔条纹 7—光强分布

器也称为可逆计数器（有兴趣的读者可参考有关参考书）。

6. 莫尔条纹的细分

对于 200 线/mm 的光栅，其栅距为 5μm，构成光栅读数头的计数脉冲当量为 5μm。采用内插法把莫尔条纹间距细分，使得在莫尔条纹信号变化的一个周期内，给出若干个计数脉冲，就可以减小计数脉冲当量。这种过程称为莫尔条纹的细分，也称为倍频。莫尔条纹细分方法可分为两大类：机械细分和电子细分。其中电子细分又有直接细分、电桥细分、电阻链细分、鉴相法细分等多种（有兴趣的读者可参考有关参考书）。

7. 莫尔条纹的应用

计量光栅用于长度测量时，其精度可达 0.1 ~ 1μm（每 3m 长度内），分辨率约为 0.05μm；用于角度测量时，测量精度约为 0.15″，角分辨率可达 0.1″。计量光栅具有较高测量精度和测量范围，并且可实现动态测量，读数显示数字化，自动检测与控制，因此广泛用于多种机械设备中，如工具显微镜、三坐标测量机、光学分度头、数控机床等。

## 2.11.3 磁栅传感器

磁栅传感器是一种位移传感器，可分为长磁栅和圆磁栅传感器，分别用来测量线位移和角位移。

以长磁栅传感器为例，介绍磁栅式位移传感器的工作原理。在非磁性金属尺的平整表面上镀一层磁性薄膜材料，用录音磁头沿长度方向按一定波长，以 SN、NS 状态记录一系列周期磁信号，以剩磁形式保留在磁尺上。测量时利用重放磁头将记录信号还原。

磁头分动态和静态两种。动态磁头又称速度磁头，只有一个绕组，当磁头沿磁尺做相对运动时才有信号输出，输出为正弦波。

静态磁头又称磁通响应式磁头，有两个绕组，一个为励磁绕组，另一个为输出绕组，如图 2-119 所示。在励磁绕组中输入高频励磁信号，即

$$e_{in} = U_m \sin\omega t \tag{2-95}$$

式中，$U_m$ 为励磁电压信号的幅值（V）；$\omega$ 为励磁电压信号的角频率（rad/s）。

当磁头不动时，输出绕组输出一等幅的正弦信号。其频率仍为励磁电压的频率，而其幅值与磁头所处的位置有关。当磁头沿磁尺表面运动时，输出信号幅值随磁尺上的剩磁影响而变化。这一过程也称为被调制，磁头输出信号也称为调制波，其计算式为

$$e_{out} = U_m \sin\left(2\pi \frac{x}{W}\right)\sin\omega t \qquad (2\text{-}96)$$

式中，$x$ 为磁头相对于磁尺的位移（m）；$W$ 为磁尺剩磁信号的波长（磁信号节距）（m）。

为了辨别磁头与磁尺相对移动的方向，通常采用两个磁头彼此相距 $(m \pm 1/4)W$ 的配置（$m$ 为正整数），如图2-120所示。它们的输出电压分别为

$$\begin{cases} e_1 = U_m \sin\left(2\pi \dfrac{x}{W}\right)\sin\omega t \\ e_2 = U_m \cos\left(2\pi \dfrac{x}{W}\right)\sin\omega t \end{cases} \qquad (2\text{-}97)$$

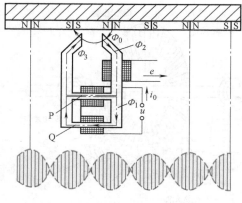

图2-119　静态磁头读出原理图

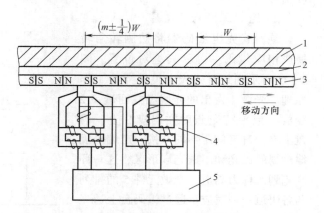

图2-120　两磁头磁栅读出系统
1—磁尺基体　2—抗磁镀层　3—磁性涂层
4—磁头　5—控制电路

将两个磁头输出信号求和，得到磁头总的输出电压为

$$e = e_1 + e_2 = U_m \sin\left(\omega t + 2\pi \frac{x}{W}\right) \qquad (2\text{-}98)$$

由式（2-98）可知，合成输出电压 $e$ 的幅值恒定，而相位随磁头与磁尺的相对位置变化，只要用相敏检波器测出相角，就可知位移量的大小和方向。

磁栅式位移传感器具有较高精度，可以达到 $\pm 0.01\text{mm/m}$，分辨率为 $1 \sim 5\mu\text{m}$，但磁信号的均匀性、一致性及稳定性对磁栅式位移测量的精度影响较大。

### 2.11.4　光电编码器

编码器又称码盘，是一种数字式角位移传感器。使用时，将其安装在旋转轴上，按旋转角度大小直接编码。其优点是结构简单、可靠性高，在空间技术、数控机械系统等方面有广泛应用。按其工作原理可分为电阻式、电容式、感应式、光电式等。本节仅介绍光电编码器。光电编码器有增量式和绝对式两种。

#### 1. 增量式光电编码器

增量式光电编码器在工作中只能反映相对于上次转动角度的增量，所以称为增量式。它需要一个计数和辨向系统，以判断方向和角位移。图2-121所示为增量式光电编码器的工作

原理。图 2-121 中的编码盘是一个沿周向开出、等节距的辐射状透光窄缝圆盘（节距为 $t$），也称栅格码盘。在固定栅格上的指示栅格板上有两组间距为 1/4 角节距的窄缝，两个光敏元件分别与它们相对应，在栅格板的两边分别是照明系统和接收系统。当码盘随工作轴一起转动时，就在两个光敏元件上分别产生相位差 90° 的两个近似正弦信号 A 和 B，这两个信号经放大、整形后变成方波。若 A 超前 B，对应工作轴正向旋转；若 B 超前 A，对应工作轴反向旋转。经专门的辨向电路和可逆计数器，就可以判断方向和得到角位移量。

为规定旋转起点，在码盘靠近中心一侧设置一原点定位用零脉冲窄缝（见图 2-121 中零点处），并在两边配置光源和接收系统，当工作轴旋转一周后，光敏元件就产生一个基准脉冲信号。

### 2. 绝对式光电编码器

绝对式光电编码器将被测转角转换成相应代码，指示其绝对位置。图 2-122 所示为绝对式光电编码器的工作原理。光源 1 发出的光线经柱面透镜 2 变成一束平行光照射在码盘 3 上。码盘上有一环环间距不同并按一定编码规律刻划的透光和不透光扇形区，这一环环刻划区称为码道。光敏元件 5 的排列与各码道一一对应。通过编码盘上透光区的光线经狭缝板 4 上的狭缝形成一束细光照射在光敏元件上，经它把光信号转换成电信号输出，读出与转角位置相对应的扇区的一组代码。

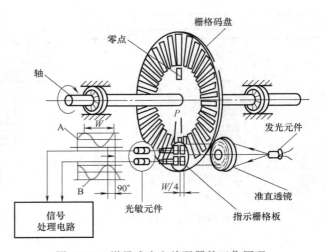

图 2-121　增量式光电编码器的工作原理

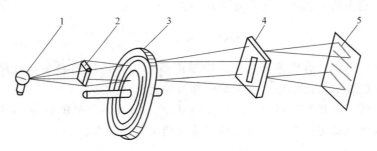

图 2-122　绝对式光电编码器的工作原理
1—光源　2—柱面透镜　3—码盘　4—狭缝板　5—光敏元件

码盘按其所用码制可分为二进码、循环码、十进码、六十进码等。图 2-123 所示是一种 4 位二进制码盘。最内圈称为 $C_4$ 码道，一半透光，一半不透光。最外圈称为 $C_1$ 码道，共分成 $2^4 = 16$ 个黑白间隔。每个角度方位对应于不同的编码，例如，零方位对应于 0000（全亮）；第一方位对应于 0001；第 10 方位对应于 1010。只要根据码盘的起始和终止位置就可以确定转角大小，而与转动中间过程无关。

二进制码盘的最小角分辨率由下式决定：

$$\theta_1 = 360°/2^n \tag{2-99}$$

式中，$n$ 为二进制码盘的位数。

若要提高码盘分辨率，必须增大 $n$ 值。但增大 $n$ 值，必将给码盘制作造成很大困难。

二进制码盘微小的制作误差，将会使个别码道提前或延后，这会造成输出信号的误差。图 2-123 中，若本来的读数值为 1011（十进制数 11），且码道 $C_3$ 黑区制作得太长，就会误读为 1111（十进制数 15）。因而在实际应用中大都采用循环码（葛莱码）取代二进制码，如图 2-124 所示。它的特点是编码盘从一个计数状态转到下一个计数状态时，只有两位二进制码改变，所以能把误差控制在一个数单位以内，提高了可靠性。

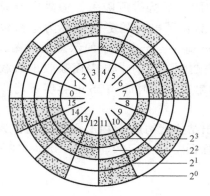

图 2-123　一种 4 位二进制码盘

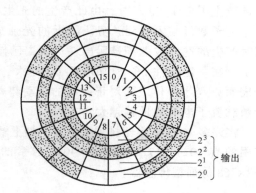

图 2-124　循环编码盘

绝对式编码盘能直接指示出机械转动的绝对位置，与转动过程无关。但这种编码盘在位置较高时制作困难，成本高，而且在进给转数大于一转时，往往要将两个编码盘连接起来，组成多级检测装置，使结构复杂，安装困难，不利推广使用。

# 2.12　图像传感器

本节所谓的图像传感器主要指的是 CCD 和 CMOS 这两类固态图像传感器，具有光生电荷产生、积累、转移功能。具体讲，这两类固态图像传感器是指把布设在半导体衬底上的许多感光小单元产生的光电信号，用控制时钟脉冲或其他办法读取出来的图像元件。这许多小单元简称"像素"或"像元"，它们本身在空间、电气上彼此独立，通过电荷转移自扫描输出。

CCD 是电荷耦合器件（Charge Coupled Device）的缩写，指的是一种把光单元产生的电子有组织地储存起来的方法；CMOS 是互补金属氧化物半导体（Complementary Metal—Oxide—Semiconductor）的缩写，指的是将晶体管放在硅片上的技术。CCD 或者 CMOS 本身的意思都不涉及图像感应的功能，真正起到感应作用的敏感器是一个 PN 结半导体。CCD 和 CMOS 使用的都是一种 PN 结半导体光敏感器，能够将入射光线的光子转换成为与之数量成比例的电子。

## 2.12.1　CCD 芯片

### 1. 基本结构和电荷储存原理

CCD 的基本单元是金属-氧化物-半导体（Metal Oxide Semiconductor），即 MOS 电容器。

MOS 基本单元是在 P 型（或 N 型）硅半导体的衬底上覆盖一层厚约 120nm 的 $SiO_2$ 层，再在 $SiO_2$ 表面依次沉积一层金属电极而构成。这样一个 MOS 结构称为光敏元或一个像素。

MOS 电容器与所有电容一样能储存电荷，但其方式不同。现以 P 型硅（P-Si）半导体为例，如图 2-125a 所示。当在某一时刻给它的金属电极加上正向电压 $U_G$ 时（衬底接地），$Si$-$SiO_2$ 界面处的电动势（称为表面势或界面势）发生相应的变化，附近的 P 型硅中的多数载流子（空穴）受到排斥，半导体内的少数载流子（电子）吸引到 P-Si 界面处来，从而在界面附近形成一个带负电荷的耗尽区，也称为表面势阱。对带负电的电子来说，耗尽区是个势能很低的区域。如果此时有光照射在硅片上，在光子的作用下，半导体硅产生了电子–空穴对，由此产生的光生电子就被附近的势阱所吸引，势阱内所吸引的光生电子数量与入射到该势阱附近的光强成正比，储存了电荷的势阱被称为电荷包，而同时产生的空穴被电场排斥出耗尽区，已储存信号电荷——光生电子的示意图如图2-125b所示。在一定条件下，所加电压 $U_G$ 越大，耗尽层就越深。这时，$Si$ 表面吸收少数载流子的表面势（半导体表面对于衬底的电动势差）也就越大，这时的 MOS 电容器所能容纳的少数载流子电荷的量就越大。

将许多 MOS 电容器排列在一起，加上输入、输出结构就构成了 CCD 器件。已作为工程应用的有 1024、1728、2048、4096 像素的线型传感器，及 32×32、100×100、512×512、512×768 等面型传感器。

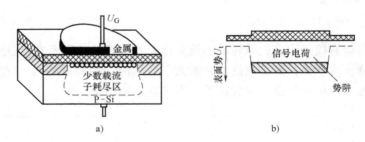

图 2-125　MOS 基本单元

a）MOS 电容器剖视图　b）信号电荷势阱图

### 2. 电荷转移和输出

从上面的讨论可知，外加在 MOS 电容器上的电压越高，产生势阱越深；外加电压一定，势阱深度随势阱中电荷量的增加而线性下降。利用这一特性，通过控制相邻 MOS 电容栅极电压高低来调节势阱深浅，让 MOS 电容间的排列足够紧密，使相邻 MOS 电容的势阱相互连通，即相互耦合，就可使信号电荷由势阱浅处流向势阱深处，实现信号电荷的转移。

此外，为保证信号电荷按确定方向和确定路线转移，在 MOS 光敏元阵列上所加的各路电压脉冲（即时钟脉冲）是严格满足相位要求的。下面具体说明电荷在相邻两栅极间的转移过程。

以图 2-126 所示的三相时钟脉冲为例，把 MOS 光敏元电极分为三组，在图 2-126b 中，MOS 光敏元电极序号 1、4 由时钟 $\phi_1$ 控制，2、5 由时钟 $\phi_2$ 控制，3、6 由时钟 $\phi_3$ 控制。图 2-126a 所示为三相时钟脉冲随时间变化波形，图 2-126b 所示为三相时钟脉冲控制转移储存电荷的过程。

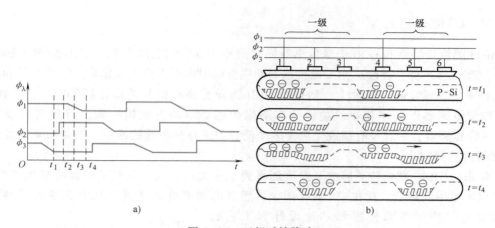

图 2-126  三相时钟脉冲

a）三相时钟脉冲随时间变化波形  b）三相时钟脉冲控制转移储存电荷的过程

$t=t_1$ 时，$\phi_1$ 相处于高电平，$\phi_2$、$\phi_3$ 相处于低电平。因此，在电极 1、4 下面出现势阱，并且存有电荷。

$t=t_2$ 时，$\phi_1$ 相处于高电平，但 $\phi_2$ 相电平也升至高电平，在电极 2、5 下面出现势阱。由于相邻电极之间的空隙小，电极 1、2 及 4、5 下面的势阱互相连通，形成大势阱。原来在电极 1、4 下的电荷向电极 2、5 下势阱方向转移。

$t=t_3$ 时，随着 $\phi_1$ 电压下降，势阱相应变浅，而 $\phi_2$ 相仍处于高电平。更多的电荷转移到电极 2、5 下势阱内。

$t=t_4$ 时，只有 $\phi_2$ 相处于高电平，信号电荷全部转移到电极 2、5 下的势阱中。

依此下去，信号电荷可按事先设计的方向，在时钟脉冲控制下从一端移位到另一端。

线型和面型 CCD 阵列的输出情况如图 2-127 所示。时钟信号将电荷从像素转移到模拟移位寄存器，然后更多的时钟被加入，将各个单独的像素电荷移向 CCD 的输出级。典型情况下，模拟移位寄存器的工作频率范围对线型 CCD 为 1~10Hz，对面型 CCD 为 5~25Hz。

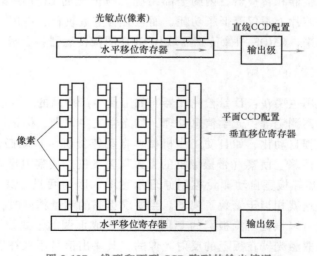

图 2-127  线型和面型 CCD 阵列的输出情况

## 2.12.2 CMOS 芯片

CMOS 图像传感器和 CCD 图像传感器同时起步于 20 世纪 70 年代。CCD 图像传感器由于灵敏度高，噪声低，逐步成为图像传感器的主流。但由于工艺上的原因，敏感元件和信号处理电路不能集成在同一芯片上，造成由 CCD 图像传感器组装的摄像机体积大、功耗大。CMOS 图像传感器以其体积小、功耗低在图像传感器市场上独树一帜。但最初市场上的 CMOS 图像传感器，一直没有摆脱光照灵敏度低和图像分辨率低的缺点，图像质量还无法与 CCD 图像传感器相比。

近年来，CMOS 图像传感器的开发研制得到了极大的发展，并且随着经济规模的形成，其生产成本也得到降低。现在，CMOS 图像传感器的画面质量也能与 CCD 图像传感器相媲美，这主要归功于图像传感器芯片设计和工艺的改进。

CMOS 像元中产生的电荷信号在像元内部直接转化成电压信号，当选通开关开启时直接输出，这是 CMOS 与 CCD 之间最大的差别。典型的 CMOS 像素阵列是一个二维可编址传感器阵列。传感器的每一列与一个位线相连，行允许线允许所选择的行内每一个敏感单元输出信号送入它所对应的位线上（图 2-128），位线末端是多路选择器，按照各列独立的列编址进行选择。根据像素的不同结构，CMOS 图像传感器可以分为无源像素被动式传感器（PPS）和有源像素主动式传感器（APS）。根据光生电荷的不同产生方式，APS 又分为光敏二极管型、光栅型和对数响应型，最近又提出了 DPS（Digital Pixel Sensor）概念。

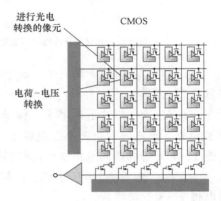

图 2-128　CMOS 像素阵列光电转换和信号输出

实际上，更确切地说，CMOS 图像传感器是一个图像系统，包括图像阵列逻辑寄存器、存储器、定时脉冲发生器和转换器在内的全部系统。与传统的 CCD 图像系统相比，把整个图像系统集成在一块芯片上不仅降低了功耗，而且具有重量较轻、占用空间减小以及总体价格更低的优点。在未来，CMOS 图像传感器取代 CCD 图像传感器将会成为事实。

## 2.12.3 图像传感器的应用

图像传感器的应用主要在：计量检测仪器，如工业生产产品的尺寸、位置、表面缺陷的非接触在线检测、距离测定等；光学信息处理，如光学文字识别、标记识别、图形识别、传真、摄像等；生产过程自动化，如自动工作机械、自动售货机、自动搬运机、监视装置等；军事应用，如导航、跟踪、侦察（带摄像机的无人驾驶飞机、侦察卫星）。

图 2-129 所示是热轧板宽自动测量控制原理示意图。因为两只 CCD 线型传感器分别只测量板端的一部分，这就相当于缩狭了视场。当要求更高的测量精度时，可同时并用多个传感器取其平均值，也可以根据所测板宽的变化，将 $d$ 做成可调的形式。图 2-129a 中 CCD 线型传感器 3 是用来摄取激光器在板上的反射光像的，其输出信号用来补偿由于极厚度变化而造成的测量误差。整个系统由微处理机控制，这样可在线实时检测热轧板宽度，对于 2m 宽

的热轧板，最终测量精度可达±0.025%。

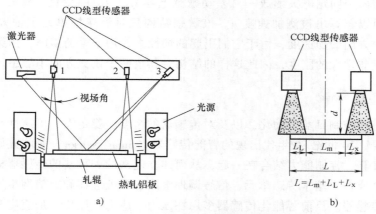

图 2-129　热轧板宽自动测量控制原理示意图

a）基本构成　b）测量原理

## 2.13　微型、智能及网络传感器

### 2.13.1　微型传感器

微型传感器（微机械传感器）属于微机电系统（MEMS）的范畴。微机电系统是基于20世纪末新兴的"微、纳级制造"技术，采取包括硅表面加工和体加工的硅微细加工、X射线光刻、LIGA和准LIGA加工、电火花加工等微细加工技术，在单晶硅、多晶硅、非晶硅和硅蓝宝石等材料上加工制作的微传感器、微执行器及系统。

微型传感器的突出特征是其敏感结构的尺寸非常微小，其典型尺寸在微米级或亚微米级。微传感器的体积只有传统传感器的几十分之一乃至几百分之一；质量从千克级下降到几十克乃至几克。但微型传感器不是传统传感器按比例缩小的产物，其基础理论、设计方法、结构工艺、系统实现以及性能测试和评估等都有许多自身的特殊规律与现象。与各种常规传感器一样，微型传感器根据不同的作用原理也可被制成不同的种类，具有不同的用途。常用的有压力、力、力矩、加速度、速度、位置、流量、磁场、温度、气体成分、湿度微型传感器等。

一种实用的微型传感器原理示意图如图 2-130 所示，它是一种具有差动输出的硅电容式单轴加速度传感器。该传感器的敏感结构包括一个活动电极和两个固定电极。活动电极固连在连接单元的正中心，两个固定电极设置在活动电极初始位置对称的两端。连接单元将两组梁框架结构的一端连在一起，梁框架结构的另一端用连接"锚"固定。其基本原理是惯性原理，被测加速度 $a$ 使连

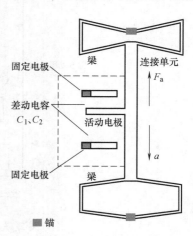

图 2-130　硅电容式单轴加速度微型传感器原理示意图

接单元产生与加速度方向相反的惯性力 $F_a$，惯性力 $F_a$ 使敏感结构产生位移，从而带动活动电极移动，并与两个固定电极形成一对差动敏感电容 $C_1$、$C_2$ 的变化。将 $C_1$、$C_2$ 组成适当的检测电路便可以解算出被测加速度 $a$。该敏感结构只对沿连接单元主轴方向的加速度敏感。对于其正交方向的加速度，由于它们引起的惯性力作用于梁的横向，而梁的横向相对于其厚度方向具有非常大的刚度，因此这样的结构对其余两个正交方向不敏感。

### 2.13.2　智能传感器

为满足测量和控制日益自动化，以及对传感器的精度、稳定性、可靠性和动态响应要求越来越高的需要，20 世纪 80 年代出现的智能传感器（Smart Sensor）是将硅微机械敏感技术与微处理器的计算、控制能力结合在一起，从而建立起来的一种新的传感器概念。这种智能传感器是由一个或多个基本传感单元、信号调理电路、微处理器和通信网络等功能单元组成的一种高性能传感器。目前智能化传感器多用在压力、应力、应变、加速度和流量等传感器中，并逐渐向化学、生物、磁和光等各类传感器的应用扩展。

例如，图 2-131 所示为智能化传感器一种可能的结构方案。其组成可分为两个部分，即基本传感器部分和信号处理单元部分。这两个部分可以集成在一起，形成一个整体，封装在一个表壳内；也可以远距离实现，特别在测量现场环境比较差的情况下，有利于电子元器件和微处理器的保护，也便于远程控制和操作。采用整体封装式还是远离封装式，应由使用场合和条件而定。

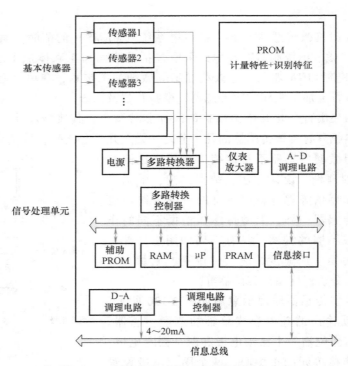

图 2-131　智能化传感器一种可能的结构方案

智能化传感器也可作为分布式系统的组成单元，受中央计算机控制，如图 2-132 所示。其中每一个单元代表一个智能化传感器，含有基本传感器、信号调理电路和一个微处理器；

各单元的接口电路直接挂在分时数字总线上，以便与中央计算机通信。但需要解决接口标准和通信协议问题。

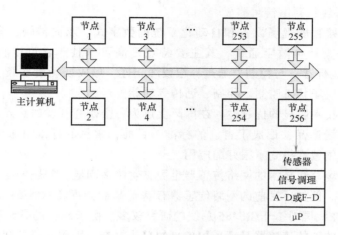

图 2-132　分布式系统中的智能化传感器示意图

图 2-133 所示为智能化差压传感器，由基本传感器、微处理器和现场通信器组成。传感器采用硅压阻力敏感元件。它是一个多功能器件，即在同一单晶硅芯片上扩散有可测差压、静压和温度的多功能传感器。该传感器输出的差压、静压和温度三个信号，经前置放大、A-D 转换，送入微处理中。其中静压和温度信号用于对差压进行补偿，经过补偿处理后的差压数字信号再经 D-A 转换变成 4~20mA 的标准信号输出；也可经由数字接口直接输出数字信号。该智能化传感器指标的特点是：①量程比高，达到 400∶1；②精度较高，在其满量程内优于 0.1%；③具有远程诊断功能；④具有远程设置功能；⑤具有数字补偿功能。

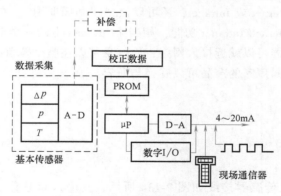

图 2-133　智能化差压传感器

## 2.13.3　网络传感器

随着计算机技术、网络技术与通信技术的发展，测控系统的网络化也成为一种新的潮流。网络化的测控系统要求传感器也具有网络化的功能，因此出现了网络传感器。网络传感器是指在现场级实现网络协议，使现场测控数据就近登临网络，在网络所能及的范围内实时传输和共享数据。

网络传感器的关键是网络接口技术,即符合某种网络协议。目前,主要有基于现场总线的网络传感器和基于以太网(Ethernet)协议的网络传感器两大类。

**1. 基于现场总线的网络传感器**

现场总线是连接智能现场设备和自动化系统的数字式、双向传输、多分支结构的通信网。其关键标志是支持全数字通信,其主要特点是高可靠性。它可以将所有的现场设备(仪表、传感器与执行器)与控制器通过一根线缆相连,形成现场设备级、车间级的数字化通信网络,可实现现场状态监测、控制、远传等功能。

由于现场总线技术明显的优越性,在国际上成为一个研究开发的热点。各大公司都开发出了自己的现场总线产品,形成了自己的标准。目前,常见的标准有数十种,它们各具特色,在各自不同的领域都得到了很好的应用。

但是,基于现场总线技术的网络传感器也面临着诸多问题。问题的主要原因正是多种现场总线标准的并存。例如,目前的网络传感器有基于基金会现场总线 FF 标准的,也有基于 ProfiBus 标准的,在我国对基于 RS485 总线的研究较多。由于现存的数十种现场总线标准互不兼容,不同厂家的智能传感器又都采用各自的总线标准,因此,目前智能传感器和控制系统之间的通信还以模拟信号为主,或者是在模拟信号上叠加数字信号,这显然要大大降低通信速度,严重影响了现场总线式智能传感器的应用。为了解决这一问题,IEEE 制定了一个简化控制网络和智能传感器连接标准的 IEEE1451 标准,该标准为智能传感器和现有的各种现场总线提供了通用的接口标准,有利于现场总线式网络传感器的发展与应用。

**2. 基于以太网协议的网络传感器**

随着计算机网络技术的快速发展,将以太网直接引入测控现场成为一种新的趋势。以太网技术由于具备开放性好、通信速度高和价格低廉等优势已得到了广泛应用。人们开始研究基于以太网络,即基于 TCP/IP 协议的网络传感器。基于 TCP/IP 协议的网络传感器通过网络介质可以直接接入 Internet 或 Intranet,还可以做到"即插即用"。在传感器中嵌入 TCP/IP 协议,使传感器具有 Internet/Intranet 功能,相当于 Internet 上的一个节点。

任何一个网络传感器可以就近接入网络,而信息可以在整个覆盖的范围内传输。由于采用统一的网络协议,不同厂家的产品可以互换与兼容。

## 习　题

2-1 一个电位器式传感器接线如图 2-134 所示,其输入量是什么?输出量是什么?在什么条件下,输出量与输入量之间有较好的线性关系?

2-2 有一个电阻应变片,其灵敏度 $S_g = 2$,$R = 120\Omega$,设工作时其应变为 $1000\mu\varepsilon$,求 $\Delta R$。设将此应变片接成图 2-135 所示的电路,试:

(1) 求无应变时电流表示值。

(2) 求有应变时电流表示值。

(3) 求电流表相对变化量。

(4) 分析这个变量能否从表中读出。

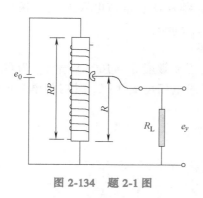

图 2-134　题 2-1 图

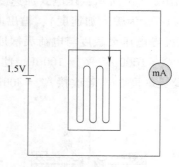

图 2-135　题 2-2 图

2-3　$R_1$、$R_2$ 是性能完全相同的两个应变片，阻值相同（即 $R_1 = R_2 = R$），若按图 2-136 所示方式布片，试问：

（1）欲测拉力而不受弯矩影响，应如何构成测量桥路？

（2）欲测弯矩而不受拉力影响，应如何连接桥路？

（3）上述两种连接桥路方式中，是否有温度补偿作用？

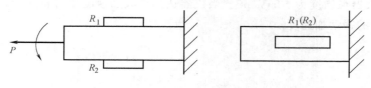

图 2-136　题 2-3 图

2-4　有一电阻应变片，阻值 $R = 120\Omega$，灵敏度 $S_g = 2.0$，电阻温度系数 $\alpha_t = 2.0 \times 10^{-6}/℃$，线胀系数 $\beta_1 = 12 \times 10^{-6}/℃$。将其贴在线膨胀系数 $\beta_2 = 14.2 \times 10^{-6}/℃$ 的工件上，若工件在外力作用下产生应变量为 $200 \times 10^{-6} \varepsilon$，试问：

（1）当温度改变 4℃ 时，如果未采取温度补偿措施，电阻变化量为多少？

（2）由于温度影响会产生多大的相对误差？

2-5　某电容测微仪，其传感器的圆形极板半径 $r = 4mm$，工作初始间隙 $\delta = 0.3mm$，问：

（1）工作时，如果传感器与工件的间隙变化量 $\Delta\delta = \pm 1\mu m$，电容变化量是多少？

（2）如果测量电路的灵敏度 $S_1 = 100mV/pF$，读数仪表的灵敏度 $S_2 = 5$ 格/mV，则在 $\Delta\delta = \pm 1\mu m$ 时，读数仪表的指示值变化是多少格？

2-6　有一霍尔元件，其灵敏度 $k_H = 1.2mV/(mA \cdot kGs)$，把它放在一个梯度是 5kGs/mm 的磁场中，如果额定控制电流是 20mA，设霍尔元件在平衡点附近做 $\pm 0.01mm$ 的摆动，输出电压可达到多少毫伏？

2-7　一压电传感器的灵敏度 $S = 90pC/MPa$，把它和一台灵敏度调到 $0.005V/pC$ 的电荷放大器连接，放大器的输出又接一台灵敏度已调到 $20mm/V$ 的光线示波器，试绘出这个测试系统的框图，并计算总灵敏度。

2-8　磁电式速度传感器结构如图 2-137 所示。设线圈平均直径 $D = 25mm$，气隙中磁感应强度 $B = 6000Gs$（高斯），希望传感器灵敏度 $S = 600mV/(cm/s)$，试求线圈匝数 $N$。

2-9　如图 2-138 所示，压电式加速度计的固有电容为 $C_a$，电缆电容为 $C_c$，输出电压灵敏度 $S_a = u_0/a$（$a$ 为输入加速度），输出电荷灵敏度 $S_q = q/a$。

（1）试推导电压灵敏度与电荷灵敏度之间的关系。

（2）若 $C_a = 1000\text{pF}$，$C_c = 100\text{pF}$，此时标定的电压灵敏度 $S_a = 100\text{mV}/g$（$g$ 为重力加速度），求电荷灵敏度 $S_q$。若改接 $C'_c = 300\text{pF}$ 的电缆，求电压灵敏度 $S'_a$。此时的电荷灵敏度有什么变化？

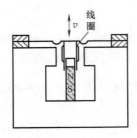

图 2-137　题 2-8 图

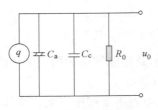

图 2-138　题 2-9 图

2-10　用石英晶体加速度计及电荷放大器测量机器的振动，已知加速度计灵敏度为 $5\text{pC}/g$，电荷放大器灵敏度为 $50\text{mV/pC}$，当机器达到最大加速度值时相应的输出电压幅值为 2V，试求该机器的振动加速度。

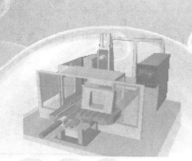

# 第 3 章

# 系统及系统特性分析基础

📇 **本章主要内容** ▌▌▌

　　本章将具体的测控系统抽象为一般系统，研究和认识一般系统的传递、反馈特性和规律，在认识和掌握一般系统特点和规律的基础上，来指导具体系统的设计和应用。从具体到一般，再从一般到具体，是本章研究方法上的特点。一般的测量和控制系统都是时不变线性系统，也称定常线性系统，其输入/输出关系可用一常系数线性微分方程表示。系统输入/输出动态特性研究方法还可以有传递函数法、频率响应函数法以及脉冲响应函数法。传递函数法是在复频域中描述系统输入/输出之间传递特性的方法，任何系统，包括复杂系统以及构成复杂系统最基本的一阶、二阶环节，如比例环节、惯性环节、微分环节、积分环节、振荡环节、延时环节等，都有其特定的传递函数。频率响应函数法是在频率域中描述和考察系统特性的方法，它以简谐信号输入为激励，用幅频特性和相频特性来描述系统所产生的稳态输出特性。与传递函数相比，频率响应函数的物理概念明确，是实验研究系统的重要工具。脉冲响应函数法用于研究在单位脉冲函数作为激励输入时系统的输出，是一种在时域上研究系统动态特性的方法。系统动态特性在时域上的脉冲响应函数、在频域上的频率响应函数、在复频域上的传递函数与系统定常线性微分方程之间是一脉相承的，存在相互转换、一一对应的关系。通过对典型的一阶、二阶系统基本特性的分析，掌握其规律可用于指导具体系统的设计和应用。本章还介绍了系统对任意输入的响应、系统不失真条件、系统负载效应、系统校正等内容。

　　任何系统都有两个界面，一个是输入界面，另一个是输出界面。本章所谓的系统是指测控系统，其特征在于输入、输出界面的内容是信息（信号）以及信息（信号）的反馈，如图 3-1 所示。

　　具体的测控系统组成有较大差别。简单的系统只是一个传感器，如液柱式温度计；复杂的系统包含多个环节，如数控机床伺服装置是一个复杂系统，包含了速度和位移传感器、信号处理、信号传输、信号反馈、驱动控制等多个环节，有些环节又由多个子环节

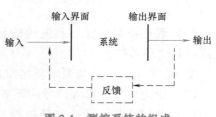

图 3-1　测控系统的组成

组成。系统特性分析方法指的是从具体系统出发，建立一般系统的概念，研究和认识一般系统的传递、反馈特性和规律，从而指导具体系统的设计和应用。

## 3.1 线性系统与常微分方程

### 3.1.1 系统分类和特点

单纯测量系统以信息（信号）获取、处理、显示、记录为主要内容，但自动化装置中的测控系统还需要利用最终获得的信息去控制执行机构。自动化装置中测控系统可以按照不同的方法分类。

1. 按反馈情况分

（1）开环系统 系统中没有反馈回路，也就没有测控环节。采用开环控制的数控机床进给系统如图 3-2a 所示。工作台是否达到输入指令所要求的位置，不能确定。系统中任何一个环节都没有校正补偿功能。

（2）闭环系统 系统中存在反馈回路，需要检测和控制环节。能根据输出偏差校正和补偿输入环节。采用闭环控制的数控机床进给系统如图 3-2b 所示。

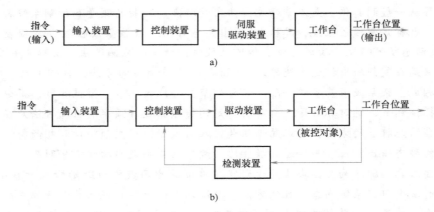

图 3-2 数控机床开环、闭环两种控制模式

a）开环系统 b）闭环系统

2. 按输出变化规律分

（1）自动调节系统 不受外界干扰影响，系统的输出仍能基本保持为常量的系统，如恒温箱就是一个自动调节系统。这类系统也是闭环系统。

（2）随动系统 系统输出能主动跟随外界的变化而变化，如炮瞄雷达系统就是随动系统。

（3）程序控制系统 系统的输出按照预定程序变化。程序控制系统可以是开环系统，也可以是闭环系统。

图 3-3 所示是一个典型闭环测控系统框图。该系统由以下几个环节组成：

（1）给定环节 输入信号的环节，用于确定被控对象的"目标值"。

（2）测量环节 用于测量被控变量，并将其转变为电量。由传感器及信号处理单元

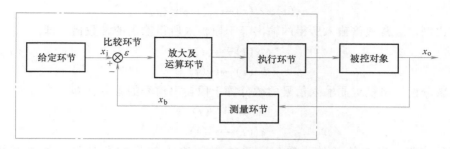

图 3-3 一个典型闭环测控系统框图

组成。

（3）比较环节 在这一环节中，输入信号 $x_i$ 与测量环节发出来的有关被控变量 $x_o$ 的反馈量 $x_b$ 相比较，并得到一个偏差信号 $\varepsilon$（$\varepsilon = x_i - x_b$）。该偏差信号是比较环节的输出。

（4）放大及运算环节 对偏差信号做必要的放大，以推动执行环节。

（5）执行环节 驱动被控对象按照预期的要求运行。

### 3.1.2 定常线性系统

对于某一时刻 $t$，理想的系统（包括环节或子系统）首先应该具有单值的、确定的输入/输出关系。其次对应于每一输入量，都应具有单一的输出量与之对应。知道其中的一个量就可以确定另一个量，如图 3-4 所示。

图 3-4 输入/输出与系统特性<br>之间的对应关系

图 3-4 中，系统传输特性是由构成具体物理系统的材料、元件、部件等的特性决定的。从数学上看，这些材料、元件、部件等的特性可以用系数 $a_n$，$a_{n-1}$，$\cdots$，$a_1$，$a_0$ 和 $b_m$，$b_{m-1}$，$\cdots$，$b_1$，$b_0$ 来表示，这样系统的输入 $x(t)$ 和输出 $y(t)$ 模型，总可以用下面的线性微分方程来表示：

$$a_n \frac{\mathrm{d}^n y(t)}{\mathrm{d}t^n} + a_{n-1} \frac{\mathrm{d}^{n-1} y(t)}{\mathrm{d}t^{n-1}} + \cdots + a_1 \frac{\mathrm{d}y(t)}{\mathrm{d}t} + a_0 y(t)$$

$$= b_m \frac{\mathrm{d}^m x(t)}{\mathrm{d}t^m} + b_{m-1} \frac{\mathrm{d}^{m-1} x(t)}{\mathrm{d}t^{m-1}} + \cdots + b_1 \frac{\mathrm{d}x(t)}{\mathrm{d}t} + b_0 x(t) \tag{3-1}$$

由于构成具体物理系统的材料、元件、部件等的特性并非稳定不变的，如弹性材料的弹性模量，电子元件中电阻、电容、半导体元件的性能等都受温度的影响，而环境温度也是一个随时间而缓慢变化的量，因此严格地讲，$a_n$，$a_{n-1}$，$\cdots$，$a_1$，$a_0$ 和 $b_m$，$b_{m-1}$，$\cdots$，$b_1$，$b_0$ 是随时间而变的时变量。但在工程上，常可以以足够的精度认为多数常见物理系统中的参数是不随时间变化的常数。这样，式（3-1）就是一个常系数线性微分方程，并称对应的图3-4所示的系统为时不变线性系统，也称定常线性系统。本书以后的讨论就限于时不变线性系统。

时不变线性系统中的输入 $x(t)$、输出 $y(t)$ 的对应关系具有以下一些主要性质：

（1）叠加性 系统对各输入之和的输出等于各单个输入所得的输出之和，即

若 $\qquad\qquad\qquad x_1(t) \rightarrow y_1(t)$，$x_2(t) \rightarrow y_2(t)$

129

则 
$$x_1(t) \pm x_2(t) \rightarrow y_1(t) \pm y_2(t)$$

（2）比例性 常数倍输入所得的输出等于原输入所得输出的常数倍，即

若 
$$x(t) \rightarrow y(t)$$

则 
$$kx(t) \rightarrow ky(t)$$

（3）微分性 系统对原输入信号的微分等于原输出信号的微分，即

若 
$$x(t) \rightarrow y(t)$$

则 
$$x'(t) \rightarrow y'(t)$$

（4）积分性 当初始条件为零时，系统对原输入信号的积分等于原输出信号的积分，即

若 
$$x(t) \rightarrow y(t)$$

则 
$$\int x(t)\,\mathrm{d}t \rightarrow \int y(t)\,\mathrm{d}t$$

（5）频率保持性 若系统的输入为某一频率的谐波信号，则系统的稳态输出将为同一频率的谐波信号，即

若 
$$x(t) = A\cos(\omega_t + \varphi_x)$$

则 
$$y(t) = B\cos(\omega_t + \varphi_y)$$

线性系统的这些主要特性，特别是叠加性和频率保持性，在测量工作中具有重要作用。例如，在稳态正弦激振试验时，响应信号中只有与激励频率相同的成分才是由该激励引起的振动，而其他频率成分均为干扰噪声，应予以剔除。

## 3.2 系统传递函数

### 3.2.1 传递函数的定义

常系数线性微分方程式（3-1）是用来描述输入 $x(t)$ 和输出 $y(t)$ 之间的关系的数学模型。但每次都要解微分方程，存在许多不便。为此需要寻找更简便、更有效的数学方法来描述装置的特性以及输入 $x(t)$ 和输出 $y(t)$ 之间的关系。

当 $x(t)$ 为时间变量 $t$ 的函数，且 $t \leqslant 0$ 时，有 $x(t) = 0$，则 $x(t)$ 的拉普拉斯变换 $X(s)$ 定义为

$$X(s) = \int_0^\infty x(t)\,\mathrm{e}^{-st}\mathrm{d}t \tag{3-2}$$

式中，$s$ 为复变量，$s = \alpha + \mathrm{j}\beta$。

利用拉普拉斯变换的两个性质：

（1）线性性质 若 $L[y_1(t)] = Y_1(s)$，$L[y_2(t)] = Y_2(s)$，则 $L[ay_1(t) + by_2(t)] = aY_1(s) + bY_2(s)$。

（2）微分性质 $L[\mathrm{d}y(t)/\mathrm{d}t] = sY(s) - y(0)$，当初始条件为零，即 $y(0) = 0$ 时，则 $L[\mathrm{d}y(t)/\mathrm{d}t] = sY(s)$。对于 $n$ 阶微分，有 $L[\mathrm{d}^n y(t)/\mathrm{d}t^n] = s^n Y(s)$。

当系统的初始条件为零时，对式（3-1）两边做拉普拉斯变换得

$$(a_n s^n + a_{n-1}s^{n-1} + \cdots + a_1 s + a_0)Y(s) = (b_m s^m + b_{m-1}s^{m-1} + b_1 s + b_0)X(s) \tag{3-3}$$

定义传递函数为在系统初始条件为零的前提下，输出和输入两者的拉普拉斯变换之比，

即 $H(s)=Y(s)/X(s)$，则有

$$H(s)=\frac{Y(s)}{X(s)}=\frac{b_m s^m+b_{m-1}s^{m-1}+\cdots+b_1 s+b_0}{a_n s^n+a_{n-1}s^{n-1}+\cdots+a_1 s+a_0} \tag{3-4}$$

传递函数表征了一个系统的传递特性。式（3-4）中的分母取决于系统的结构，分母中的 $s$ 的最高幂次 $n$ 代表了系统微分方程的阶次，也称为传递函数的阶次。分子则和系统同外界之间的关系，如输入（激励）点的位置、输入方式、被测量以及测点布置情况有关。

一般测量装置总是稳定系统，其分母中 $s$ 的幂次 $n$ 总是大于分子中 $s$ 的幂次 $m$，即 $n>m$。传递函数有以下几条特性：

1）等式右边与输入 $x(t)$ 无关，这就说明传递函数不因输入的改变而改变，它仅表达系统的特性。

2）传递函数所描述的系统对于任一具体的输入 $x(t)$ 都明确地给出了相应的输出 $y(t)$。

3）传递函数是从微分方程取拉普拉斯变换求得的，它只是系统传输特性的数学反映，与具体的物理结构无关。不同的物理系统，如液柱温度计和 $RC$ 低通滤波器，尽管一个是热学系统，另一个是电学系统，两者的物理系统完全不同，但同属一阶系统，因此具有形式相似的传递函数。

4）由于拉普拉斯变换是一一对应变换，不丢失任何信息，故传递函数与微分方程等价。考察传递函数所具有的基本特性，比考察微分方程的基本特性要容易得多。这是因为传递函数是一个代数有理分式函数，其特性容易识别与研究。

### 3.2.2 环节的串联、并联和反馈

#### 1. 环节的串联和并联

两个传递函数各为 $H_1(s)$ 和 $H_2(s)$ 的环节串联，如图 3-5 所示。假定它们之间没有能量交换，则对于串联后所组成的系统，当初始条件为零时，系统传递函数 $H(s)$ 为

$$H(s)=\frac{Y(s)}{X(s)}=\frac{Z(s)}{X(s)}\frac{Y(s)}{Z(s)}=H_1(s)H_2(s) \tag{3-5}$$

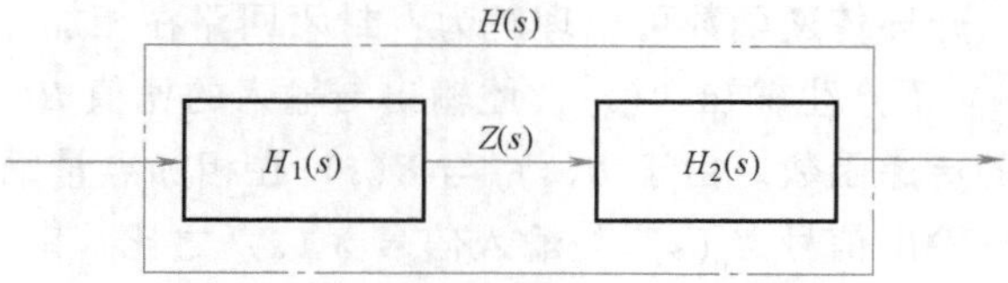

类似地，对 $n$ 个环节串联组成的系统，有

$$H(s)=\prod_{i=1}^{n}H_i(s) \tag{3-6}$$

图 3-5 两个环节的串联

两个环节的并联如图 3-6 所示。则因

$$Y(s)=Y_1(s)+Y_2(s)$$

而有

$$H(s)=\frac{Y(s)}{X(s)}=\frac{Y_1(s)}{X(s)}+\frac{Y_2(s)}{X(s)}=H_1(s)+H_2(s) \tag{3-7}$$

同理，由 $n$ 个环节并联组成的系统，也类似地有

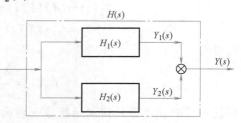

图 3-6 两个环节的并联

$$H(s) = \sum_{i=1}^{n} H_i(s) \tag{3-8}$$

**2. 反馈环节**

图 3-7a 所示为反馈连接，实际上它也是闭环系统传递函数的最基本形式。单输入作用下的闭环系统，无论组成系统的环节有多复杂，其传递函数框图总可以简化成图 3-7 所示的基本形式。

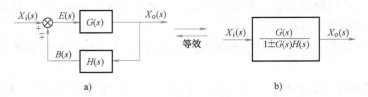

**图 3-7 反馈环节等效变换**

a）反馈连接　b）等效传递函数

图 3-7a 中，$G(s)$ 称为前向通道传递函数，它是输出 $X_o(s)$ 与偏差 $E(s)$ 之比，即

$$G(s) = \frac{X_o(s)}{E(s)} \tag{3-9}$$

$H(s)$ 称为反馈回路传递函数，即

$$H(s) = \frac{B(s)}{X_o(s)} \tag{3-10}$$

前向通道传递函数 $G(s)$ 与反馈回路传递函数 $H(s)$ 的乘积定义为系统的开环传递函数 $G_K(s)$，它也是反馈信号 $B(s)$ 与偏差 $E(s)$ 之比，即

$$G_K(s) = \frac{B(s)}{E(s)} = G(s)H(s) \tag{3-11}$$

开环传递函数可以理解为：封闭回路在相加点断开以后，以 $E(s)$ 作为输入，经 $G(s)$、$H(s)$ 而产生输出 $B(s)$，此输出与输入的比值 $B(s)/E(s)$ 可以认为是一个无反馈的开环系统的传递函数。由于 $B(s)$ 与 $E(s)$ 在相加点量纲相同，因此开环传递函数的量纲为一。

输出信号 $X_o(s)$ 与输入信号 $X_i(s)$ 之比，定义为系统的闭环传递函数 $G_B(s)$，即

$$G_B(s) = \frac{X_o(s)}{X_i(s)} \tag{3-12}$$

图 3-7 中

$$E(s) = X_i(s) \mp B(s) = X_i(s) \mp X_o(s)H(s)$$
$$X_o(s) = G(s)E(s) = G(s)[X_i(s) \mp X_o(s)H(s)]$$
$$= G(s)X_i(s) \mp G(s)X_o(s)H(s)$$

由此可得

$$G_B(s) = \frac{X_o(s)}{X_i(s)} = \frac{G(s)}{1 \pm G(s)H(s)} \tag{3-13}$$

故反馈连接时，其等效传递函数等于前向通道传递函数除以 1 加（或减）前向通道传递函数与反馈回路传递函数的乘积，如图 3-7b 所示。

### 3.2.3 一些典型环节的传递函数

任何一个复杂系统，均可以分解为零阶、一阶、二阶环节，如比例环节、惯性环节、微分环节、积分环节、振荡环节、延时环节等。表3-1给出了一些典型的零阶、一阶、二阶环节。熟悉这些环节，对于了解和研究系统会有较大方便。

表 3-1　一些典型环节的传递函数

| 环节 | 实　　例 | 传递函数 | 备注 |
|---|---|---|---|
| 比例环节 | （运算放大器电路，$R_1$、$R_2$，输入 $u_i(t)$，输出 $u_o(t)$） | $H(s) = K$ | $K$ 为增益或放大系数 |
| 惯性环节 | （RC电路，$R$、$C$，输入 $u_i$，输出 $u_o$，电流 $i$） | $H(s) = \dfrac{K}{1+\tau s}$ | $K$ 为增益或放大系数；$\tau$ 为时间常数 |
| 微分环节 | （运算放大器电路，$C$、$R$，$i$、$i_1$，输入 $u_i$，输出 $u_o$） | $H(s) = \tau s$ | $\tau$ 为微分环节的时间常数 |
| 积分环节 | （运算放大器电路，$R$、$C$，输入 $u_i(t)$，输出 $u_o(t)$） | $H(s) = \dfrac{1}{\tau s}$ | $\tau$ 为积分环节的时间常数 |
| 振荡环节 | （LRC电路，$a$、$b$、$c$、$d$，$L$、$R$、$C$，$i_L(t)$、$i_R(t)$、$i_C(t)$，输入 $u_i(t)$，输出 $u_o(t)$） | $H(s) = \dfrac{\omega_n^2}{s^2 + 2\zeta\omega_n s + \omega_n^2}$ | $\omega_n$ 为电路的固有振荡频率；$\zeta$ 为阻尼比 |
| 延时环节 | （轧制示意图，$h+\Delta h_1$、$h+\Delta h_2$，$A$、$B$，$v$、$L$） | $H(s) = e^{-\tau s}$ | $\tau$ 为延迟时间 |

### 3.2.4 传递函数框图及其等价变换

传递函数框图是在各框图内写出控制元件的传递函数，并用带有表示信号流向的箭头线段把各框图连接起来的框图。框图通常使用图 3-8 所示的传递方框、加合点以及引出线三个基本单元。

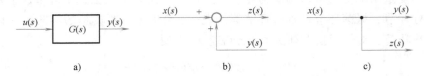

a)        b)        c)

图 3-8　框图基本单元
a) 传递方框　b) 加合点　c) 引出线

在有多个传递框图的场合，可通过表 3-2 所表列的三种方式加以连接。

表 3-2　传递框图的连接

| 连接方式 | 连接前 | 连接后 |
|---|---|---|
| 串联连接 | 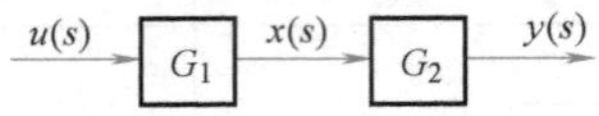 $u(s)\to G_1\to x(s)\to G_2\to y(s)$ | 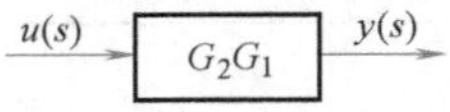 $u(s)\to G_2G_1\to y(s)$ |
| 并联连接 | 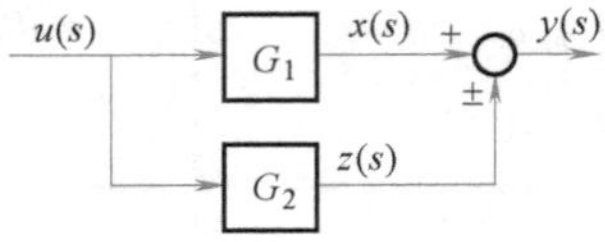 $u(s)\to G_1\to x(s)$，$G_2\to z(s)$，$\pm$ 加合 $\to y(s)$ | 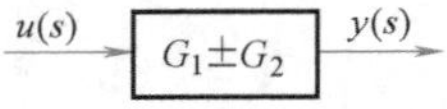 $u(s)\to G_1\pm G_2\to y(s)$ |
| 反馈连接 | 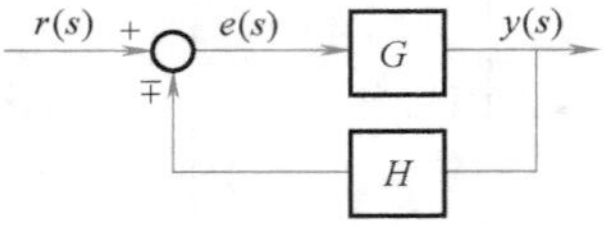 $r(s)\to e(s)\to G\to y(s)$，反馈 $H$ | 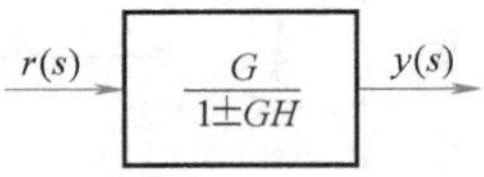 $r(s)\to \dfrac{G}{1\pm GH}\to y(s)$ |

复杂系统的框图可按照要求进行等价变换。表 3-3 给出了框图进行等价变换时所用的法则。

表 3-3　框图的等价变换

| 变换操作 | 变换前 | 变换后 | 备注 |
|---|---|---|---|
| 加合点的置换 | 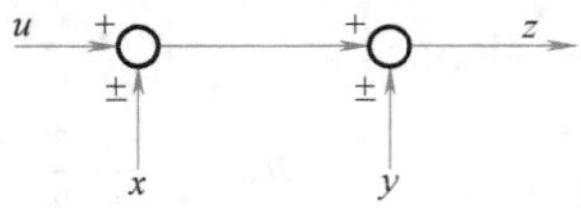 $u,\pm x,\pm y\to z$ | 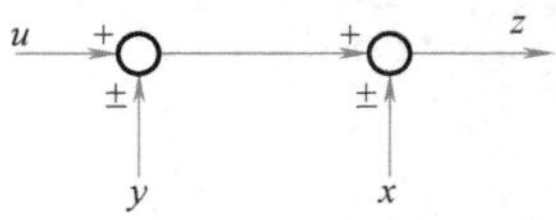 $u,\pm y,\pm x\to z$ | 要求±号同序 |
| 加合点的移动 | 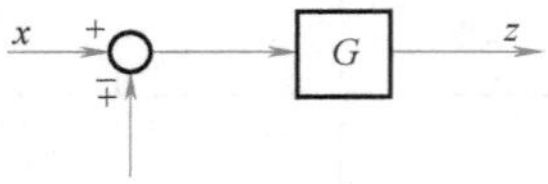 $x\pm,\ G\to z$ | 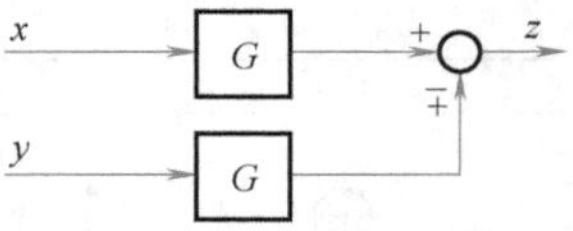 $x\to G$，$y\to G$，$\pm\to z$ | 要求±号同序 |
| 引出线的移动 | 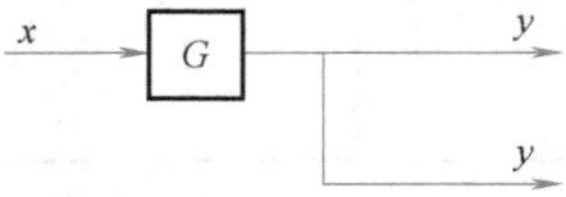 $x\to G\to y$ | 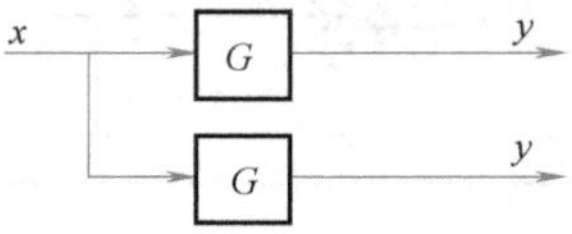 $x\to G\to y$，$G\to y$ | |
| 传递框图的置换 | 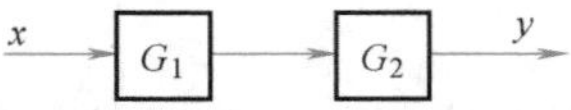 $x\to G_1\to G_2\to y$ | 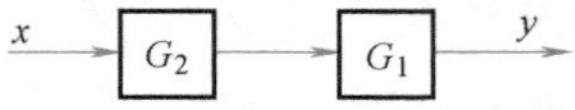 $x\to G_2\to G_1\to y$ | |

例 3-1  利用上述规则简化图 3-9a 所示三环路框图，并求系统传递函数。

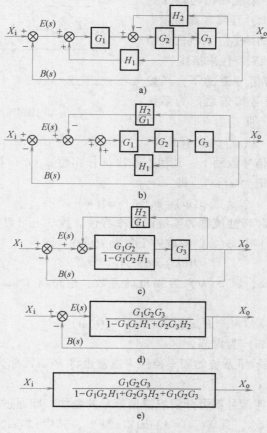

图 3-9  传递函数简化例

解  化简的方法主要是通过移动分支点或相加点，消除交叉连接，使其成为独立的小回路，以便用串联、并联和反馈连接的等效规则进一步化简。一般应先解内回路，再逐渐向外回路，一环环简化，最后得到系统的闭环传递函数。步骤如下：

1）图 3-9a →图 3-9b 为相加点前移。

2）图 3-9b →图 3-9c 为将小环路化为单一向前传递函数。

3）图 3-9c →图 3-9d 消去第二个闭环回路，使之成为单位反馈的单环回路。

4）图 3-9d →图 3-9e 最后消去单位反馈回路，得到单一向前传递函数，即原系统的闭环传递函数。

$$X_B(s) = \frac{X_o(s)}{X_i(s)} = \frac{G_1 G_2 G_3}{1 - G_1 G_2 H_1 + G_2 G_3 H_2 + G_1 G_2 G_3}$$

## 3.3  系统频率响应函数

依据线性系统的频率保持性，定常线性系统在简谐信号 $x(t) = X_0 \sin \omega t$ 的激励下，所产生的稳态输出也是同频简谐信号 $y(t) = Y_0 \sin$ $(\omega t + \varphi)$，如图 3-10 所示。系统输出与输入的差别表现在幅值和相位差上，且两者都与频率有关，它们是信号频率 $\omega$ 的函数。系统的传输特性可分别用幅频特性和相频特性来描述。

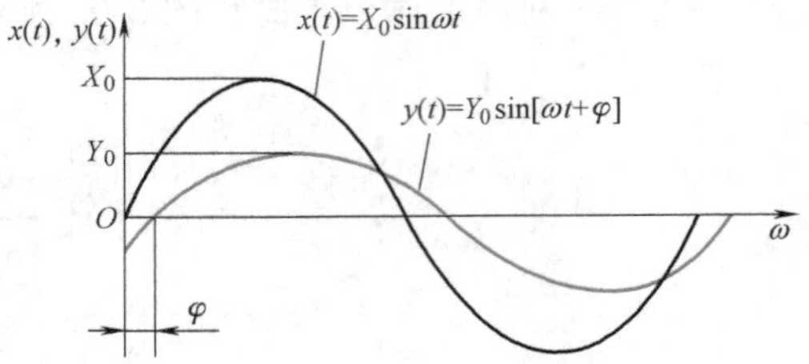

图 3-10　稳态的输入–输出波形

定常线性系统在简谐信号激励下，其稳态输出信号幅值与输入信号幅值之比为系统的幅频特性，记为 $A(\omega)$，即

$$A(\omega) = Y(\omega)/X(\omega) \qquad (3\text{-}14)$$

定常线性系统在简谐信号激励下，其稳态输出信号相位 $\varphi_2(\omega)$ 与输入信号相位 $\varphi_1(\omega)$ 之差为系统的相频特性，记为 $\varphi(\omega)$，即

$$\varphi(\omega) = \varphi_2(\omega) - \varphi_1(\omega) \qquad (3\text{-}15)$$

系统的幅频特性和相频特性统称为系统的频率特性。数学上可以将某个比值和相位角组合成一个复数。现用 $A(\omega)$ 和 $\varphi(\omega)$ 构成一个复数 $H(\omega)$，即

$$H(\omega) = A(\omega)\,\mathrm{e}^{\mathrm{j}\varphi(\omega)} \qquad (3\text{-}16)$$

即 $H(\omega)$ 是以 $A(\omega)$ 为模、以 $\varphi(\omega)$ 为幅角的复数。也可将 $H(\omega)$ 的实部和虚部分开，记作

$$H(\omega) = P(\omega) + \mathrm{j}Q(\omega)$$

式中，$P(\omega)$ 为实部；$Q(\omega)$ 为虚部。

这样 $H(\omega)$ 完整地表示了系统的频率特性。通常也将 $H(\omega)$ 称为系统的频率响应函数，它是激励频率 $\omega$ 的函数。

从第 1 章已经知道任何信号都可分解成简谐信号的叠加，即通过傅里叶变换，将时域信号 $x(t)$ 变成频域信号 $X(\omega)$，且 $X(\omega) = |X(\omega)|\,\mathrm{e}^{\mathrm{j}\varphi_1(\omega)}$，其中 $|X(\omega)|$ 表示频率为 $\omega$ 的简谐信号的幅值，$\varphi_1(\omega)$ 表示该简谐信号的相位。将输出信号也做傅里叶变换得 $Y(\omega) = |Y(\omega)|\,\mathrm{e}^{\mathrm{j}\varphi_2(\omega)}$，则 $|Y(\omega)|/|X(\omega)| = A(\omega)$，$\varphi_2(\omega) - \varphi_1(\omega) = \varphi(\omega)$。

由此也可得频率响应函数的定义：在系统响应稳态条件下，输出的傅里叶变换与输入的傅里叶变换之比，即

$$H(\omega) = Y(\omega)/X(\omega) \qquad (3\text{-}17)$$

频率响应函数一般在系统的传递函数 $H(s)$ 已知的情况下求取，只要令 $H(s)$ 中 $s = \mathrm{j}\omega$ 便可求得频率响应函数 $H(\omega)$，或直接通过常系数线性微分方程得到

$$H(\omega) = \frac{b_m(\mathrm{j}\omega)^m + b_{m-1}(\mathrm{j}\omega)^{m-1} \cdots + b_1(\mathrm{j}\omega) + b_0}{a_n(\mathrm{j}\omega)^n + a_{n-1}(\mathrm{j}\omega)^{n-1} + \cdots + a_1(\mathrm{j}\omega) + a_0} \qquad (3\text{-}18)$$

用传递函数和频率响应函数均可以表达系统的传递特性，但两者的含义不同。具体表现在：

1) 传递函数定义中系统的初始条件为零，对于从 $t = 0$ 开始所施加的简谐信号激励来说，系统输出将由两部分组成，即瞬态输出和稳态输出，如图 3-11a 所示。采用拉普拉斯变换解得的系统输出也由相应的两部分组成，因此传递函数既反映系统的瞬态特性，又反映系统的稳态特性。这在控制技术中对于经常要研究典型扰动所引起的系统响应，研究一个过程从起始的瞬态变化过程到最终的稳态过程的全部过程有重要意义。频率响应函数描述下系统

的输入与输出之间的对应关系如图 3-11b 所示，在观察时系统的瞬态响应已趋于零。因此频率响应函数表达的只是系统的稳态特性。在要求获得稳定测控结果的场合，通常在系统处于稳态输出的阶段进行测试，因此在测试技术中常用频率响应函数来描述系统的动态特性。

2）传递函数是在复数域中来描述和考察系统特性的，在物理概念上较难建立相应的系统。而频率响应函数是在频率域中描述和考察系统特性的，与传递函数相比，频率响应的物理概念明确，因此频率响应函数是实验研究系统的重要工具，并利用它与传递函数的关系，由它求出传递函数。

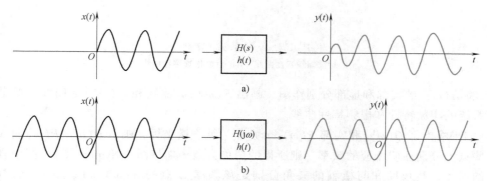

图 3-11 用传递函数和频率响应函数描述不同输入状态的系统输出

a）系统传递函数描述 b）系统频率响应函数描述

通过实验来求取频率响应函数的办法：依次用不同频率 $\omega_i$ 的简谐信号去激励系统，同时测得激励和系统的稳态输出的幅值 $X_i$、$Y_i$ 和相位差 $\varphi_i$。这样对于某个 $\omega_i$，便有一组 $Y_i/X_i = A_i$ 和 $\varphi_i$，全部的 $A_i$-$\omega_i$ 和 $\varphi_i$-$\omega_i$（$i=1, 2, 3, \cdots$）便可表达系统的频率响应函数。也可在系统稳态后，同时测得输入 $x(t)$ 和输出 $y(t)$，由其傅里叶变换 $X(\omega)$ 和 $Y(\omega)$ 求得频率响应函数 $H(\omega) = Y(\omega)/X(\omega)$。

频率响应函数的幅频特性和相频特性还可以用图形来直观地加以描述：

1）按 $A(\omega)$-$\omega$ 和 $\varphi(\omega)$-$\omega$ 分别作图，即得幅频特性曲线和相频特性曲线，如图 3-12 所示。从图中可直观地看出系统的幅度和相位特性随频率的变化情况。

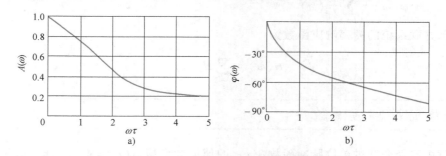

图 3-12 一阶系统幅频特性和相频特性曲线

a）幅频特性曲线 b）相频特性曲线

2）以角频率 $\omega$ 或频率 $f=\omega/(2\pi)$ 的常用对数 $\lg\omega$ 或 $\lg[\omega/(2\pi)]$ 为横坐标，以 $A(\omega)$ 的值取分贝数，即 $20\lg A(\omega)$ 为纵坐标，相位取实数为纵坐标作图，分别得到对数幅频特性曲线和对数相频特性曲线，总称为博德图（Bode 图），如图 3-13 所示。

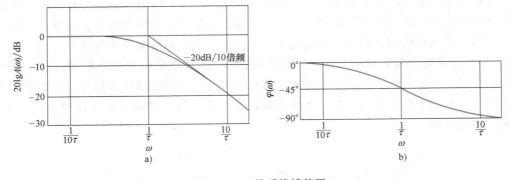

图 3-13　一阶系统博德图

a）对数幅频特性曲线　b）对数相频特性曲线

3）将 $H(\omega)$ 的实部和虚部分别作图，画出 $P(\omega)$-$\omega$ 曲线和 $Q(\omega)$-$\omega$ 曲线，两者分别称为该系统的实频特性和虚频特性曲线。

4）如果将虚部 $Q(\omega)$ 和实部 $P(\omega)$ 分别作为纵、横坐标，画出 $Q(\omega)$-$P(\omega)$ 曲线并在曲线某些点上分别注明相应的频率，则所得的图称为奈奎斯特图（Nyquist 图）。图中自原点所画出的向径，其长度和与横轴的夹角分别是该频率 $\omega$ 点的 $A(\omega)$ 和 $\varphi(\omega)$，如图 3-14 所示。

当系统由多个环节串、并联组成时，依据频率响应函数和传递函数存在的对应关系，$n$ 个环节串联系统频率响应函数为

$$H(\omega) = \prod_{i=1}^{n} H_i(\omega) \qquad (3\text{-}19)$$

其幅频、相频特性分别为

$$A(\omega) = \prod_{i=1}^{n} A_i(\omega)$$
$$\qquad (3\text{-}20)$$
$$\varphi(\omega) = \sum_{i=1}^{n} \varphi_i(\omega)$$

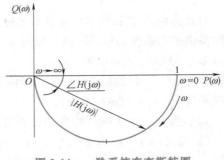

图 3-14　一阶系统奈奎斯特图

而 $n$ 个环节并联系统的频率响应函数为

$$H(\omega) = \sum_{i=1}^{n} H_i(\omega) \qquad (3\text{-}21)$$

## 3.4　系统脉冲响应函数

第 1 章中已经介绍过单位脉冲函数 $\delta(t)$ 的傅里叶变换 $\Delta(\omega) = 1$，同样，对于 $\delta(t)$ 的拉普拉斯变换 $\Delta(s) = L[\delta(t)] = 1$。

以单位脉冲函数 $\delta(t)$ 为测试装置的激励输入信号，即 $x(t) = \delta(t)$，则输出 $y(t)$ 的拉普拉斯变换和傅里叶变换分别为

$$Y(s) = H(s)X(s) = H(s)\Delta(s) = H(s)$$
$$Y(\omega) = H(\omega)X(\omega) = H(\omega)\Delta(\omega) = H(\omega)$$
$$\qquad (3\text{-}22)$$

对 $Y(s)$ 和 $Y(\omega)$ 分别做拉普拉斯逆变换和傅里叶逆变换,都可得到系统对于单位脉冲激励响应的时域表达式,即

$$y(t) = L^{-1}[Y(s)]$$

或

$$y(t) = F^{-1}[Y(\omega)] \tag{3-23}$$

将单位脉冲激励响应 $y(t)$ 记为 $h(t)$,$h(t)$ 称为系统的脉冲响应函数。

至此,系统动态特性在时域、频域和复频域可分别用脉冲响应函数 $h(t)$、频率响应函数 $H(\omega)$ 和传递函数 $H(s)$ 来描述。三者之间以及它们与系统定常线性微分方程之间是有关系的。脉冲响应函数 $h(t)$、频率响应函数 $H(\omega)$ 和传递函数 $H(s)$ 与系统定常线性微分方程等价;$H(\omega)$ 和 $H(s)$ 存在对应关系;$h(t)$ 和 $H(s)$ 是一对拉普拉斯变换对;$h(t)$ 和 $H(\omega)$ 是一对傅里叶变换对。这一关系可由图 3-15 来说明。

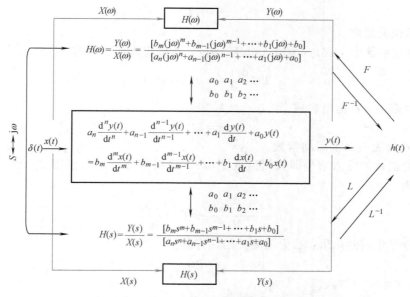

图 3-15 系统 $h(t)$、$H(\omega)$、$H(s)$、常微分方程相互之间的关系

## 3.5 一阶、二阶典型系统特性分析

### 3.5.1 一阶、二阶系统的动态特性

#### 1. 一阶系统

弹簧-阻尼系统、$RC$ 滤波电路、液柱式温度计三种一阶系统的实例如图 3-16 所示。

在弹簧-阻尼系统中,输入 $x(t)$ 为力,输出 $y(t)$ 为位移,根据力平衡方程有

$$C\frac{\mathrm{d}y(t)}{\mathrm{d}t} + ky(t) = x(t) \tag{3-24}$$

式中,$k$ 为弹簧刚度;$C$ 为阻尼系数。

$$\tau = C/k$$

式中,$\tau$ 为弹簧-阻尼系统的时间常数。

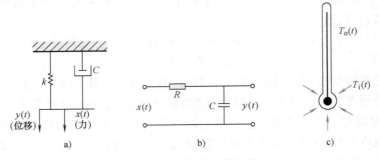

**图 3-16　一阶系统具体例子**

a) 弹簧–阻尼系统　b) RC 滤波电路　c) 液柱式温度计

$$S = 1/k$$

式中，$S$ 为系统灵敏度。

在 $RC$ 滤波电路中，$x(t)$ 为输入电压，$y(t)$ 为输出电压，则有

$$RC\frac{\mathrm{d}y(t)}{\mathrm{d}t} + y(t) = x(t) \tag{3-25}$$

式中，$R$ 为电阻值；$C$ 为电容值。

$$\tau = RC$$

式中，$\tau$ 为 $RC$ 滤波电路的时间常数。

液柱式温度计的输入信号即被测温度 $T_i(t)$，输出信号即示值温度 $T_o(t)$，则输入与输出间的关系为

$$\frac{T_o(t) - T_i(t)}{R} = C\frac{\mathrm{d}T_o(t)}{\mathrm{d}t} \tag{3-26}$$

式中，$R$ 为传导介质的热阻；$C$ 为温度计的热容量。

$$\tau = RC$$

式中，$\tau$ 为温度计时间常数。

一阶稳定测试系统用最一般形式的一阶微分方程表示为

$$a_1\frac{\mathrm{d}y(t)}{\mathrm{d}t} + a_0 y(t) = b_0 x(t) \tag{3-27}$$

可改写为

$$\tau\frac{\mathrm{d}y(t)}{\mathrm{d}t} + y(t) = Sx(t) \tag{3-28}$$

式中，$\tau$ 为系统时间常数，$\tau = a_1/a_0$，具有时间量纲；$S$ 为系统灵敏度，$S = b_0/a_0$。

对照式（3-4），并认为灵敏度 $S=1$，可写出一阶系统的传递函数和频率响应函数，即

$$H(s) = \frac{1}{\tau s + 1} \tag{3-29}$$

$$H(\omega) = \frac{1}{\mathrm{j}\tau\omega + 1} \tag{3-30}$$

其幅频、相频特性表达式为

$$A(\omega) = \frac{1}{\sqrt{1 + (\tau\omega)^2}} \tag{3-31}$$

$$\varphi(\omega) = -\arctan(\tau\omega) \tag{3-32}$$

其中，负号的意义是输出信号滞后于输入信号。

一阶系统博德图如图 3-13 所示；图 3-14 所示为一阶系统奈奎斯特图；图 3-12 所示为一阶系统的幅、相频率特性曲线。

一阶系统具有以下基本特性：

1）当激励频率 $\omega$ 远小于 $1/\tau$ 时（约 $\omega < 0.2/\tau$），$A(\omega)$ 接近于 1，表明输入、输出幅值几乎相等。当激励频率 $\omega$ 较大，即 $\tau\omega \gg 1$ 时，$H(\omega) \approx 1/(\mathrm{j}\omega\tau)$，与之相应的微分方程为

$$y(t) = \frac{1}{\tau} \int_0^t x(t)\,\mathrm{d}t \tag{3-33}$$

即输出与输入的积分成正比，系统相当于一个积分器。其中 $A(\omega)$ 几乎与激励频率成反比，相位滞后近 90°。故一阶系统也称为惯性系统，一阶测量装置适用于测量缓变或低频的被测量。

2）时间常数 $\tau$ 是一阶系统特性的重要参数，它决定了该装置适用的频率范围。

**2. 二阶系统**

图 3-17 所示为二阶系统实例，分别为测力弹簧秤、弹簧-质量-阻尼系统、$RLC$ 滤波电路。二阶系统可用二阶微分方程表示为

$$a_2 \frac{\mathrm{d}^2 y(t)}{\mathrm{d}t^2} + a_1 \frac{\mathrm{d}y(t)}{\mathrm{d}t} + a_0 y(t) = b_0 x(t) \tag{3-34}$$

式（3-34）可改写成

$$\frac{\mathrm{d}^2 y(t)}{\mathrm{d}t^2} + 2\zeta\omega_n \frac{\mathrm{d}y(t)}{\mathrm{d}t} + \omega_n^2 y(t) = S\omega_n^2 x(t) \tag{3-35}$$

式中，$S$ 为系统静态灵敏度，$S = \dfrac{b_0}{a_0}$；$\omega_n$ 为系统无阻尼固有频率（rad/s），$\omega_n = \sqrt{\dfrac{a_0}{a_2}}$；$\zeta$ 为系统阻尼比，$\zeta = \dfrac{a_1}{2\sqrt{a_0 a_2}}$。

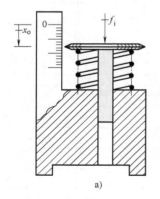 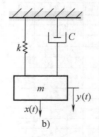 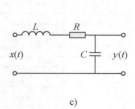

图 3-17 二阶系统实例

a）测力弹簧秤 b）弹簧-质量-阻尼系统 c）$RLC$ 滤波电路

令 $S = 1$，根据常微分方程与传递函数、频率响应函数的关系，可得

$$H(s) = \frac{\omega_n^2}{s^2 + 2\zeta\omega_n s + \omega_n^2} \tag{3-36}$$

$$H(\omega) = \frac{\omega_n^2}{(j\omega)^2 + 2\zeta\omega_n(j\omega) + \omega_n^2} \qquad (3\text{-}37)$$

二阶系统的幅频与相频特性分别为

$$A(\omega) = \frac{1}{\sqrt{\left[1 - \left(\dfrac{\omega}{\omega_n}\right)^2\right]^2 + 4\zeta^2\left(\dfrac{\omega}{\omega_n}\right)^2}} \qquad (3\text{-}38)$$

$$\varphi(\omega) = -\arctan\frac{2\zeta\dfrac{\omega}{\omega_n}}{1 - \left(\dfrac{\omega}{\omega_n}\right)^2}$$

图 3-18 所示为二阶系统的幅频及相频特性图，图 3-19 所示为二阶系统的博德图，图 3-20所示为其奈奎斯特图。

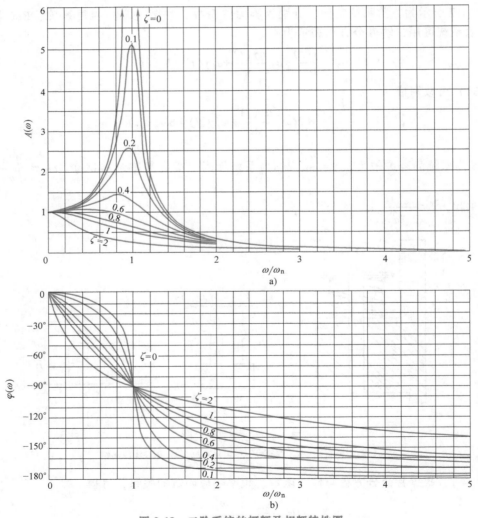

**图 3-18 二阶系统的幅频及相频特性图**

a) 幅频特性 b) 相频特性

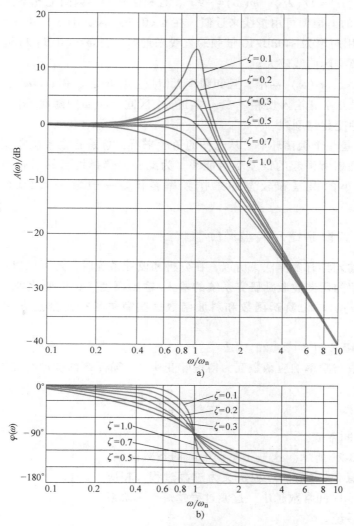

图 3-19　二阶系统的博德图

a）幅频特性　b）相频特性

二阶系统的特点如下：

1）当 $\omega \ll \omega_n$ 时，$H(\omega) \approx 1$；当 $\omega \gg \omega_n$ 时，$H(\omega) \to 0$。

2）影响二阶系统动态特性的参数是固有频率和阻尼比。然而在通常使用的频率范围中，又以固有频率的影响最为重要，所以二阶系统固有频率 $\omega_n$ 的选择应以其工作频率范围为依据。在 $\omega = \omega_n$ 附近，系统幅频特性受阻尼比的影响极大，且当 $\omega \approx \omega_n$ 时，系统发生共振。因此作为实用装置，极少选用这种频率关系。但这种关系在测定系统本身的参数时，却是很

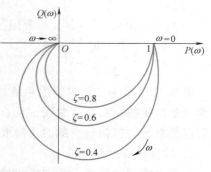

图 3-20　二阶系统的奈奎斯特图

重要的。这时，$A(\omega) = 1/(2\zeta)$，$\varphi(\omega) = -90°$，且相频特性不因阻尼比不同而改变。

3）二阶系统的博德图可用折线来近似。在 $\omega < 0.5\omega_n$ 段，$A(\omega)$ 可用 0dB 水平线近似。在 $\omega > 2\omega_n$ 段，可用斜率为 $-40$dB/10 倍频的直线来近似。在 $\omega \approx (0.5 \sim 2)\omega_n$ 区间，因共振现象，近似折线偏离实际曲线较大。

4）在 $\omega \ll \omega_n$ 段，$\varphi(\omega)$ 甚小，且和频率近似成正比增加。在 $\omega \gg \omega_n$ 段，$\varphi(\omega)$ 趋近于 $180°$，即输出信号几乎和输入反相。在 $\omega$ 靠近 $\omega_n$ 区间，$\varphi(\omega)$ 随频率的变化而剧烈变化，而且 $\zeta$ 越小，这种变化越剧烈。

5）二阶系统是一个振荡环节。从工作的角度来看，总是希望系统在宽广的频率范围内由于频率特性不理想所引起的误差尽可能小。为此，要选择恰当的固有频率和阻尼比的组合，以便获得较小的误差和较宽的工作频率范围。一般取 $\omega \leqslant (0.6 \sim 0.8)\omega_n$，$\zeta = 0.65 \sim 0.7$。

### 3.5.2 一阶、二阶系统对典型激励的响应

由于系统的输入具有多样性，所以，在分析和设计系统时，还可以以一些典型信号作为激励。除前面介绍的用谐波激励研究系统的输入/输出幅度、相位变化外，工程上还可通过单位脉冲函数 $\delta(t)$、单位阶跃函数和斜坡函数这些简单易行的激励方式来研究系统动态特性。

#### 1. 单位脉冲函数 $\delta(t)$ 激励的响应

脉冲响应函数与频率响应函数互为傅里叶变换。一阶系统的脉冲响应函数为

$$h(t) = \frac{1}{\tau}e^{-t/\tau} \tag{3-39}$$

式中，$\tau$ 为系统时间常数。

其图形如图 3-21 所示。这是一单调下降的指数曲线。将曲线衰减到初值 2% 之前的过程定义为过渡过程，相应的过渡时间为 $4\tau$。时间常数越小，过渡过程越短。一阶系统又称一阶惯性系统。

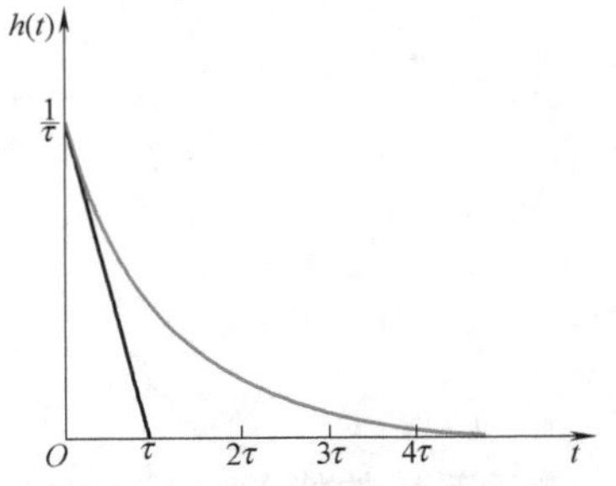

二阶系统的脉冲响应函数为

图 3-21　一阶系统的脉冲响应函数

$$h(t) = \frac{\omega_n}{\sqrt{1-\zeta^2}}e^{-\zeta\omega_n t}\sin\sqrt{1-\zeta^2}\,\omega_n t \qquad (\text{欠阻尼情况，} 0 < \zeta < 1)$$

$$h(t) = \omega_n^2 t e^{-\omega_n t} \qquad (\text{临界阻尼情况，} \zeta = 1) \tag{3-40}$$

$$h(t) = \frac{\omega_n}{2\sqrt{\zeta^2-1}}[e^{-(\zeta-\sqrt{\zeta^2-1})\omega_n t} - e^{-(\zeta+\sqrt{\zeta^2-1})\omega_n t}] \qquad (\text{过阻尼情况，} \zeta > 1)$$

图 3-22 所示为二阶欠阻尼系统的脉冲响应函数。由图可知，欠阻尼系数的单位脉冲响应曲线是减幅的正弦振荡曲线，且 $\zeta$ 越小，衰减越慢，振荡频率越大。故欠阻尼系统又称为二阶振荡系统，其幅值衰减的快慢取决于 $\zeta\omega_n$［$1/(\zeta\omega_n)$ 称为时间衰减常数，记为 $\sigma$］。

#### 2. 单位阶跃激励响应

工程上实现阶跃输入的方式比较简单易行，对系统突然加载或去载均属于阶跃输入。如将一根温度计突然插入一定温度的液体中，液体的温度即是一个阶跃输入。正因为如此，工

程上常采用阶跃输入来测量系统的动态特性。

数学上单位阶跃函数 $u(t)$ 和单位脉冲函数 $\delta(t)$ 具有如下关系：

$$u(t) = \int_{-\infty}^{t'} \delta(t)\,\mathrm{d}t \qquad (3\text{-}41)$$

根据定常线性系统的性质，系统在单位阶跃激励下的响应便等于系统对单位脉冲响应的积分。

经过计算推导，得出一阶系统对单位阶跃函数的响应为

$$y(t) = 1 - \mathrm{e}^{-\frac{t}{\tau}} \qquad (3\text{-}42)$$

其图形如图3-23所示。从图中可以看出时间常数$\tau$越小，系统达到稳态输出的时间越短。一般来说，一阶惯性系统的时间常数$\tau$应越小越好。

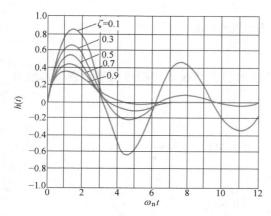

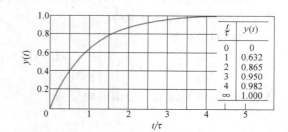

图3-22 二阶欠阻尼系统的脉冲响应函数　　　　图3-23 一阶系统对单位阶跃函数的响应

对于一个二阶系统，它对阶跃输入的响应函数可求得为

$$\begin{cases} y(t) = 1 - \dfrac{\mathrm{e}^{-\zeta\omega_n t}}{\sqrt{1-\zeta^2}}\sin\left(\sqrt{1-\zeta^2}\,\omega_n t + \varphi\right) & （欠阻尼情况） \\[3mm] y(t) = 1 - (1+\omega_n t)\mathrm{e}^{-\omega_n t} & （临界阻尼情况） \\[3mm] y(t) = 1 - \dfrac{\zeta+\sqrt{\zeta^2-1}}{2\sqrt{\zeta^2-1}}\mathrm{e}^{-(\zeta-\sqrt{\zeta^2-1})\omega_n t} + \dfrac{\zeta-\sqrt{\zeta^2-1}}{2\sqrt{\zeta^2-1}}\mathrm{e}^{-(\zeta+\sqrt{\zeta^2-1})\omega_n t} & （过阻尼情况） \end{cases} \quad (3\text{-}43)$$

其中

$$\varphi = \arctan\frac{\sqrt{1-\zeta^2}}{\zeta}$$

二阶装置对单位阶跃的响应如图3-24所示。从图中可以看出系统的响应在很大程度上取决于阻尼比$\zeta$和固有频率$\omega_n$。$\omega_n$越高，系统的响应越快，阻尼比$\zeta$直接影响系统超调量和振荡次数。当$\zeta=0$时，系统超调量为100%，系统持续振荡，达不到稳态。$\zeta>1$时，系统蜕化为两个一阶环节的串联，此时系统虽无超调（无振荡），但仍需较长时间才能达到稳态。对于欠阻尼情况，即$\zeta<1$时，若选择$\zeta$为0.6~0.8，最大超调量为2.5%~10%，对于2%~5%的允许误差，认为达到稳态的所需调整时间最短，为$(3\sim4)/(\zeta\omega_n)$。因此，许多装置在设计参数时也常将阻尼比选择在0.6~0.8之间。

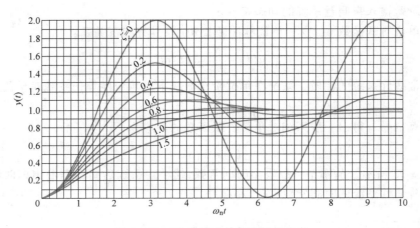

图 3-24　二阶装置对单位阶跃的响应

### 3. 单位斜坡输入下系统的响应函数

斜坡函数也可视为阶跃函数的积分，因此系统对单位斜坡输入的响应同样可通过系统对阶跃输入的响应的积分求得。

单位斜坡函数

$$R(t)=\begin{cases}0 & t<0 \\ t & t\geq0\end{cases} \tag{3-44}$$

经推导，一阶系统的单位斜坡响应为

$$y(t)=t-\tau(1-e^{-\frac{t}{\tau}}) \tag{3-45}$$

一阶系统的斜坡响应如图 3-25 所示。可以看到，由于输入量渐次增大，系统的输出也随之增大，但总滞后于输入一段时间，因此系统始终存在一个稳态误差。时间常数 $\tau$ 越小，这一误差也越小。

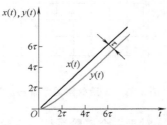

图 3-25　一阶系统的斜坡响应

二阶系统的斜坡输入响应为

$$\begin{cases} y(t)=t-\dfrac{2\zeta}{\omega_n}+\dfrac{e^{-\zeta\omega_n t}}{\omega_n\sqrt{1-\zeta^2}}\sin\left(\omega_n\sqrt{1-\zeta^2}\,t+\varphi\right) & \text{（欠阻尼情况）} \\[3mm] y(t)=t-\dfrac{2}{\omega_n}+\dfrac{2}{\omega_n}\left(1+\dfrac{\omega_n t}{2}\right)e^{-\omega_n t} & \text{（临界阻尼情况）} \\[3mm] y(t)=t-\dfrac{2}{\omega_n}+\dfrac{1+2\zeta\sqrt{\zeta^2-1}-2\zeta^2}{2\omega_n\sqrt{\zeta^2-1}}e^{-(\zeta+\sqrt{\zeta^2-1})\omega_n t} \\[3mm] \qquad-\dfrac{1-2\zeta\sqrt{\zeta^2-1}-2\zeta^2}{2\omega_n\sqrt{\zeta^2-1}}e^{-(\zeta-\sqrt{\zeta^2-1})\omega_n t} & \text{（过阻尼情况）} \end{cases} \tag{3-46}$$

其中

$$\varphi=\arctan\dfrac{2\zeta\sqrt{1-\zeta^2}}{2\zeta^2-1}$$

其响应函数的图形如图 3-26 所示。由图看出，与一阶系统类似，二阶系统的响应输出总是滞后于输入量一段时间，都有稳态误差。

从一阶和二阶系统对斜坡输入的响应式中可看到，函数式均包括三项，其中第一项等于输入，因此第二项和第三项即为系统动态误差。第二项仅与装置的特性参数 $\tau$ 或 $\omega_n$ 和 $\zeta$ 有关，而与时间 $t$ 无关，此项误差即为稳态误差。第三项规定的误差与时间 $t$ 有关，也均含有 $e^{-At}$ 因子，故当 $t \to \infty$ 时，此项趋于零。第二项的稳态误差随时间常数 $\tau$ 的增大或固有频率的减小和阻尼比 $\zeta$ 的增大而增大。

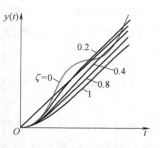

图 3-26 二阶系统的斜坡响应

## 3.6 系统对任意输入的响应

在系统传输特性，即 $H(s)$、$H(\omega)$、$h(t)$ 已知的情况下，系统对任意输入 $x(t)$ 的响应 $y(t)$ 如何？下面将来讨论这一问题。

图 3-27a 所示为一任意输入信号 $x(t)$，将其用一系列等间距 $\Delta\tau$ 划分的矩形条来逼近。在某一时刻 $\tau$ 的矩形条面积为 $x(\tau)\Delta\tau$。若 $\Delta\tau$ 充分小，则可近似将矩形条看作幅度为 $x(\tau)\Delta\tau$ 的脉冲对系统的输入。系统在该时刻的响应则为 $[x(\tau)\Delta\tau]h(t-\tau)$，如图 3-27b 所示。

系统在 $t$ 时刻对输入 $x(t)$ 的响应应等于系统在 $0\sim t$ 时刻内对所有脉冲输入的响应之和，如图 3-27b 所示，即

$$y(t) \approx \sum_{\tau=0}^{t} x(\tau)h(t-\tau)\Delta\tau \tag{3-47}$$

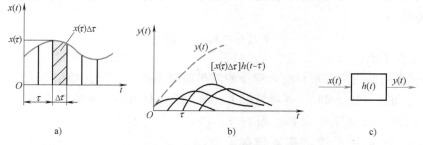

图 3-27 系统任意输入及其响应

a）一任意输入信号 b）响应 c）系统传输

当 $\Delta\tau \to 0$，对式（3-47）取极限得

$$y(t) = \lim_{\Delta\tau \to 0} \sum_{\tau=0}^{t} x(\tau)h(t-\tau)\Delta\tau = \int_0^t x(\tau)h(t-\tau)\,\mathrm{d}\tau \tag{3-48}$$

由于输入是从 $t=0$ 开始的，即当 $\tau<0$ 时，$x(t)=0$，故积分下限可换为 $-\infty$，于是有

$$y(t) = \int_{-\infty}^{t} x(\tau)h(t-\tau)\,\mathrm{d}\tau \tag{3-49}$$

对实际系统，脉冲响应只能产生在脉冲输入之后，在 $\tau$ 时刻之前是没有响应的，即 $t < \tau$ 时，$h(t-\tau) = 0$。因此积分上限可换为 $\infty$，于是有

$$y(t) = \int_{-\infty}^{\infty} x(\tau)h(t-\tau)\,\mathrm{d}\tau \tag{3-50}$$

此即两函数 $x(t)$ 与 $h(t)$ 的卷积。即

$$y(t) = x(t) * h(t) \tag{3-51}$$

式（3-51）表明，从时域看，系统对任意输入信号的响应是该输入信号与系统脉冲响应函数的卷积。它是系统输入-输出关系的最基本表达式。但是，卷积计算却是一件麻烦事。即使使用计算机做离散数字卷积计算，其工作量也相当大。

在时域中求系统的响应时要进行卷积运算，常采用计算机进行离散数字卷积计算，一般计算量较大。事实上，利用 $h(t)$ 同 $H(s)$、$H(\omega)$ 的关系，以及输入信号的拉普拉斯变换、傅里叶变换和卷积定理，可以将卷积运算变换成复数域、频率域的乘法运算，从而大大简化计算工作。即

$$\left.\begin{array}{l} Y(s) = X(s)H(s) \\ Y(\omega) = X(\omega)H(\omega) \end{array}\right\} \tag{3-52}$$

式（3-52）符合系统传递函数和频率响应函数的定义，也蕴涵着线性时不变系统频率保持性的意义。

## 3.7 系统不失真条件

系统中的任何一个环节都要求其输出精确地反映输入的变化。因此对于一个理想的系统来说，必须能够精确地复制被测信号的波形，且在时间上没有任何延时。实际上，许多系统通过精心设计能够满足波形不失真的要求，即幅值放大倍数为常数，但没有任何延时则几乎是不可能的，因为总存在时间上的滞后。因此对于实际的系统来说，若其输出 $y(t)$ 与输入 $x(t)$ 满足关系

$$y(t) = A_0 x(t-t_0) \tag{3-53}$$

式中，$A_0$、$t_0$ 为常数。

则表明该测试系统的输出波形与输入信号的波形精确地一致，只是幅值放大了 $A_0$ 倍，在时间上延迟了 $t_0$ 而已（图3-28）。这种情况下，认为系统具有不失真的特性。

对式（3-53）做傅里叶变换，则有 $Y(\omega) = A_0 \mathrm{e}^{-\mathrm{j}\omega t_0} X(\omega)$，考虑到系统的实际情况，当 $t < 0$ 时，$x(t) = 0$，$y(t) = 0$，于是该系统的频率响应函数为

$$H(\omega) = A_0 \mathrm{e}^{-\mathrm{j}\omega t_0} \tag{3-54}$$

由此可见，若要系统的输出波形不失真，则其幅频特性和相频特性应分别满足

$$A(\omega) = A_0 = 常数$$
$$\varphi(\omega) = -\omega t_0 \tag{3-55}$$

如果一个系统满足上述的时域或频域传递特

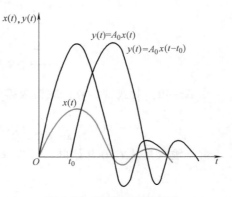

图3-28 波形不失真复现

性，即它的幅频特性为一常数，相频特性与频率呈线性关系，那么便称该系统是一个精确的或不失真的系统。

反之，不满足式（3-55）的系统为失真系统。$A(\omega)$ 不等于常数时所引起的失真称为幅值失真，$\varphi(\omega)$ 与 $\omega$ 之间的非线性关系所引起的失真称为相位失真。即

幅值失真

$$\left.\begin{array}{c} \Delta_A = \dfrac{A_0 - A(\omega)}{A_0} \times 100\% \\[4mm] \Delta_\varphi = \dfrac{\varphi(\omega) + \omega t_0}{\omega_{max} t_0 - \omega_{min} t_0} \times 100\% \end{array}\right\} \tag{3-56}$$

相位失真

应当指出，满足式（3-55）不失真条件后，装置的输出仍滞后于输入一定的时间。如果系统的目的只是精确地反映输入波形，那么上述条件完全满足不失真的要求。如果系统输出的结果要用来作为反馈控制信号，那么还应当注意到输出对输入的时间滞后有可能破坏系统的稳定性。这时应根据具体要求，力求减小时间滞后。

实际测量装置不可能在非常宽广的频率范围内都满足式（3-56）的要求，所以通常测量装置既会产生幅值失真，也会产生相位失真。四个不同频率的信号通过一个具有 $A(\omega)$ 和 $\varphi(\omega)$ 特性的装置后的输出信号如图 3-29 所示。四个输入信号都是正弦信号（包括直流信号），在某参考时刻 $t=0$，初相位均为零。图中形象地显示出各输出信号相对输入信号有不同的幅值增益和相位滞后。

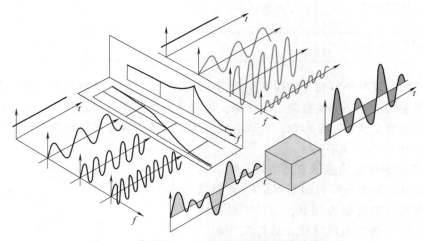

图 3-29　信号中不同频率成分通过系统后的输出

对于单一频率成分的信号，因为通常线性系统具有频率保持性，只要其幅值未进入非线性区，输出信号的频率也是单一的，也就无所谓失真问题。对于含有多种频率成分的，显然既引起幅值失真，又引起相位失真。

对系统测量环节，即使在某一频率范围内工作，也难以完全理想地实现不失真测量。人们只能努力把波形失真限制在一定的误差范围内。为此，首先要选用合适的测量装置，在测量频率范围内，其幅、相频率特性接近不失真测试条件。其次，对输入信号做必要的前置处理，及时滤去非信号频带内的噪声。

在选择装置特性时也应分析并权衡幅值失真、相位失真对测量的影响。例如在振动测量中，有时只要求了解振动中的频率成分及其强度，并不关心其确切的波形变化，只要求了解

其幅值谱而对相位谱无要求。这时首先要注意的应是测量装置的幅频特性。又如某些测量要求测得特定波形的延迟时间，这时对测量装置的相频特性就应有严格的要求，以减小相位失真引起的测试误差。

从实现系统不失真条件和其他工作性能综合来看，对一阶装置而言，如果时间常数越小，则装置的响应越快，近似于满足测试不失真条件的频带也越宽（图3-12）。所以一阶装置的时间常数，原则上越小越好。

对于二阶装置，其特性曲线上有两个频段值得注意（图3-18）。在 $\omega < 0.3\omega_n$ 范围内，$\varphi(\omega)$ 的数值较小，且 $\varphi(\omega) - \omega$ 特性曲线接近直线。$A(\omega)$ 在该频率范围内的变化不超过10%，若用于测量，则波形输出失真很小。在 $\omega > (2.5 \sim 3)\omega_n$ 范围内，$\varphi(\omega)$ 接近180°，且随 $\omega$ 变化很小。此时如在实际测量电路中或数据处理中减去固定相位差或把测量信号反相180°，则其相频特性基本上满足不失真测量条件。但是此时输出幅值太小。若二阶系统输入信号的频率 $\omega$ 在 $(0.3\omega_n, 2.5\omega_n)$ 区间内，装置的频率特性受 $\zeta$ 的影响很大，需做具体分析。一般来说，在 $\zeta > 0.6 \sim 0.8$ 时，可以获得较为合适的综合特性。计算表明，对二阶系统，当 $\zeta = 0.707$ 时，在 $0 \sim 0.58\omega_n$ 的频率范围内，幅频特性 $A(\omega)$ 的变化不超过5%，同时相频特性 $\varphi(\omega)$ 也接近于直线，因而所产生的相位失真也很小。

系统中，任何一个环节产生的波形失真，必然会引起整个系统最终输出波形失真。虽然各环节失真对最后波形的失真影响程度不一样，但是原则上在信号频带内都应使每个环节基本上满足不失真的要求。

## 3.8 系统负载效应

组成系统的内部各环节相互连接存在相互作用关系，后续环节会从前一环节吸收和消耗能量，直接影响到前一环节信息输出的结果，这就是测控系统的负载效应。同时由于各环节之间彼此存在能量交换和相互影响，以致系统的传递函数不再是各组成环节传递函数的简单叠加（并联）或连乘（串联）。

图3-30所示为电阻传感器直流测量电路，以此例来看负载效应对测量结果的影响。$R_2$ 是阻值随被测物理量变化的电阻传感器，通过测量直流电路将电阻变化转换为电压变化，通过电压表进行显示。未接入电压表测量电路时，电阻 $R_2$ 上的电压降为

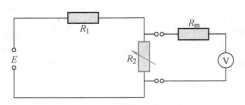

图3-30　电阻传感器直流测量电路

$$U_0 = ER_2 / (R_2 + R_1) \qquad (3-57)$$

接入电压表测量电路时，电阻 $R_2$ 上的电压降为

$$U_1 = ER_2R_m / [R_1(R_m + R_2) + R_mR_2] \qquad (3-58)$$

这种负载效应的影响程度可做进一步定量计算，令 $R_1 = 100\text{k}\Omega$、$R_2 = 150\text{k}\Omega$、$R_m = 150\text{k}\Omega$，$E = 150\text{V}$。代入式（3-57）和式（3-58）计算，得到 $U_0 = 90\text{V}$，$U_1 = 64.3\text{V}$，误差达到28.6%。若将电压表测量电路负载电阻加大到 $1\text{M}\Omega$，则 $U_1 = 84.9\text{V}$，误差减小到5.76%。此例充分说明了负载效应对测量结果的影响是很大的。

两个低通滤波器（一阶系统）串联使用的情况，如图3-31所示。两个一阶环节的传递

函数分别是

$$H_1(s) = \frac{1}{1+\tau_1 s}, \quad \tau_1 = R_1 C_1 \tag{3-59}$$

$$H_2(s) = \frac{1}{1+\tau_2 s}, \quad \tau_2 = R_2 C_2 \tag{3-60}$$

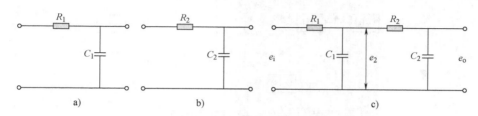

图 3-31 两个一阶环节的连接

a）低通滤波器一 b）低通滤波器二 c）串联系统

经分析推导，连接后的传递函数为

$$H(s) = \frac{1}{1+(\tau_1+\tau_2+R_1 C_2)s+\tau_1\tau_2 s^2} \tag{3-61}$$

显然
$$H(s) \neq H_1(s)H_2(s)$$

负载效应还会导致系统固有频率的偏移。将一个振动传感器连接到研究对象上时，传感器壳体的质量将附加到研究对象上，如图 3-32 所示。一方面这种附加质量会导致系统固有频率的变化；另一方面，连接点的连接刚度（胶粘、螺纹、接触面的弹性形变）也可等效为一个弹簧，这种弹簧和壳体质量共同形成了附加的质量-弹簧振动系统，使系统的自由度数增加，引入了新的固有频率。原则上在研究对象上连接测量传感器以后就再也不能精确地测出该研究对象的固有频率，也就不能精确地测出其动态特性。

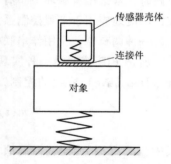

图 3-32 传感器与对象连接时所形成的附加自由度

负载效应不可避免，但工程中的问题并不追求理论上的绝对精确，而往往追求实用的、足够精度的近似，以及相应的技术措施。减小负载效应误差的措施有：

1）提高后续环节（负载）的输入阻抗。

2）在原来两个相连接的环节中，插入高输入阻抗、低输出阻抗的放大器，以便减小从前一环节吸取的能量，减轻负载效应的影响。

3）使用反馈或零点测量原理，使后面环节几乎不从前面环节吸取能量。

总之，在组成系统时，要充分考虑各组成环节之间连接时的负载效应，并合理地加以解决，尽可能地减小负载效应的影响。

## 3.9 系统校正

在测控系统中，往往强调系统输出是否达到了预定的目标及精度。为此，可考虑对原已选定的系统增加些必要的元件或环节，以改善系统性能，使系统能够全面地满足所要求的性能指标，即对系统进行校正（或称为调节）。根据校正环节 $G_c(s)$ 在系统中的连接方式，校正环节分为串联校正、反馈校正和顺馈校正等，如图 3-33 所示。

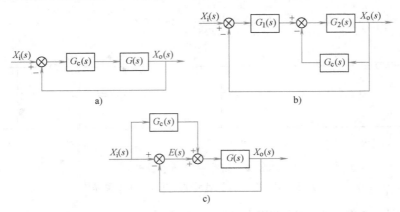

图 3-33　几种不同的校正方式

a）串联校正　b）反馈校正　c）顺馈校正

校正环节根据组成不同又分无源校正环节和有源校正环节。无源校正环节是由电阻和电容组成的网络，结构简单，但其本身没有放大作用，而且输入阻抗低，输出阻抗高。当系统要求较高时，常采用有源环节。有源环节一般由运算放大器和电阻、电容组成的反馈网络连接而成，广泛地应用于工程控制系统中，常称为调节器。其中 PID 调节器（校正器）是应用最广泛的一种调节器，常用作串联校正环节。本节主要介绍 PID 调节器的控制原理和规律。

所谓 PID 控制是一种实现对偏差 $\varepsilon(t)$ 进行比例（Proportional）、积分（Integral）和微分（Derivative）变换的控制，即

$$m(t)=K_p\left[\varepsilon(t)+\frac{1}{T_i}\int_0^t\varepsilon(\tau)\,\mathrm{d}\tau+T_d\frac{\mathrm{d}\varepsilon(t)}{\mathrm{d}t}\right] \tag{3-62}$$

式中，$K_p\varepsilon(t)$ 为比例控制项，$K_p$ 为比例系数；$\dfrac{1}{T_i}\displaystyle\int_0^t\varepsilon(\tau)\,\mathrm{d}\tau$ 为积分控制项，$T_i$ 为积分时间常数；$T_d\dfrac{\mathrm{d}\varepsilon(t)}{\mathrm{d}t}$ 为微分控制项，$T_d$ 为微分时间常数。

比例控制项与微分、积分控制项的不同组合可分别构成 PD、PI 和 PID 三种调节器。

### 1. PD 调节器

PD 调节器的控制结构框图如图 3-34 所示。其控制规律可表示为

$$m(t)=K_p\left[\varepsilon(t)+T_d\frac{\mathrm{d}\varepsilon(t)}{\mathrm{d}t}\right] \tag{3-63}$$

传递函数为

$$G_c=K_p(1+T_ds) \tag{3-64}$$

$K_p=1$ 时的频率特性为

$$G_c(\mathrm{j}\omega)=1+\mathrm{j}T_d\omega \tag{3-65}$$

对应的博德图如图 3-35 所示。显然，PD 校正使相位超前。其控制作用可用图 3-36 来说明。由

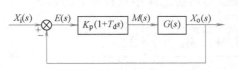

图 3-34　PD 调节器的控制结构框图

图可见，未校正系统虽然稳定，但稳定裕量较小。当采用 PD 控制后，相位裕量增加，稳定性增强；幅值穿越频率 $\omega_c$ 增加，系统快速性提高。所以，PD 控制提高了系统的动态性能。从图上也可以看出其高频增益上升，抗干扰能力将会有所减弱。

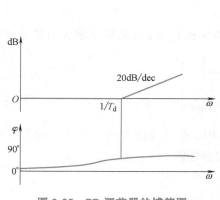

图 3-35 PD 调节器的博德图

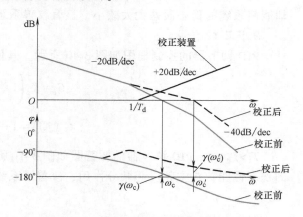

图 3-36 PD 调节器的控制作用示意图

比例微分校正虽然使系统抗高频干扰能力有所下降，但它使系统的稳定性和快速性得以改善。

2. PI 调节器

PI 调节器的控制框图如图 3-37 所示。其控制规律和传递函数分别为

$$m(t) = K_p \left[ \varepsilon(t) + \frac{1}{T_i} \int_0^t \varepsilon(\tau) \mathrm{d}\tau \right] \quad (3\text{-}66)$$

$$G_c = K_p \left( 1 + \frac{1}{T_i} s \right) \quad (3\text{-}67)$$

图 3-37 PI 调节器的控制框图

$K_p = 1$ 时的频率特性为

$$G_c(\mathrm{j}\omega) = \frac{1 + \mathrm{j}T_i\omega}{\mathrm{j}T_i\omega} \quad (3\text{-}68)$$

对应的博德图如图 3-38 所示。显然，PI 校正使相位滞后。图 3-39 所示为 PI 调节器的

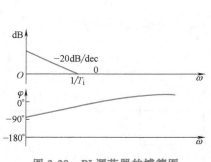

图 3-38 PI 调节器的博德图

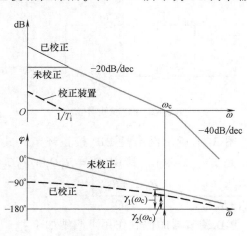

图 3-39 PI 调节器的控制作用

控制作用。由图可见，增加比例积分校正装置后，系统的稳态误差得以消除或减少，但相位裕量有所减少，稳定程度变差。因此，只有稳定裕量足够大时才能采用这种控制。

比例积分校正虽然对系统的动态性能有一定的副作用，使系统的相对稳定性变差，但它却能使系统的稳态误差大大减小，显著改善系统的稳态性能。

### 3. PID 调节器

PID 调节器的控制框图如图 3-40 所示。其传递函数和 $K_p = 1$ 时的频率响应函数分别为

$$G_c = K_p \left( 1 + \frac{1}{T_i s} + T_d s \right) \tag{3-69}$$

$$G_c(j\omega) = 1 + \frac{1}{jT_i \omega} + jT_d \omega \tag{3-70}$$

$T_i > T_d$ 时，PID 调节器的博德图如图 3-41 所示。PID 在低频段起积分作用，改善了系统的稳态性能；在中频段起微分作用，改善了系统的动态性能。

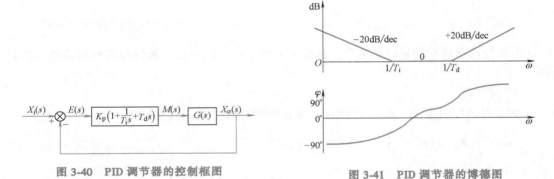

图 3-40　PID 调节器的控制框图

图 3-41　PID 调节器的博德图

PID 控制规律可用有源校正环节来实现，它由运算放大器和 $RC$ 网络组成。图 3-42 所示网络是 PD 校正环节，其传递函数即是式（3-64），其中 $T_d = R_1 C_1$，$K_p = R_2 / R_1$。

图 3-43 所示网络是 PI 校正环节，其传递函数即是式（3-67），其中 $T_i = R_2 C_2$，$K_p = R_2 / R_1$。

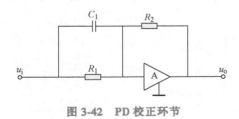

图 3-42　PD 校正环节

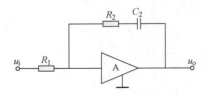

图 3-43　PI 校正环节

图 3-44 所示网络是 PID 校正环节，其传递函数即是式（3-69），其中 $T_i = R_1 C_1 + R_2 C_2$，$T_d = \dfrac{R_1 C_1 R_2 C_2}{R_1 C_1 + R_2 C_2}$，$K_p = \dfrac{R_1 C_1 + R_2 C_2}{R_1 C_2}$。

PID 调节器的控制作用可归纳如下：

1）比例系数 $K_p$ 直接决定控制作用的强弱，

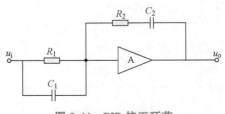

图 3-44　PID 校正环节

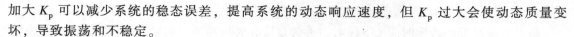

加大 $K_p$ 可以减少系统的稳态误差，提高系统的动态响应速度，但 $K_p$ 过大会使动态质量变坏，导致振荡和不稳定。

2）在比例调节的基础上加上积分控制可以消除系统的稳态误差，因为只要有偏差存在，它的积分所产生的控制量总是用来消除稳态误差，直到积分值为零，控制作用才停止。但使系统的动态过程变缓。

3）微分的控制作用是跟偏差的变化速度有关的。微分控制能够预测偏差，产生超前的校正作用，有助于减少超调，克服振荡，使系统趋于稳定，并能加快系统的响应速度，改善动态性能。微分作用的不足之处是放大了噪声信号。

PID 控制原理简单、使用方便、适应性强，广泛应用于机电控制系统。同时 PID 调节器鲁棒性强，即其控制品质对环境条件变化和被控制对象参数的变化不太敏感。在合理地优化 $K_p$、$T_i$ 和 $T_d$ 参数后，可以使系统具有高稳定性、快速响应性、无残差等理想的性能。在使用 PI 或者 PD 控制器就能满足性能要求的情况下，往往选 PI 或者 PD 控制器以简化设计。

## 3.10  系统的干扰源和抗干扰性设计

测控系统中，除测量和控制信号以外，可能会存在各种不可见的随机干扰。这些干扰成为与有用信号叠加在一起的噪声，严重歪曲测量和控制结果。显然，一个系统抗干扰能力的大小在很大程度上决定了该系统的可靠性，是测控系统重要特性之一。因此，认识干扰源、重视抗干扰设计是测控工作中不可忽视的问题。

### 3.10.1  系统干扰源

测控装置的干扰来自多方面。机械振动或冲击会对测量装置（尤其传感器）产生严重的干扰；外界光线对测量装置中的光敏半导体器件会产生干扰；温度的变化会导致电路参数的变动等。干扰窜入测量装置有三条主要途径：

（1）电磁干扰  干扰以电磁波辐射的方式经空间窜入系统，包括外界背景光干扰。

（2）信道干扰  信号在传输过程中，通道中各元器件产生的噪声或非线性畸变所造成的干扰。

（3）电源干扰  这是由于电源波动、市电电网干扰信号的窜入以及装置供电电源电路内阻引起各单元电路相互耦合造成的干扰。

一般说来，良好的屏蔽及正确的接地可除去大部分的电磁波干扰。而绝大部分测量装置都需要供电，所以外部电网对装置的干扰以及装置内部通过电源内阻相互耦合造成的干扰对装置的影响最大。因此，如何克服通过电源造成的干扰应重点注意。

### 3.10.2  供电系统干扰及抗干扰措施

由于供电电网针对各种用户，因此电网上并联着各种各样的用电器。用电器（特别是感应性用电器，如大功率电动机）在开、关机时都会给电网带来强度不一的电压跳变。这种跳变的持续时间很短，人们称之为尖峰电压。在有大功率耗电设备的电网中，经常可以检测到在供电的 50Hz 正弦波上叠加着有害的 1000V 以上的尖峰电压。它会影响系统的正常工作。

### 1. 电网电源噪声

供电电压跳变的持续时间 $\Delta t > 1s$ 者，称为过压和欠压噪声。供电电网内阻过大或网内用电器过多会造成欠压噪声。三相供电零线开路可能造成某相过压。

供电电压跳变的持续时间 $1s > \Delta t > 1ms$ 者，称为浪涌和下陷噪声。它主要产生于感应性用电器（如大功率电动机）在开、关时所产生的感应电动势。

供电电压跳变的持续时间 $\Delta t < 1ms$ 者，称为尖峰噪声。这类噪声产生的原因较复杂，用电器间断的通断产生的高频分量、汽车点火器所产生的高频干扰耦合到电网，电网都可能产生尖峰噪声。

### 2. 供电系统的抗干扰措施

供电系统常采用下列几种抗干扰措施：

（1）交流稳压器　它可消除过压、欠压造成的影响，保证供电的稳定。

（2）隔离稳压器　由于浪涌和尖峰噪声主要成分是高频分量，它们不通过变压器线圈之间的互感耦合，而是通过线圈间寄生电容耦合的。隔离稳压器一、二次侧间用屏蔽层隔离，减少级间耦合电容，从而减少高频噪声的窜入。

（3）低通滤波器　它可滤去大于 50Hz 市电基波的高频干扰。对于 50Hz 市电基波，则通过整流滤波后也完全滤除。

（4）独立功能块单独供电　电路设计时，有意识地把各种不同功能的电路（如前置、放大、A-D 等电路）单独设置供电系统电源。这样可以基本消除各单元电路因共用电源而引起相互耦合所造成的干扰。

## 3.10.3　信道干扰及抗干扰措施

### 1. 信道干扰的种类

信道干扰有下列几种：

（1）信号通道元器件噪声干扰　它是由于测量通道中各种电子元器件所产生的热噪声（如电阻器的热噪声、半导体元器件的散粒噪声等）而造成的。

（2）信号通道中信号的窜扰　元器件排放位置和电路板信号走向不合理会造成这种干扰。

（3）长线传输干扰　对于高频信号来说，当传输距离与信号波长可比时，应该考虑此种干扰的影响。

### 2. 信道的抗干扰措施

信号通道通常采用下列一些抗干扰措施：

1）合理选用元器件和设计方案。如尽量采用低噪声材料、放大器采用低噪声设计、根据测量信号频谱合理选择滤波器等。

2）印制电路板设计时元器件排放要合理。小信号区与大信号区要明确分开，并尽可能地远离；输出线与输入线避免靠近或平行；有可能产生电磁辐射的元器件（如大电感元件、变压器等）尽可能地远离输入端；合理地接地和屏蔽。

3）在有一定传输长度的信号输出中，尤其是数字信号的传输可采用光耦合隔离技术、双绞线传输。双绞线可最大可能地降低电磁干扰的影响。对于远距离的数据传送，可采用平衡输出驱动器和平衡输入的接收器。

### 3.10.4　接地设计

系统电路中地线是所有电路公共的零电平参考点。理论上，地线上所有位置的电平应该相同。然而，由于各个地点之间必须用具有一定电阻的导线连接，一旦有地电流流过时，就有可能使各个地点的电位产生差异。同时，地线是所有信号的公共点，所有信号电流都要经过地线。这就可能产生公共地电阻的耦合干扰。地线的多点相连也会产生环路电流。环路电流会与其他电路产生耦合。所以，认真设计地线和接地点对于系统的稳定是十分重要的。

常用的接地方式有下列几种可供选择。

#### 1. 单点接地

各单元电路的地点接在一点上，称为单点接地。其优点是不存在环形地回路，因而不存在环路地电流。各单元电路地点电位只与本电路的地电流及接地电阻有关，相互干扰较小。

#### 2. 串联接地

各单元电路的地点按顺序连接在一条公共的地线上，称为串联接地。每个电路的地电位都受到其他电路的影响，干扰通过公共地线相互耦合。虽然接法不合理，但因接法简便，还是常被采用。采用时应注意：

1) 小信号电路尽可能靠近电源，即靠近真正的地点。
2) 所有地线尽可能粗些，以降低地线电阻。

#### 3. 多点接地

做电路板时把尽可能多的地方做成地，或者说，把地做成一片，这样就有尽可能宽的接地母线及尽可能低的接地电阻。各单元电路就近接到接地母线。接地母线的一端接到供电电源的地线上，形成工作接地。

#### 4. 模拟地和数字地

现代测控系统都同时具有模拟电路和数字电路。由于数字电路在开关状态下工作，电流起伏波动大，很有可能通过地线干扰模拟电路。如有可能，应采用两套整流电路分别供电模拟电路和数字电路，它们之间采用光耦合器耦合。

## 习　　题

3-1　已知某线性装置 $A(\omega)=\dfrac{1}{\sqrt{1+0.01\omega^2}}$，$\varphi(\omega)=-\arctan0.1\omega$，现测得该系统稳态输出 $y(t)=10\sin(30t-45°)$，试求系统的输入信号 $x(t)$。

3-2　某测量装置的频率响应函数为 $H(\omega)=\dfrac{1}{1+0.05\mathrm{j}\omega}$。

（1）该系统是什么系统？

（2）若输入周期信号 $x(t)=2\cos10t+0.8\cos(100t-30°)$，试求其稳态响应 $y(t)$。

3-3　某二阶测量系统的频率响应函数为

$$H(\omega) = \frac{1}{1 - \left(\dfrac{\omega}{\omega_n}\right)^2 + 0.5j\left(\dfrac{\omega}{\omega_n}\right)}$$

将 $x(t) = \cos\left(\omega_0 t + \dfrac{\pi}{2}\right) + 0.5\cos(2\omega_0 t + \pi) + 0.2\cos\left(4\omega_0 t + \dfrac{\pi}{6}\right)$ 输入此系统，假定 $\omega_0 = 0.5\omega_n$，试求将信号 $x(t)$ 输入该系统后的稳态响应 $y(t)$。

3-4　用时间常数为 0.5 的一阶装置进行测量，若被测参数按正弦规律变化，且要求装置指示值的幅值误差小于 2%，则被测参数变化的最高频率是多少？如果被测参数的周期是 2s 和 5s，问幅值误差是多少？

3-5　用时间常数为 2s 的一阶装置测量烤箱内的温度，箱内的温度近似地按周期为 160s 做正弦规律变化，且温度在 500～1000℃ 范围内变化，试求该装置所指示的最大值和最小值。

3-6　将温度计从 20℃ 的空气中突然插入 100℃ 的水中，若温度计的时间常数 $\tau = 2.5s$，则 2s 后的温度计指示值是多少？

3-7　有一个传感器，其微分方程为 $30\dfrac{dy}{dt} + 3y = 0.15x$，其中，$y$ 为输出电压（mV），$x$ 为输入温度（℃），试求传感器的时间常数和静态灵敏度 $S$。

3-8　已知某二阶系统传感器的固有频率 $f_0 = 20\text{kHz}$，阻尼比 $\zeta = 0.1$，若要求该系统的输出幅值误差小于 3%，试确定该传感器的工作频率范围。

3-9　一测试装置的幅频特性如图 3-45 所示，相频特性为 $\omega = 125.5\text{rad/s}$ 时，相移 75°；$\omega = 150.6\text{rad/s}$ 时，相移 180°。若用该装置测量下面两个复杂周期信号：

（1）$x_1(t) = A_1\sin 125.5t + A_2\sin 150.6t$

（2）$x_2(t) = A_3\sin 626t + A_4\sin 700t$

试问，该装置对 $x_1(t)$ 和 $x_2(t)$ 能否实现不失真测量？为什么？

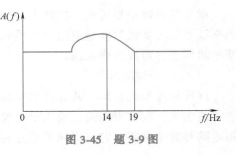

图 3-45　题 3-9 图

3-10　试求传递函数分别为 $H_1(s) = \dfrac{1}{3.5s + 0.5}$ 和 $H_2(s) = \dfrac{41\omega_n^2}{s^2 + 1.4\omega_n s + \omega_n^2}$ 的两个环节串联后组成的系统的总灵敏度（不考虑负载效应）。

# 第 **4** 章

# 信号处理基础

▶ **本章主要内容** ▐▐▐

　　信号处理分为模拟信号处理和数字信号处理。模拟信号处理的方法主要包括信号放大、调制与解调、滤波处理等。通过信号放大及调制与解调处理，解决微弱缓变测试信号的放大、传输问题，主要介绍了幅度调制（调幅）与解调的原理，从时域波形、频谱分析和数学模型三个方面深入对比了信号调幅与解调的过程，以及调幅与解调可能出现的问题和应对措施。滤波器是一种选频装置，可以使信号中特定频率成分通过，而极大地衰减其他频率成分，滤波器分为低通、高通、带通、带阻等类型，分析了理想滤波器的特点，介绍实际滤波器的基本参数和 RC 滤波器的基本特性。从传感器获取的信号大部分为模拟信号，为便于计算机处理，需要将模拟信号转变为数字信号，本章数字信号处理部分重点介绍了信号的 A-D 转换、D-A 转换过程和处理方法，信号时域采样及采样定理，对于时域历程较长的信号，在数字化过程中需要进行截断处理，分析了信号截断与能量泄漏问题，并对比了信号截断的不同窗函数的特点和选用方法。离散傅里叶变换（DFT）是数字信号处理中重要的方法，本章对 DFT 的特点和在时域、频域进行了分析，最后介绍了几种常见的数字信号处理方法。通过对模拟信号和数字信号处理方法的学习，为构建面向工程应用的传感测量和控制系统打下基础。

## 4.1 概述

　　信号处理是对信号进行提取、变换、分析、综合等处理过程的统称。本章信号处理的目的主要包括：①分离信号和噪声，提高信噪比；②从信号中提取有用的特征信息；③修正测试系统的某些误差，如传感器的线性误差、温度影响等；④把信号转变为易于输出、传输的信号，如信号放大、调制和解调等。信号处理分为模拟信号处理和数字信号处理两类。

## 4.2 模拟信号处理基础

### 4.2.1 模拟信号处理概述

模拟信号处理是直接对连续信号进行分析处理的过程，是利用一定的数学模型所组成的运算网络来实现的。传感器输出的信号种类繁多，信号强度差异较大，许多都难以被显示、记录或分析仪器直接接收。例如：大多数传感器输出的电信号很微弱，需要进一步放大；有些传感器输出的是电阻、电容等电参量，需要转换为后续设备能够识别的电压量；若测试工作仅对部分频段的信号感兴趣，则可以从输出信号中分离出所需的频率成分，由后续环节进行更进一步的分析和处理；对于数字式仪器、仪表和计算机来说，模拟信号处理也是必不可少的，只有经过模拟信号的预处理，才能与 A-D 等转换设备相匹配。综上所述，采用模拟信号处理技术对传感器输出信号进行预处理，是传感器到显示、记录或数字化分析仪器的前向通道中必不可少的重要环节，常称为信号调理。常用的信号调理环节有：电桥、放大器、滤波器、调制器与解调器等。

由于电桥已在信号传感部分介绍过，本节主要介绍信号放大、调制解调、滤波等模拟信号处理的基本知识。

### 4.2.2 信号放大

信号放大的目的是将传感器输出的微弱信号进行放大，以达到后续处理的要求。为了保证测量精度的要求，放大电路应具有如下性能：

1）足够的放大倍数。

2）高输入阻抗，低输出阻抗。

3）高共模抑制能力。

4）低漂移、低噪声、低失调电压和电流。

放大器分为直流放大器、交流放大器和电荷放大器。它们的特性比较见表 4-1。

表 4-1 放大器特性比较

| 放大器类型 | 特 点 | 传感器典型应用 |
|---|---|---|
| 直流放大器 | 对信号电压的大小放大，信号在某一电平上下波动 | 缓变信号传感器，如电阻应变计、电阻式传感器、铂热电阻测温传感器等 |
| 交流放大器 | 对信号电压的大小的变化放大，信号在零点上下波动 | 动态信号传感器，如差动变压器，电容式、电感式传感器等 |
| 电荷放大器 | 对电荷信号直接放大 | 压电式传感器 |

放大器的放大倍数是关键的参数。其中，直流放大器的工作点会随温度等的变化而波动（即零漂），电路的稳定性成为设计的重点；交流放大器的工作点保持在 0 不变，信号在 0 上下波动变化，温漂影响小，电路的稳定性好，结构简单；电荷放大器是一种特殊的放大器，设计中使输出电压随传感器电荷的变化而变化，主要应用在压电式传感器中。

### 4.2.3 调制解调

有些被测物理量，如温度、位移、力等，经过传感器检测输出以后，多为低频缓变的微弱信号。对这样一类信号，若采用直流放大后传输，容易受低频干扰、放大器零漂等的影响。目前较常用的还是先调制成高频交流信号后，再进行交流放大和传输。所以，调制就是一种解决微弱缓变信号放大及传输问题的调理方法。

所谓调制，就是使一个信号的某些参数在另一个信号的控制下发生变化的过程。前一个信号称为载波（或载波信号），用来载送被测量电信号，一般是较高频率的交变信号，通常，载波的频率应高于调制波最高频率的十倍。后一个信号（控制信号）称为调制信号，是指被测量的微弱缓变电信号。调制后输出的信号称为已调制波（或已调信号），是指加载上调制信号的载波信号。已调制波一般都便于放大和传输。最终从已调制波中恢复出调制信号的过程，称为解调。实际上，调制是将被测量电信号加载到某个高频信号上，以方便对信号的处理和传送，最后通过解调还原成需要的信号。调制解调技术在测试领域中极为常用，甚至有些传感器的输出本身就是一种已调制波。

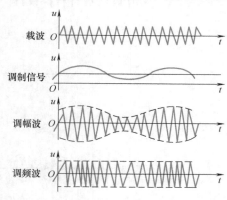

图 4-1　载波、调制信号及调幅、调频波

根据载波受调制的参数不同，调制可分为调幅（AM）、调频（FM）、调相（PM），分别对应载波的幅值、频率和相位随调制信号而变化。它们的已调波也就分别称为调幅波、调频波和调相波。图 4-1 所示为载波、调制信号及调幅、调频波。本书着重讨论调幅及其解调。

### 1. 幅度调制

（1）调幅与解调原理　调幅是将一个高频载波信号（或称载波）与测试信号相乘，使载波信号幅值随测试信号的变化而变化。现以频率为 $f_z$ 的余弦信号 $z(t)$ 作为载波进行讨论。

由傅里叶变换的性质知，在时域中两个信号相乘，则对应于在频域中这两个信号进行卷积，即

$$x(t)z(t) \Leftrightarrow X(f) * Z(f) \tag{4-1}$$

余弦函数的频域图形是一对脉冲谱线，即

$$\cos(2\pi f_z t) \Leftrightarrow \frac{1}{2}\delta(f-f_z) + \frac{1}{2}\delta(f+f_z) \tag{4-2}$$

一个函数与单位脉冲函数卷积的结果，就是将其图形由坐标原点平移至该脉冲函数处。所以，若以高频余弦信号作载波，把信号 $x(t)$ 和载波信号 $z(t)$ 相乘，其结果就相当于把原信号频谱图形由原点平移至载波频率 $f_z$ 处，其幅值减半，如图 4-2 所示，即

$$x(t)\cos(2\pi f_z t) \Leftrightarrow \frac{1}{2}X(f) * \delta(f+f_z) + \frac{1}{2}X(f) * \delta(f-f_z) \tag{4-3}$$

这一过程就是调幅。调幅过程就相当于把调制信号的低频"搬移"到载波信号的高频上去的过程，成为高频调幅波。若把调幅波 $x_m(t)$ 再次与载波 $z(t)$ 信号相乘，则频域图形将再一次进行"搬移"，即 $x_m(t)$ 与 $z(t)$ 乘积的傅里叶变换为

$$F[x_m(t)z(t)] = \frac{1}{2}X(f) + \frac{1}{4}X(f+2f_z) + \frac{1}{4}X(f-2f_z) \tag{4-4}$$

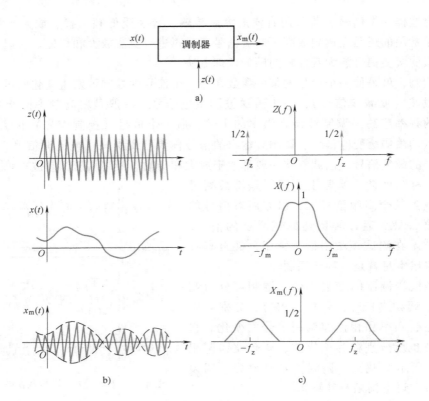

图 4-2　信号幅度调制

a）系统框图　b）时域波形　c）频域谱图

这一过程如图 4-3 所示。若用一个低通滤波器滤除中心频率为 $2f_z$ 的高频成分，那么将可以复现原信号的频谱（只是其幅值减少了一半，这可用放大处理来补偿），这一过程称为同步解调。所谓"同步"，是指解调时所乘的信号与调制时的载波信号具有相同的频率和相位。这一过程在时域分析中也可以看到，即

$$x(t)\cos 2\pi f_z t\cos 2\pi f_z t=\frac{x(t)}{2}+\frac{1}{2}x(t)\cos 4\pi f_z t$$

$$(4\text{-}5)$$

低通滤波器将频率为 $2f_z$ 的高频信号滤去，则得到 $\dfrac{1}{2}x(t)$。

由此可见，调幅的目的是把缓变信号加载到高频载波上成为高频调幅波，便于放大和传输。解调的目的则是从调幅波中恢复原信号。广播电台把信号调制到某一频段，既便于放大和传送，也可避免各电台之间的干扰。在测试

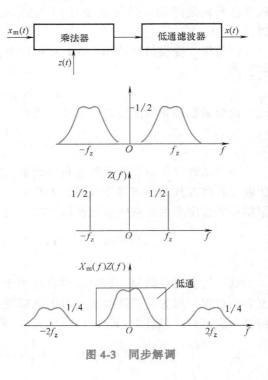

图 4-3　同步解调

工作中，也常用调制-解调技术使在一根导线中传输多路信号。

上述的调制方法，是将调制信号 $x(t)$ 直接与载波信号 $z(t)$ 相乘。这种调幅波具有极性变化，即在信号过零线时，其幅值发生由正到负（或由负到正）的突然变化，此时调幅波的相位（相对于载波）也相应地发生 180° 的相位变化。此种调制方法称为抑制调幅。抑制调幅波需采用同步解调或相敏检波解调的方法，方能反映出原信号的幅值和极性。

若把调制信号 $x(t)$ 进行偏置，叠加一个直流分量 $A$，使偏置后的信号都具有正电压，则此时调幅波表达式为

$$x_m(t) = \left[A + x(t)\right]\cos 2\pi f_z t$$

或

$$x_m(t) = A\left[1 + mx(t)\right]\cos 2\pi f_z t$$

(4-6)

式中，$m$ 为调幅指数，$m \leqslant 1$。

这种调制方法称为非抑制调幅，或偏置调幅。其调幅波的包络线具有原信号形状，如图 4-4a 所示。对于非抑制调幅波，一般采用整流、滤波（或称包络检波）以后，就可以恢复原信号。

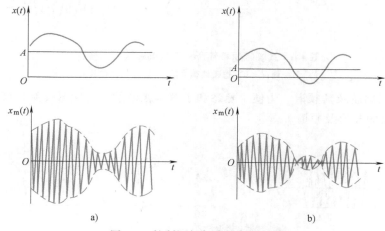

图 4-4 抑制调幅与非抑制调幅波

a) 非抑制调幅  b) 抑制调幅

（2）调幅波的波形失真  信号经过调制以后，有下列情况可能出现波形失真现象。

1）过调失真。对于非抑制调幅，要求其直流偏置必须足够大，要求调幅指数 $m \leqslant 1$。因为，当 $m > 1$ 时，$x(t)$ 取最大负值时，可能使 $A\left[1 + mx(t)\right] < 0$，这意味着 $x(t)$ 的相位将发生 180° 倒相，如图 4-4b 所示，此称为过调。此时，如果采用包络法检波，则检出的信号就会产生失真，而不能恢复出原信号。

2）重叠失真。调幅波是由一对每边为 $f_m$ 的双边带信号组成的（图 4-2）。当载波频率 $f_z$ 较低时，正频端的下边带将与负频端的上边带相重叠，如图 4-5 所示。因此，要求载波频率 $f_z$ 必须大于调制信号 $x(t)$ 中的最高频率，即 $f_z > f_m$。实际应用中，往往选择载波频率至少数倍甚至数十倍于信号中的最高频率。

3）调幅波通过系统时的波形失真。调幅波通过系统时，还将受到系统频率特性的影响。图 4-6 所示为系统带通

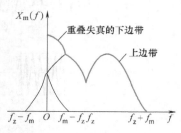

图 4-5 调幅波的重叠失真

特性所引起的调幅波波形变化。图 4-6a 所示为理想情况，调幅波不变；图 4-6b 所示为边带波被衰减，使调幅波深度变浅；图4-6c所示为边带波被放大，使调幅波变深。

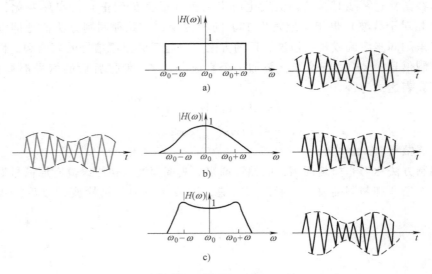

**图 4-6　系统带通特性所引起的调幅波波形变化**

a）理想情况　b）边带波被衰减　c）边带波被放大

（3）典型调幅波及其频谱　为便于熟悉和了解调幅波的时、频域关系，可分析图 4-7 所示的典型调幅波的波形及频谱。

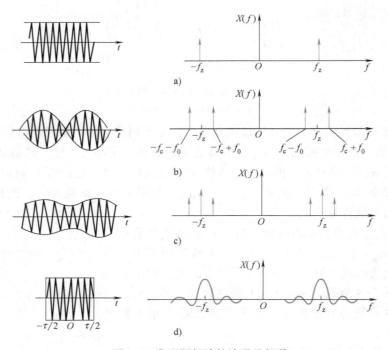

**图 4-7　典型调幅波的波形及频谱**

a）直流调制　b）余弦调制　c）余弦偏置调制　d）矩形脉冲调制

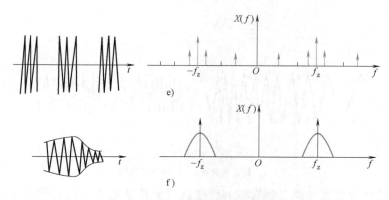

**图 4-7 典型调幅波的波形及频谱（续）**

e) 周期矩形脉冲调制 f) 任意频限偏置调制

（4）幅度调制在测试仪器中的应用举例 图 4-8 所示为动态电阻应变仪框图。图 4-8 中，贴于试件上的电阻应变片在外力 $x(t)$ 的作用下产生相应的电阻变化，并接于电桥。振荡器产生高频正弦信号 $z(t)$，作为电桥的工作电压。根据电桥的工作原理可知，它相当于一个乘法器，其输出应是信号 $x(t)$ 与载波信号 $z(t)$ 的乘积，所以电桥的输出即为调制信号 $x_m(t)$。经过交流放大以后，为了得到力信号的原来波形，需要相敏检波，即同步解调。此时由振荡器供给相敏检波器的电压信号 $z(t)$ 与电桥工作电压同频、同相位。经过相敏检波和低通滤波以后，可以得到与原来极性相同，但经过放大处理的信号 $\hat{x}(t)$。该信号可以推动仪表或接入后续仪器。

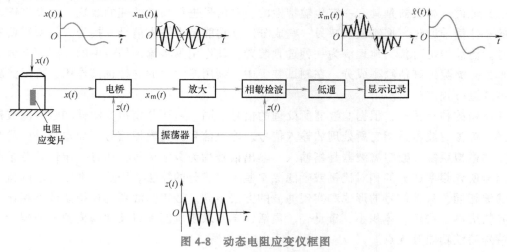

**图 4-8 动态电阻应变仪框图**

**2. 频率调制**

调幅信号电路简单，尤其是电桥调幅电路，因此，信号调幅处理在测试技术领域得到广泛使用。但是，当测试信号在处理过程中涉及开放式的公共信道，尤其采用无线射频传递和遇到强干扰时，常采用调频信号处理方式。因为，调频方式在信号的抗干扰方面更胜一筹。

调频是利用信号 $x(t)$ 的幅值调制载波的频率，或者说，调频波是一种随信号 $x(t)$ 的幅值而变化的疏密度不同的等幅波，如图 4-9 所示。

频率调制与幅度调制不同的一个重要的特点是抗信道干扰能力强。分析表明，在调幅情

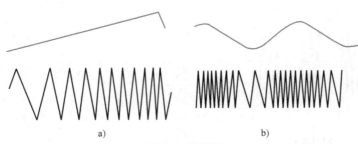

图 4-9 调频波

a) 锯齿波调频 b) 正弦波调频

况下，若干扰噪声与载波同频，则有效的调幅波对干扰波的功率比必须在 35dB 以上。但在调频情况下，在满足上述相同的性能指标时，有效的调频波对干扰的功率比只要 6dB 即可。调频波之所以改善了信号传输过程中的信噪比，是因为调频信号所携带的信息包括在频率变化之中，并非振幅之中，而干扰作用则主要表现在振幅之中。

调频方法通常要求系统具有很宽的频带，甚至为调幅所要求带宽的 20 倍；调频系统比调幅系统复杂，因为频率调制是一种非线性调制，它不能运用叠加原理。因此，分析调频波要比分析调幅波困难，实际上，对调频波的分析是近似的。

### 4.2.4 滤波

滤波是信号处理中一种基本又极为重要的技术，利用滤波技术可以从复杂的信号中提取出所需要的信号，抑制不需要的信号。信号处理中滤波通过各种滤波器来实现。

广义地说，滤波器是具有一定传输特性的、对信号进行加工处理的装置，它允许输入信号中的一些信号通过，抑制或衰减另一些成分。其功能是将输入信号变换为人们所需要的输出信号。滤波器也可狭义地理解为一种选频装置，其作用是将输入信号中的一些频率分量保存下来，并滤除掉其他频率成分。在测试装置中，利用滤波器的这种选频作用，可以滤除干扰噪声或进行频谱分析。

滤波器的种类很多，根据滤波器所处理的信号不同，主要分模拟滤波器和数字滤波器两种形式。模拟滤波器是指它所处理的输入信号、输出信号均为模拟信号，而本身是一种线性时不变的模拟系统。数字滤波器是指输入、输出信号均为数字信号，通过一定运算关系改变输入信号所含频率成分的相对比例或者滤除某些频率成分的算法。因此，数字滤波的概念和模拟滤波相同，只是信号的形式和实现滤波的方法不同。数字滤波器与模拟滤波器相比，前者具有精度高、稳定、体积小、重量轻、灵活、不要求阻抗匹配以及实现模拟滤波器无法实现的特殊滤波功能等优点。

根据滤波器的选频方式，滤波器可以分为低通、高通、带通和带阻滤波器。

图 4-10 所示为这四种滤波器的幅频特性。图 4-10a 所示为低通滤波器，在频率 $0 \sim f_2$ 之间，其幅频特性平直，它可以使信号中低于 $f_2$ 的频率成分几乎不受衰减地通过，而高于 $f_2$ 的频率成分受到极大地衰减。图 4-10b 所示高通滤波器，与低通滤波相反，在频率 $f_1 \sim \infty$ 之间，其幅频特性平直。它使信号中高于 $f_1$ 的频率成分几乎不受衰减地通过，而低于 $f_1$ 的频率成分将受到极大的衰减。图 4-10c 所示带通滤波器，它的通频带在 $f_1 \sim f_2$ 之间。它使信号中高于 $f_1$ 而低于 $f_2$ 的频率成分可以不受衰减地通过，而其他成分受到衰减。图 4-10d 所示

为带阻滤波器，与带通滤波相反，阻带在频率 $f_1 \sim f_2$ 之间。它使信号中高于 $f_1$ 而低于 $f_2$ 的频率成分受到衰减，其余频率成分的信号几乎不受衰减地通过。

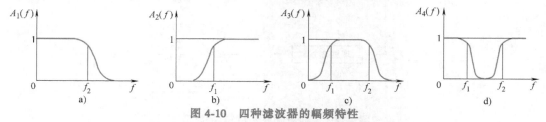

图 4-10　四种滤波器的幅频特性

a）低通滤波器　b）高通滤波器　c）带通滤波器　d）带阻滤波器

上述四种滤波器中，在通带和阻带之间存在一个过渡带，在此带内，信号受到不同程度的衰减。这个过渡带是滤波器所不希望的，但也是不可避免的。

滤波器还有其他不同的分类方法，例如，根据构成滤波器的元件类型，可分为 *RC*、*LC* 或晶体谐振滤波器；根据构成滤波器的电路性质，可分为有源滤波器和无源滤波器。其中，有源滤波器电路是指拥有信号放大元件的滤波器电路，这类滤波器往往具有比较理想的特性参数；无源滤波器电路主要由电感、电容、电阻等元件组成。

### 1. 理想滤波器

理想滤波器是指能使通带内信号的幅值和相位都不失真，阻带内的频率成分都衰减为零的滤波器，其通带和阻带之间有明显的分界线。也就是说，理想滤波器在通带内的幅频特性应为常数，相频特性的斜率为常值；在通带外的幅频特性应为零。

（1）模型　理想滤波器是一个理想化的模型，是一种物理不可实现的系统，但对它的研究有助于理解滤波器的传输特性，可作为实际滤波器传输特性分析的基础。

以理想低通滤波器为例，它具有矩形幅频特性和线性相频特性，如图 4-11 所示。其频率响应函数、幅频特性、相频特性分别为

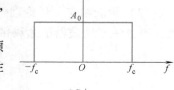

$$H(f) = A_0 \mathrm{e}^{-\mathrm{j}2\pi f t_0} \tag{4-7}$$

$$|H(f)| = \begin{cases} A_0 & -f_c < f < f_c \\ 0 & \text{其他} \end{cases} \tag{4-8}$$

$$\varphi(f) = -2\pi f \tau_0 \tag{4-9}$$

式中，$A_0$、$\tau_0$ 均为常数。

这种理想低通滤波器，将信号中低于截止频率 $f_c$ 的频率成分予以传输，无任何失真；而将高于 $f_c$ 的频率成分完全衰减掉。

（2）脉冲响应　根据线性系统的传输特性，当 $\delta$ 函数通过理想低通滤波器时，其脉冲响应函数 $h(t)$ 应是频率响应函数 $H(f)$ 的傅里叶逆变换，即

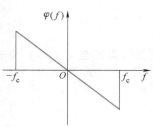

图 4-11　理想滤波器的幅、相频特性

$$h(t) = \int_{-\infty}^{\infty} H(f) \mathrm{e}^{-\mathrm{j}2\pi ft} \mathrm{d}f = \int_{-f_c}^{f_c} A_0 \mathrm{e}^{-\mathrm{j}2\pi f t_0} \mathrm{e}^{\mathrm{j}2\pi ft} \mathrm{d}f$$

$$\tag{4-10}$$

$$= 2A_0 f_c \frac{\sin 2\pi f_c(t - \tau_0)}{2\pi f_c(t - \tau_0)} = 2A_0 f_c \mathrm{sinc} 2f_c(t - \tau_0)$$

脉冲响应函数 $h(t)$ 的波形如图 4-12 所示，这是一个峰值位于 $\tau_0$ 时刻的 $\mathrm{sinc}(t)$ 型

函数。

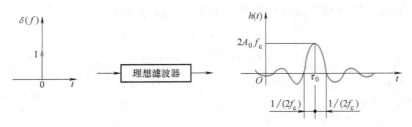

图 4-12 脉冲响应函数 $h(t)$ 的波形

分析可知：

1）当 $t=\tau_0$ 时，$h(t)=2A_0f_c$，$\tau_0$ 称为相时延，表明了信号通过系统时的时间滞后，即响应时间滞后于激励时间。

2）当 $t=\tau_0\pm n/(2f_c)$（$n=1，2，\cdots$）时，$h(t)=0$，表明了函数的周期性。

3）当 $t\leqslant 0$ 时，$h(t)\neq 0$，表明当激励信号 $\delta(t)$ 在 $t=0$ 时刻加入，而响应却在 $t$ 为负值时已经出现。

以上分析表明，这种理想低通滤波器是不可能实现的。因为 $h(t)$ 的波形表明，在输入 $\delta(t)$ 到来之前，滤波器就有与该输入相对应的输出，显然，任何滤波器都不可能有这种"先知"，所以，理想低通滤波器是不可能存在的。可以推论，理想高通、带通、带阻滤波器都是不存在的。实际滤波器的频域图形不可能出现直角锐变，也不会在有限频率上完全截止。原则地讲，实际滤波器的频域图形将延伸到 $|f|\to\infty$，所以，一个滤波器对信号通带以外的频率成分只能极大地衰减，却不能完全抑制。

（3）阶跃响应 讨论理想低通滤波器的阶跃响应，是为了进一步了解滤波器的传输特性，确立关于滤波器的通频带宽和上升时间之间的关系。单位阶跃输入 $u(t)$ 为

$$u(t)=\begin{cases} 1 & t>0 \\ \dfrac{1}{2} & t=0 \\ 0 & t<0 \end{cases} \tag{4-11}$$

则滤波器的输出 $y_u(t)$ 将是该输入与脉冲响应函数的卷积，即

$$\begin{aligned} y_u(t) &= h(t)*u(t) \\ &= 2A_0f_c\mathrm{sinc}2f_c(t-\tau_0)*u(t) \\ &= 2A_0f_c\int_{-\infty}^{\infty}\mathrm{sinc}2f_c(t-\tau_0)u(t-\tau_0)\mathrm{d}\tau \\ &= 2A_0f_c\int_{-\infty}^{t}\mathrm{sinc}2f_c(t-\tau_0)\mathrm{d}\tau \\ &= A_0\left[\frac{1}{2}+\frac{1}{\pi}\mathrm{si}[y]\right] \end{aligned} \tag{4-12}$$

式中，$\mathrm{si}[y]$ 为正弦积分，其表达式为

$$\mathrm{si}[y]=\int_0^y\frac{\sin x}{x}\mathrm{d}x \tag{4-13}$$

其中
$$y=2\pi f_c(t-\tau_0) \qquad x=2\pi f_c(\tau-\tau_0)$$

正弦积分可查数学手册得到,对式(4-12)求解后,可以得到理想低通滤波器对单位阶跃输入的响应,如图4-13所示。

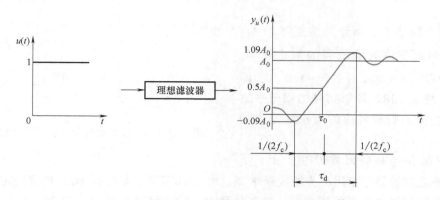

图 4-13 理想低通滤波器对单位阶跃输入的响应

进一步分析可知:

1)当 $t=\tau_0$ 时, $y_u(t)=0.5A_0$, $\tau_0$ 是阶跃信号通过理想低通滤波器的延迟时间。

2)当 $t=\tau_0+\dfrac{1}{2f_c}$ 时, $y_u(t)\approx1.09A_0$;当 $t=\tau_0-\dfrac{1}{2f_c}$ 时, $y_u(t)\approx-0.09A_0$。

从 $\left[\tau_0-1/(2f_c)\right]$ 到 $\left[\tau_0+1/(2f_c)\right]$ 的时间,或 $\tau_d=1/f_c$,是滤波器对阶跃响应的时间历程。定义 $\tau_d$ 为阶跃响应的上升时间,滤波器的带宽 $B=f_c$,则有

$$\tau_d=\frac{1}{B}$$

(4-14)

或
$$\tau_d B=1$$

式(4-14)表明,低通滤波器阶跃响应上升时间 $\tau_d$ 和带宽 $B$ 成反比,或者说,上升时间与带宽之乘积为一常数。

式(4-14)的物理含义可做如下解释:输入信号突变处(间断点)含有丰富的高频分量,低通滤波器阻衰了高频分量,其结果是把信号波形"圆滑"了。通带越宽,阻衰的高频分量越少,使信号能量更多、更快地通过,所以上升时间就短;反之,则上升时间就长。

滤波器带宽表示它的频率分辨力,通带越窄,则分辨力越高,因此上述这一结论具有重要意义。它提示:滤波器的高分辨能力和测量时快速响应的要求是相互矛盾的。如要用滤波的方法从信号中择取某一很窄的频率成分(如希望做高分辨力的频谱分析),就需要有足够的时间。如果建立时间不够,就会产生谬误和假象。

**2. 实际滤波器**

(1)实际滤波器的基本参数 对于理想滤波器,只需规定截止频率就可以说明它的性能。如带通滤波器在截止频率 $f_{c1}$、$f_{c2}$ 之间的幅频特性为常数 $A_0$,截止频率以外则为零,如图4-14所示。而对于实际滤波器(图4-14中实线),由于它的特性曲线没有明显的转折点,通频带中幅频特性也非常数。因此,需要用更多的参数来描述实际滤波器的性能。主要参数有纹波幅度、截止频率、带宽、品质因数以及倍频程选择性等。

1)纹波幅度 $d$。在一定的频率范围内,实际滤波器的幅频特性可能呈波纹变化,其波

动幅度 $d$ 与幅频特性的平均值 $A_0$ 相比，越小越好，一般应远小于 $-3dB$，即 $d << A_0/\sqrt{2}$。

2）截止频率 $f_c$。幅频特性值等于 $A_0/\sqrt{2}$ 所对应的频率称为滤波器的截止频率。以 $A_0$ 为参考值，$A_0/\sqrt{2}$ 对应于 $-3dB$ 点，即相对于 $A_0$ 衰减 $3dB$。若以信号的幅值平方表示信号功率，则所对应的点正好是半功率点。

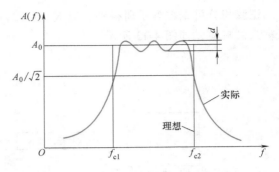

图 4-14 理想带通滤波器与实际带通滤波器的幅频特性

3）带宽 $B$ 与品质因数 $Q$ 值。上、下两截止频率之间的频率范围称为滤波器带宽，或 $-3dB$ 带宽，单位为 $Hz$，带宽决定着滤波器分离信号中相邻频率成分的能力——频率分辨力。对于带通滤波器，通常把中心频率 $f_0$ 和带宽 $B$ 之比称为滤波器的品质因数 $Q$，即 $Q = f_0/B$。$Q$ 值越大，表明滤波器分辨力越高。

4）倍频程选择性 $W$。在两截止频率外侧，实际滤波器有一个过渡带，这个过渡带的幅频曲线倾斜程度表明了幅频特性衰减的快慢。它决定着滤波器对带宽外频率成分衰阻的能力，通常用倍频程选择性来表征。所谓倍频程选择性是指在上截止频率 $f_{c2}$ 与 $2f_{c2}$ 之间，或者在下截止频率 $f_{c1}$ 与 $f_{c1}/2$ 之间幅频特性的衰减值，即频率变化一个倍频程时幅值的衰减量，它表示为

$$W = -20\lg \frac{A(2f_{c2})}{A(f_{c2})} \tag{4-15}$$

或

$$W = -20\lg \frac{A\left(\dfrac{f_{c1}}{2}\right)}{A(f_{c1})} \tag{4-16}$$

倍频程（octave）衰减量以 $dB/oct$ 为单位。显然，衰减越快（即 $W$ 值越大），滤波器选择性越好。对于远离截止频率的衰减率也可用 10 倍频程衰减数表示之，单位为 $dB/10oct$，或者写作 $dB/dec$。

5）滤波器因数（或矩形系数）$\lambda$。滤波器选择性的另一种表示方法，是用滤波器幅频特性的 $-60dB$ 带宽与 $-3dB$ 带宽的比值 $\lambda$ 来表示，即

$$\lambda = \frac{B_{-60dB}}{B_{-3dB}} \tag{4-17}$$

理想滤波器 $\lambda = 1$，通常使用的滤波器 $\lambda = 1 \sim 5$。有些滤波器因器件影响（如电容漏阻等），阻带衰减倍数达不到 $-60dB$，则以标明的衰减倍数（如 $-40dB$ 或 $-30dB$）带宽与 $-3dB$ 带宽之比来表示其选择性。

（2）$RC$ 调谐式滤波器的基本特性　$RC$ 滤波器电路简单，抗干扰性强，有较好的低频性能，并且选用标准的阻容元件也容易实现，所以在工程测试的领域中最经常用到的滤波器是 $RC$ 滤波器。

1）一阶 $RC$ 低通滤波器。$RC$ 低通滤波器的典型电路及其幅频、相频特性如图 4-15 所示。设滤波器的输入电压为 $e_x$，输出电压为 $e_y$，电路的微分方程式为

$$RC\frac{\mathrm{d}e_y}{\mathrm{d}t}+e_y=e_x \qquad (4\text{-}18)$$

令 $\tau=RC$（称为时间常数，即前述阶跃响应的上升时间 $\tau_d$），对式（4-18）取拉普拉斯变换，可得传递函数为

$$H(s)=\frac{e_y(s)}{e_x(s)}=\frac{1}{\tau s+1} \qquad (4\text{-}19)$$

频率响应函数为

$$H(\omega)=\frac{1}{\tau\mathrm{j}\omega+1} \qquad (4\text{-}20)$$

幅频特性和相频特性分别为

$$A(f)=|H(f)|=\frac{1}{\sqrt{1+(2\pi f\tau)^2}} \qquad (4\text{-}21)$$

$$\varphi(f)=-\arctan 2\pi f\tau \qquad (4\text{-}22)$$

分析可知，当 $f<1/(2\pi\tau)$ 时，$A(f)=1$，此时信号几乎不受衰减地通过。并且 $\varphi(f)$ 与 $f$ 呈近似线性关系。因此，可以认为在此情况下，$RC$ 低通滤波器近似为一个不失真传输系统。

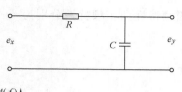
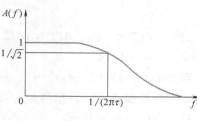
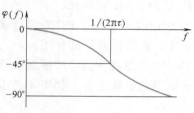

图 4-15 *RC* 低通滤波器的电路及其幅频、相频特性

当 $f=1/(2\pi\tau)$ 时，$A(f)=1/\sqrt{2}$，此即滤波器的 -3dB 点，此时对应的频率为上截止频率。可知，$RC$ 值决定着上截止频率。因此，适当改变 $RC$ 参数时，可改变滤波器截止频率。

当 $f>1/(2\pi\tau)$ 时，输出 $e_y$ 与输入 $e_x$ 的积分成正比，即

$$e_y=\frac{1}{\tau}\int e_x\mathrm{d}t \qquad (4\text{-}23)$$

此时，$RC$ 滤波器起着积分器的作用，对高频成分的衰减率为 -20dB/10oct（或 -60dB/oct）。如要加大衰减率，应提高低通滤波器阶数，可将几个一阶低通滤波器串联使用。

2）$RC$ 高通滤波器。图 4-16 所示为 $RC$ 高通滤波器及其幅频、相频特性。设滤波器的输入电压为 $e_x$，输出为 $e_y$，则微分方程式为

$$e_y+\frac{1}{RC}\int e_y\mathrm{d}t=e_x \qquad (4\text{-}24)$$

同理令 $RC=\tau$，则传递函数为

$$H(s)=\frac{\tau s}{\tau s+1} \qquad (4\text{-}25)$$

频率响应函数为

$$H(\omega)=\frac{\mathrm{j}\omega\tau}{\mathrm{j}\omega\tau+1} \qquad (4\text{-}26)$$

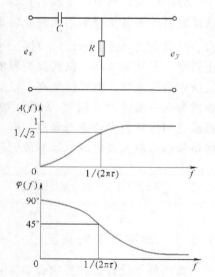

图 4-16 *RC* 高通滤波器及其幅频、相频特性

幅频特性和相频特性分别为

$$A(f) = \frac{2\pi f\tau}{\sqrt{1+(2\pi f\tau)^2}} \qquad (4\text{-}27)$$

$$\varphi(f) = \arctan\frac{1}{2\pi f\tau} \qquad (4\text{-}28)$$

当 $f=1/(2\pi\tau)$ 时，$A(f)=1/\sqrt{2}$，滤波器的 $-3\mathrm{dB}$ 截止频率为 $f_{c1}=1/(2\pi\tau)$。

当 $f>1/(2\pi\tau)$ 时，$A(f)\approx1$，$\varphi(f)\approx0$。即当 $f$ 相当大时，幅频特性接近于 1，相移趋于零，此时 $RC$ 高通滤波器可视为不失真传输系统。

当 $f<1/(2\pi\tau)$ 时，$RC$ 高通滤波器的输出与输入的微分成正比，起着微分器的作用。

3) $RC$ 带通滤波器。带通滤波器可看成低通滤波器和高通滤波器的串联组合，如图 4-17 所示，串联后的传递函数为

$$H(s) = H_1(s)H_2(s) = \frac{\tau_1 s}{\tau_1 s+1}\frac{1}{1+\tau_2 s} \qquad (4\text{-}29)$$

幅频特性和相频特性分别为

$$A(f) = A_1(f)A_2(f)$$
$$= \frac{2\pi f\tau_1}{\sqrt{1+(2\pi f\tau_1)^2}}\frac{1}{\sqrt{1+(2\pi f\tau_2)^2}} \qquad (4\text{-}30)$$

$$\varphi(f) = \varphi_1(f)+\varphi_2(f) = \arctan\frac{1}{2\pi f\tau_1}-\arctan(2\pi f\tau_2) \qquad (4\text{-}31)$$

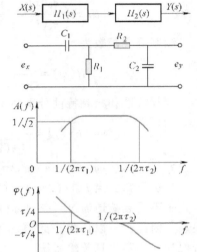

图 4-17 $RC$ 带通滤波器及其幅频、相频特性

分析可知，当 $f=1/(2\pi\tau_1)$ 时，$A(f)=1/\sqrt{2}$，此时对应的频率 $f_{c1}=1/(2\pi\tau_1)$，即原高通滤波器的下截止频率，此时为带通滤波器的下截止频率；当 $f=1/(2\pi\tau_2)$ 时，$A(f)=1/\sqrt{2}$，可认为 $f_{c2}=1/(2\pi\tau_1)$，对应于原低通滤波器的上截止频率，此时为带通滤波器的上截止频率。分别调节高、低通滤波器的时间常数 $\tau_1$、$\tau_2$，可得到不同的上、下限截止频率和带宽的带通滤波器。但要注意高、低通两级串联时，应消除两级耦合时的相互影响，因为后一级成为前一级的"负载"，而前一级又是后一级的信号源内阻。实际上两级间常用射极输出器或者用运算放大器进行隔离，所以实际的带通滤波器常是有源的。有源滤波器由 $RC$ 调谐网络和运算放大器组成。运算放大器既可起级间隔离作用，又可起信号幅值的放大作用。

## 4.3 数字信号处理基础

### 4.3.1 数字信号处理概述

数字信号处理已在生物医学工程、地质、声学工程、雷达、通信、语音、图像等科学和工程技术领域得到广泛的应用。随着计算机技术的发展，特别是 1965 年快速傅里叶变换（FFT）问世以来，数字信号处理技术得到快速发展。同时，随着电子技术的发展，突破软

件应用的范畴，发展了许多专用的数字信号处理硬件，极大地提高了数字信号的处理速度。

数字信号处理的特点是处理离散数据，因此首先要把信号变成离散的时间序列。尽管现在已发展了不少数字式传感器，但所测试的大多数物理过程本质上仍是连续的，所以总得有一个 A-D 转换或采样过程，把连续信号改变成等间隔的离散序列，并将其幅值量化处理。此外，数字计算机不管怎样快速，其容量和计算速度毕竟有限，因而处理的数据长度是有限的，信号必然要经过截断。这样数字信号处理就必然引入某些误差。很自然会提出这样的问题：如何恰当地运用这一技术，使之能够比较准确地提取原信号中的有用信息。本节将对用数字方法处理测试信号时的一些基本方法和概念做一些介绍。

## 4.3.2　数字信号处理的基本步骤

从传感器获取的测试信号中大多为模拟信号，进行数字信号处理之前，一般先要对信号做预处理和数字化处理。而数字式传感器则可直接通过接口与计算机连接，将数字信号送给计算机（或数字信号处理器）进行处理。测试中的数字信号处理系统如图 4-18 所示。

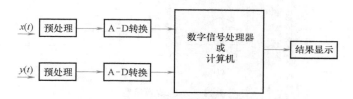

**图 4-18　测试中的数字信号处理系统**

信号的预处理是指在数字处理之前，对信号用模拟方法进行的处理。把信号变成适于数字处理的形式，以减小数字处理的困难。预处理主要包括：

1）电压幅值调理，以便于采样。总是希望电压幅值峰–峰值足够大，以便充分利用 A-D 转换器的精确度。如 12 位的 A-D 转换器，其参考电压为 ±5V，由于 $2^{12} = 4096$，故其末位数字的当量电压为 2.5mV。若信号电平较低，则转换后二进制数的高位都为 0，仅在低位有值，没有充分利用 A-D 转换器的位数。若信号电平绝对值超过 5V，则转换中又将发生溢出，这是不允许的。所以进入 A-D 的信号电平应适当调整。

2）必要的滤波，以提高信噪比。

3）隔离信号中的直流分量（动态测量中所得信号中无直流分量）。

4）如原信号经过调制，则应先解调。

预处理环节应根据测试对象、信号特点和数字处理设备的能力妥善安排。

A-D 转换是将预处理以后的模拟信号变为数字信号，存入到指定的地方，其核心是 A-D 转换器，信号处理系统的性能指标与其有密切关系。

数字信号处理器或计算机对离散的时间序列进行运算处理。计算机只能处理有限长度的数据，所以首先要把长时间的序列截断，对截取的数字序列有时还要人为地进行加权（乘以窗函数），以成为新的有限长的数字序列。如有必要还可以设计专门的程序进行数字滤波，然后，把数据按不同目的进行运算。例如，做时域中的概率统计、相关分析、建模和识别，频域中的频谱分析、功率谱分析、传递函数分析等。

运算结果可以直接显示或打印。如果后接 D-A 转换器和记录仪，则可以绘制频谱图、奈奎斯特图等。如有需要可将数字信号处理结果送入后接计算机或通过专门程序再做后续处理（如振动系统的参数识别）。

### 4.3.3　A-D、D-A 转换器

#### 1. A-D 转换器

A-D 转换器是将连续模拟量转换成离散数字量的模-数转换装置，利用它来完成 A-D 转换，即把连续时间信号转换为与其相对应的数字信号的过程，这一转换过程包括了采样、保持、量化、编码，A-D 转换过程如图 4-19 所示。

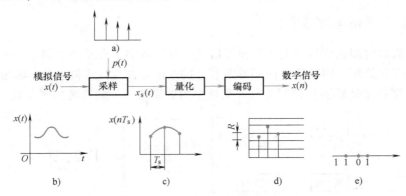

图 4-19　A-D 转换过程

a）采样脉冲序列　b）原始信号　c）采样信号　d）量化信号　e）数字信号

（1）采样　又称抽样，是利用图 4-19a 所示的采样脉冲序列 $p(t)$（采样函数），从图 4-19b 所示的连续时间信号 $x(t)$ 中抽取一系列离散样值，使之成为图 4-19c 所示的采样信号 $x(nT_s)$ 的过程，$n=0，1，2，\cdots，T_s$ 称为采样间隔或采样周期，$1/T_s=f_s$ 称为采样频率。在数学处理上，采样可看作将采样脉冲序列 $p(t)$ 与信号 $x(t)$ 相乘，取离散点 $x(nT_s)$ 的值的过程。

（2）保持　由于采样后续的量化过程需要一定的时间 $\tau$，对于随时间变化的模拟输入信号，要求瞬时采样值在时间 $\tau$ 内保持不变，这样才能保证转换的正确性和转换精度，这个过程就是采样保持。正是有了采样保持，实际上采样后的信号是阶梯形的连续函数。采样保持是在 A-D 转换器前级设置采样保持电路。

（3）量化　又称幅值量化，把图 4-19c 所示的采样信号 $x(nT_s)$ 经过舍入或截尾的方法变为只有有限个有效数字的数（图 4-19d），这一过程称为量化。

在量化的过程中，量化的数值是依据量化电平来确定的。量化电平定义为 A-D 转换器的满量程电压 $V_{FSR}$ 与 2 的 N 次幂的比值，其中 N 为 A-D 转换后数字信号的二进制位数。量化电平一般用 $Q$ 来表示，因此有

$$Q = \frac{V_{FSR}}{2^N} \tag{4-32}$$

例如，当 $V_{FSR}=10V$、$N=8$ 时，量化电平 $Q=39.1mV$；当 $V_{FSR}=10V$，$N=16$ 时，则量化电平 $Q=0.15mV$。

A-D 转换器的位数是一定的，一个 $b$ 位（又称数据字长）的二进制数，共有 $L=2^b$ 个数

码，即有 $L$ 个量化电平，如果 A-D 转换器允许的动态工作范围为 $E$（例如 $\pm 5\text{V}$ 或 $0 \sim 10\text{V}$），则两相邻量化电平之间的间隔（级差）为

$$\Delta x = \frac{E}{2^b} \tag{4-33}$$

A-D 转换器的非线性度为

$$\Delta = \frac{\Delta x}{E} = \frac{1}{2^b} = 2^{-b} \tag{4-34}$$

当模拟信号采样点的电平落在两相邻量化电平之间时，就要舍入归并到相近的一个量化电平上，该相邻量化电平与实际电平之间的归一化差值称为量化误差 $e$。量化误差 $e$ 的最大值为 $\pm\Delta/2$。可以认为量化误差 $e$ 在（$-\Delta/2$、$+\Delta/2$）区间各点出现的概率是相等的，概率分布密度为 $1/\Delta$，均值为零，误差的均方值为

$$\sigma_e^2 = \int_{-\Delta/2}^{\Delta/2} e^2 \frac{1}{\Delta} de = \frac{\Delta^2}{12} \tag{4-35}$$

故量化误差的标准差为

$$\sigma_e = \sqrt{\Delta^2/12} \approx 0.29\Delta \tag{4-36}$$

量化误差是叠加在信号采样值 $x(nT_s)$ 上的随机噪声，量化误差的大小取决于 A-D 转换器的位数，位数越高，量化误差越小。应该指出，进入 A-D 转换器的信号本身常含有相当大的噪声，增加 A-D 转换器的位数可以相应地增加 A-D 转换器的动态范围，因而可减少由量化误差而引入的噪声，但却不能改善信号中的固有噪声。所以对进入 A-D 转换器以前的模拟信号，采取前置滤波处理是非常重要的。A-D 转换器的位数选择应视信号的具体情况和量化的精度要求而定。但位数高，则价格贵，而且会降低转换速度。

若信号 $x(t)$ 可能出现的最大值 $A$，并被 A-D 转换器分为 $D$ 个间隔，则每个间隔长度为 $R = A/D$，$R$ 称为量化增量或量化步长。当采样信号 $x(nT_s)$ 落在某一小间隔内，经过舍入或截尾方法而变为有限值时，则产生量化误差，如图 4-20 所示。一般又把量化误差看成是模拟信号作数字处理时的可加噪声，故而又称之为舍入噪声或截尾噪声。量化增量 $R$ 越大，则量化误差越大。

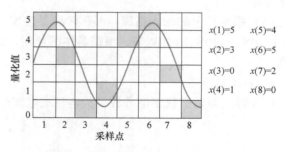

图 4-20 信号的 6 等分量化过程

（4）编码 量化后的信号称为量化信号（图 4-19d），把量化信号的数值用二进制代码表示，就称为编码（图 4-19e）。量化信号经编码后转换为数字信号［完成量化和编码的器件是模-数（A-D）转换器］。编码有多种形式，最常用的是二进制编码，在数据采集中，被采集的模拟信号是有极性的，因此编码也分为单极性编码和双极性编码两大类。在应用时可根据被采样信号的极性来选择编码形式。

信号 $x(t)$ 经过上述变换以后，即变成了时间上离散、幅值上量化的数字信号。

**2. A-D 转换器的技术指标**

（1）分辨力 A-D 转换器的分辨力与其输出二进制数码的位数有关。位数越多，则量化增量越小，量化误差越小，分辨力也就越高。常用有 8bit、10bit、12bit、16bit、24bit、

32bit 等。例如，某 A-D 转换器输入模拟电压的变化范围为 $-10 \sim 10V$，转换器为 8bit，若第一位用来表示正、负符号，其余 7bit 表示信号幅值，则最末一位数字可代表 80mV 模拟电压（$10V \times 1/2^7 \approx 80mV$），即转换器可以分辨的最小模拟电压为 80mV。而同样情况，用一个 10bit 转换器能分辨的最小模拟电压为 20mV（$10V \times 1/2^9 \approx 20mV$）。

（2）**转换精度** 具有某种分辨力的转换器在量化过程中由于采用了四舍五入的方法，因此最大量化误差应为分辨力数值的一半，如上例 8bit 转换器最大量化误差应为 40mV（$80mV \times 0.5 = 40mV$），全量程的相对误差则为 0.4%（$40mV/10V \times 100\%$）。可见，A-D 转换器数字转换的精度由最大量化误差决定。实际上，许多转换器末位数字并不可靠，实际精度还要低一些。

由于含有 A-D 转换器的模数转换模块通常包括模拟处理和数字转换两部分，因此整个转换器的精度还应考虑模拟处理部分（如积分器、比较器等）的误差。一般转换器的模拟处理误差与数字转换误差应尽量处在同一数量级，总误差则是这些误差的累加和。例如，一个 10bit A-D 转换器用其中 9bit 计数时的最大相对量化误差为 $2^{-9} \times 0.5 \approx 0.1\%$，若模拟部分精度也能达到 0.1%，则转换器总精度可接近 0.2%。

（3）**转换速度** 转换速度是指完成一次转换所用的时间，即从发出转换控制信号开始，直到输出端得到稳定的数字输出为止所用的时间。转换时间越长，转换速度就越低。转换速度与转换原理有关，如逐位逼近式 A-D 转换器的转换速度要比双积分式 A-D 转换器高许多。除此以外，转换速度还与转换器的位数有关，一般位数少的（转换精度差）转换器转换速度高。目前常用的 A-D 转换器转换位数有 8bit、10bit、12bit、14bit、16bit 等，其转换速度依转换原理和转换位数不同，一般在几微秒至几百毫秒之间。

由于转换器必须在采样间隔 $T_s$ 内完成一次转换工作，因此转换器能处理的最高信号频率就受到转换速度的限制。如 50μs 内完成 10bit A-D 转换的高速转换器，这样其采样频率可高达 20kHz。

（4）**模拟信号的输入范围** A-D 转换器的模拟信号的输入有一定的范围，如 5V、$-5V$、$\pm5V$、10V、$-10V$、$\pm10V$ 等，根据具体的使用情况恰当地选择 A-D 转换器模拟信号的输入范围。

3. **D-A 转换器**

D-A 转换器是把数字信号转换为电压或电流信号的装置。其转换过程如图 4-21 所示。

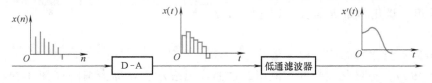

图 4-21 D-A 转换过程

D-A 转换器一般先通过 T 形电阻网络将数字信号转换为模拟电脉冲信号，然后通过零阶保持电路将其转换为阶梯状的连续电信号。只要采样间隔足够密，就可以精确地复现原信号。为减小零阶保持电路带来的电噪声，还可以在其后接一个低通滤波器。

4. **D-A 转换器的技术指标**

（1）**分辨力** D-A 转换器的分辨力可用输入的二进制数码的位数来表示。位数越多，则分辨力也就越高。常用的有 8bit、10bit、12bit、16bit 等。12bit D-A 转换器的分辨力为 1/$2^{12}$ = 0.024%。

（2）转换精度 转换精度定义为实际输出与期望输出之比。以全程的百分比或最大输出电压的百分比表示。理论上 D-A 转换器的最大误差为最低位的 1/2。10bit D-A 转换器的分辨力为 1/1024，约为 0.1%，它的精度为 0.05%。如果 10bit D-A 转换器的满程输出为 10V，则它的最大输出误差为 10V×0.0005 = 5mV。

（3）转换速度 转换速度是指完成一次 D-A 转换所用的时间。转换时间越长，转换速度就越低。

（4）模拟信号的输出范围 D-A 转换器的模拟信号的输出有一定的范围，如 5V、–5V、±5V、10V、–10V、±10V 等，根据具体的使用情况恰当地选择 D-A 转换器模拟信号的输出范围。

### 4.3.4 采样定理

采样过程如图 4-22 所示。采样开关周期性地闭合，闭合周期为 $T_s$，闭合时间很短。采样开关的输入为连续函数 $x(t)$，输出函数 $x^*(t)$ 可认为是 $x(t)$ 在开关闭合时的瞬时值，即脉冲序列 $x(T_s)$，$x(2T_s)$，$\cdots$，$x(nT_s)$。

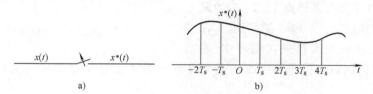

图 4-22 采样过程

a）采样开关 b）采样所得瞬时值

设采样开关闭合时间为 $\tau$，则采样后得到的宽度为 $\tau$，幅值随 $x(t)$ 变化的脉冲序列如图 4-23a 所示，采样信号 $x_s(t)$ 可以看作原信号 $x(t)$ 与一个幅值为 1 的开关函数 $s(t)$ 的乘积，即

$$x_s(t) = x(t)s(t) \tag{4-37}$$

式中，$s(t)$ 为周期为 $T_s$、脉冲宽度为 $\tau$、幅值为 1 的脉冲序列（图 4-23b）。

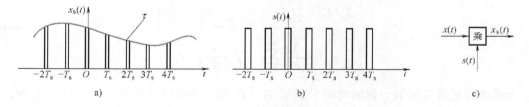

图 4-23 采样过程原理

a）采样信号 $x_s(t)$ b）开关函数 c）采样过程的模拟

由于脉冲宽度 $\tau$ 远小于采样周期 $T_s$，因此可近似认为 $\tau$ 趋近于零，用单位脉冲序列 $g(t)$ 来代替 $s(t)$，如图 4-24 所示，$g(t)$ 可表示为

$$g(t) = \sum_{n=-\infty}^{\infty} \delta(t - nT_s) \qquad (4\text{-}38)$$

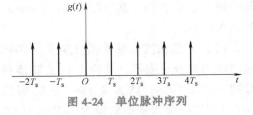

图 4-24　单位脉冲序列

这样，采样过程就可以通过采样脉冲序列 $g(t)$ 与连续时间信号 $x(t)$ 相乘来完成，即

$$x_s(nT_s) = \sum_{-\infty}^{\infty} x(t)\delta(t - nT_s) \qquad (4\text{-}39)$$

采样后得到的采样信号为一系列在时间上离散的信号序列 $x(nT_s)$，$n = 0$，$1$，$2$，…，如图 4-25 所示。

由图还可以看出，采样间隔 $T_s$ 越小（采样频率越高），采样点越密，所获得的数字信号越逼近原信号，但采样间隔太小（采样频率高），则对定长的时间记录来说，其数字序列就很长，计算工作量迅速增大；如果数字序列长度一定，则只能处理很短的时间历程，可能产生较大的误差。若采样间隔过大（采样频率低），则可能丢掉有用的信息。图 4-26 中如果只有采样点 1、2、3 的采样值，就分不清曲线 $A$、$B$ 和 $C$ 的差别。

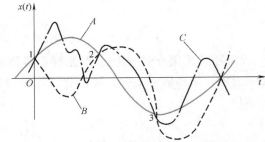

图 4-25　时域采样

因此，必须有一个选择采样间隔 $T_s$ 的准则，以确定获得的数字信号不失真的最大允许间隔 $T_s$，这个准则称为采样定理。下面就讨论此定理。

首先，讨论这样一个问题：模拟信号经过采样后得到的采样信号的频谱有何特点？它与连续信号频谱的关系如何？

由第 1 章知，单位脉冲序列的频谱也是单位脉冲序列，重复周期为采样频率 $f_s(f_s = 1/T_s)$。根据频域卷积定律，模拟信号经过采样后的频谱 $X_s(f)$ 为

图 4-26　采样间隔不当引起的混滑现象

$$X_s(f) = X(f) * \frac{1}{T_s} \sum_{m=-\infty}^{\infty} \delta\left(f - \frac{m}{T_s}\right)$$
$$= \frac{1}{T_s} \sum_{m=-\infty}^{\infty} X\left(f - \frac{m}{T_s}\right) \qquad (4\text{-}40)$$

上述采样过程在时域、频域的图示如图 4-27 所示。模拟信号经过采样后的频谱为原信号频谱的周期延拓。

如果采样的间隔 $T_s$ 太大，即采样频率 $f_s$ 太低，平移距离 $1/T_s$ 过小，那么移至各采样脉冲所在处的频谱 $X(f)$ 就会有一部分相互交叠，新合成的 $X_s(f)$ 图形与原 $X(f)$ 不一致，这种现象称为混叠。发生混叠以后，改变了原来频谱的部分幅值（图 4-27 中虚线部分），这样就不可能从离散的采样信号 $x(t)g(t)$ 准确地恢复原来的时域信号 $x(t)$。

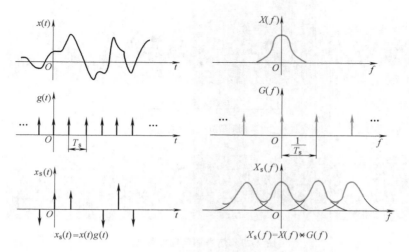

图 4-27  采样过程

如果 $x(t)$ 是一个带限信号（最高频率 $f_c$ 为有限值），采样频率 $f_s = 1/T_s > 2f_c$，那么采样后的频谱 $X_s(f)$ 就不会发生混叠（图 4-28）。若把该频谱通过一个中心频率为零 $(f=0)$、带宽为 $\pm\dfrac{f_s}{2}$ 的理想低通滤波器，就可以把完整的原信号频谱取出，也就有可能从离散序列中准确地恢复原模拟信号 $x(t)$。

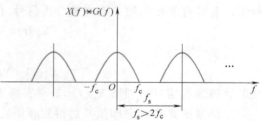

图 4-28  不产生混叠的条件

为了避免混叠，以使采样处理后仍可能准确地恢复其原信号，采样频率 $f_s$ 必须大于最高频率 $f_c$ 的两倍，即 $f_s > 2f_c$，这就是采样定理。

需要注意的是，在对信号进行采样时，满足了采样定理，只能保证不发生频率混叠，而不能保证此时的采样信号能真实地反映原信号 $x(t)$。工程实际中采样频率通常大于信号中最高频率成分的 $3\sim5$ 倍。

如果确知测试信号中的高频部分是由噪声干扰所引起的，为了满足采样定理而不致使处理数据过长，可以把信号先进行低通滤波处理。要满足不产生频率混叠现象，在遵循采样定理之前，还必须使被采样的模拟信号 $x(t)$ 是有限带宽的信号。为此，对不满足此要求的信号，在采样之前，先用模拟低通滤波器滤去高频成分，使其成为带限信号。这种处理为抗混叠滤波预处理。

## 4.3.5  泄漏与加窗处理

信号的历程有可能是无限的，或足够长的，模拟信号经过时域采样后得到的采样信号仍有无限个离散点，而计算机不可能对无限长的信号进行处理，所以要进行时域截断（也称加窗），取其有限的时间片段进行分析。图 4-29 所示为信号加窗截断处理。

### 1. 泄漏现象

对信号进行时域截断会导致频谱能量泄漏。为说明这一现象，以余弦信号为例。设有余弦信号 $x(t)$ 在时域分布上为无限长，现在假定时域截断时的截断区间为 $(-T, T)$，由于

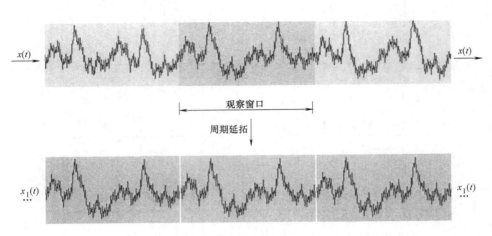

图 4-29　信号加窗截断处理

对 $|t| > T$ 的 $x(t)$ 值为零，故而所得到信号的频谱为近似的，与实际有一定差异。而截断实质上是对无限长信号 $x(t)$ 加一个权函数 $w(t)$，或称为窗函数，即截断就是将无限长的信号乘以有限宽的窗函数，而将被分析信号（截断后得到的信号）变为

$$x_w(t) = x(t)w(t) \tag{4-41}$$

其傅里叶变换为

$$X_w(f) = X(f) * W(f) \tag{4-42}$$

即截断后得到的信号的频谱 $X_w(f)$ 是真实频谱 $X(f)$ 与窗谱 $W(f)$ 的卷积。

余弦信号的真实频谱和截断后得到频谱之间的差异如图 4-30 所示。图 4-30a 表明，余弦信号的实际频谱 $X(f)$ 是位于 $f_0$ 处的 $\delta$ 函数，其频谱是两根谱线。图 4-30b 给出窗函数的 $w(t)$ 及其频谱 $W(f)$。而卷积的结果如图 4-30c 所示。加窗后的频谱已不是原来的，而是两段振荡的连续谱，这表明原来的信号被截断以后，其频谱发生了畸变，原来集中在 $f_0$ 处的

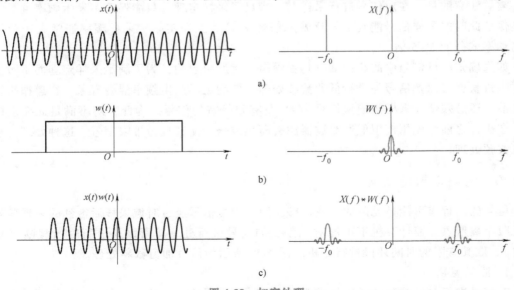

图 4-30　加窗处理

a）余弦信号 $x(t)$ 及其频谱 $X(f)$　　b）窗函数 $w(t)$ 及其频谱 $W(f)$　　c）加窗处理后频谱能量泄漏现象

能量被分散到两个较宽的频带中去了，这种因信号截断而使信号的能量在频率轴分布扩展的现象称为频谱能量泄漏（Leakage）。

泄漏是由于窗函数的频谱有许多旁瓣而引起的，一般窗函数的频谱包括一个主瓣（表示频谱的主体）和一些在主峰两侧出现的一系列小峰的旁瓣。由于 $w(t)$ 是一个频带无限的函数，所以即使 $x(t)$ 是带限信号，而在截断以后也必然成为无限带宽的函数，这说明信号的能量分布扩展了。因此，信号截断后产生的能量泄漏现象是必然的。

### 2. 窗函数及其选用

虽然信号截断后产生的能量泄漏现象是必然的，但如果增大截断长度 $T$，即窗口加宽，则窗谱 $W(f)$ 主瓣将变窄（图4-31b），主瓣以外的频率成分衰减较快，因而泄漏误差将减小。当窗口宽度 $T$ 趋于无限大时，则窗谱 $W(f)$ 将变为 $\delta(f)$ 函数，而 $\delta(f)$ 函数与 $X(f)$ 的卷积仍为 $X(f)$，这就说明如果窗口无限宽，如果不截断，就没有泄漏误差。

可见，泄漏与窗函数频谱的两侧旁瓣有关。如果窗函数的旁瓣较小，相应的泄漏误差也将减小。采用不同的窗函数来截断信号，可以减小或抑制频谱能量泄漏，以满足不同的分析需要。研究窗谱形状的基本思路是改善截断处的不连续状态，因为时域内的截断反映到频域必然产生振荡现象。选择窗函数的作用除了减少泄漏以外，在某些场合，还可以抑制噪声，提高频率分辨能力。

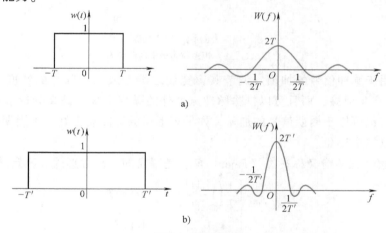

**图4-31 矩形窗**

a) 窄窗口及其频谱 b) 宽窗口及其频谱

基于上述分析，对于窗函数的基本要求为：窗谱的主瓣要窄且高，以提高分辨率；旁瓣高度与主瓣高度之比尽可能小，旁瓣衰减快，正负交替接近相等，以减少泄漏或负谱现象。

但是对于实际的窗函数，这两个要求是互相矛盾的，主瓣窄的窗函数，旁瓣也较高；旁瓣矮、衰减快的窗函数，主瓣也较宽。实际分析时要根据不同类型信号和具体要求选择适当的窗函数。

实际应用的窗函数，可分为以下主要类型：

1）幂窗。采用时间变量某种幂次的函数，如矩形、三角形、梯形或其他时间函数 $x(t)$ 的高次幂。

2）三角函数窗。应用三角函数，即正弦或余弦函数等组合成复合函数，如汉宁窗、海明窗等。

3）指数窗。采用指数时间函数，即 $e^{-st}$ 形式，如高斯窗等。

下面介绍几种常用窗函数的性质和特点。

（1）矩形窗 矩形窗属于时间变量的零次幂窗，函数形式为

$$w(t) = \begin{cases} 1/T & |t| \leqslant T \\ 0 & |t| > T \end{cases} \tag{4-43}$$

相应的窗谱为

$$W(\omega) = \frac{2\sin(\omega T)}{\omega T} \tag{4-44}$$

矩形窗（图4-32a）是一种广泛使用的时窗，习惯上不加窗就是使信号通过了矩形窗，信号截断后直接进行分析计算。这种窗的优点是主瓣窄，缺点是旁瓣较高，并有负旁瓣（图4-32b），导致变换中带进了高频干扰和泄漏，甚至出现负谱现象。

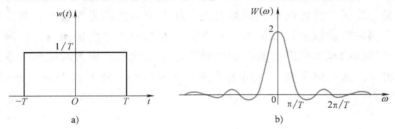

图 4-32 矩形窗负谱现象

a）矩形窗 b）矩形窗频谱中的负旁瓣

矩形窗可用于脉冲信号的加窗。调节其窗宽使之等于或大于脉冲的宽度（也称为脉冲窗），不仅不会产生泄漏，而且可以排除脉冲宽度外的噪声干扰，提高分析信噪比。在特定条件下，矩形窗也可用于周期信号的加窗，如果矩形窗的宽度能正好等于周期信号的整个周期，则泄漏可以完全避免。

（2）三角窗 三角窗又称费杰（Fejer）窗，是幂窗的一次方形式，其定义为

$$w(t) = \begin{cases} \dfrac{1}{T}\left(1 - \dfrac{|t|}{T}\right) & |t| \leqslant T \\ 0 & |t| > T \end{cases} \tag{4-45}$$

相应的窗谱为

$$W(\omega) = \left(\frac{\sin\omega T/2}{\omega T/2}\right)^2 \tag{4-46}$$

三角窗与矩形窗比较，主瓣宽约等于矩形窗的两倍，但旁瓣小，而且无负旁瓣，如图4-33 所示。

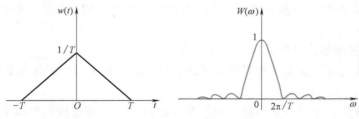

图 4-33 三角窗

（3）汉宁窗　汉宁（Hanning）窗又称升余弦窗，是由一个高度为 1/2 的矩形窗与一个幅值为 1/2 的余弦窗叠加而成的，其时域表达式为

$$w(t) = \begin{cases} \dfrac{1}{2} + \dfrac{1}{2}\cos\dfrac{2\pi t}{T} & |t| < T/2 \\ 0 & |t| \geqslant T/2 \end{cases} \quad (4\text{-}47)$$

相应的窗谱为

$$W(\omega) = \frac{\sin\omega T}{\omega T} + \frac{1}{2}\left[\frac{\sin(\omega T + \pi)}{\omega T + \pi} + \frac{\sin(\omega T - \pi)}{\omega T - \pi}\right] \quad (4\text{-}48)$$

由式（4-48）可以看出，汉宁窗的频谱可以看作三个矩形时间窗的频谱之和，由于 $\pm\pi$ 的频移，使这三个频谱的正负旁瓣互相抵消，合成的汉宁窗的频谱的旁瓣很小，衰减也较快，如图 4-34 所示。

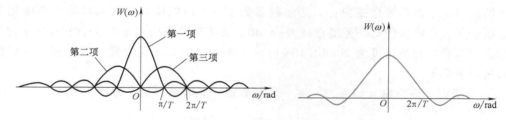

图 4-34　汉宁窗

图 4-35 所示为汉宁窗与矩形窗的谱图对比，可以看出，汉宁窗主瓣加宽（第一个零点在 $2\pi/T$ 处）并降低，旁瓣则显著减小。第一个旁瓣相对于主瓣衰减 -32dB，此外，汉宁窗的旁瓣衰减速度也较快，衰减率为 18dB/oct，但它的主瓣宽度是矩形的 1.5 倍。由以上比较可知，从减小泄漏观点出发，汉宁窗优于矩形窗。但汉宁窗主瓣加宽，相当于分析带宽加宽，频率分辨力下降。

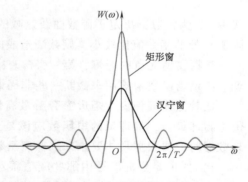

汉宁窗具有较好的综合特性，它的旁瓣小而且衰减快，适用于随机信号和周期信号的截断和

图 4-35　汉宁窗与矩形窗的谱图对比

加窗。这种两端为零的平滑窗函数可以消除截断时信号始末点的不连续性，大大减少截断对谱分析的干扰。但是这是以降低频率分辨率为代价而得到的。图 4-36 所示为同一正弦信号

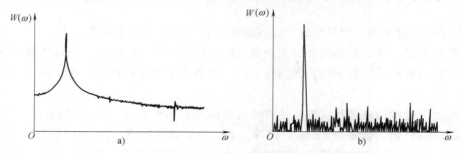

图 4-36　同一正弦信号分别加汉宁窗和矩形窗后计算出的频谱

a）加矩形窗后正弦信号的频谱　b）加汉宁窗后正弦信号的频谱

分别加汉宁窗和矩形窗后计算出的频谱（窗宽不是正弦信号周期的整数倍），该图清楚地显示了汉宁窗减少泄漏误差的效果。

（4）海明窗 海明（Hamming）窗（图4-37）也是余弦窗的一种，又称改进的余弦窗，其时域表达式为

$$w(t) = \begin{cases} \dfrac{1}{T}\left(0.54 + 0.4\cos\dfrac{\pi t}{T}\right) & |t| \le T \\ 0 & |t| > T \end{cases} \tag{4-49}$$

相应的窗谱为

$$W(\omega) = 1.08\frac{\sin\omega T}{\omega T} + 0.46\left[\frac{\sin(\omega T + \pi)}{\omega T + \pi} + \frac{\sin(\omega T - \pi)}{\omega T - \pi}\right] \tag{4-50}$$

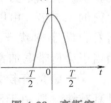

图 4-37 海明窗

海明窗与汉宁窗都是余弦窗，只是加权系数不同。海明窗加权的系数能使旁瓣达到更小。分析表明，海明窗的第一旁瓣衰减为-42dB。海明窗的频谱也是由3个矩形时窗的频谱合成的，但其旁瓣衰减速度为20dB/（10oct），这比汉宁窗衰减速度慢。海明窗与汉宁窗都是很有用的窗函数。

（5）高斯窗 高斯窗（图4-38）是一种指数窗，其时域表达式为

$$w(t) = \begin{cases} \dfrac{1}{T}e^{-at^2} & |t| \le T \\ 0 & |t| > T \end{cases} \tag{4-51}$$

式中，$a$为常数，决定了函数曲线衰减的快慢，$a$值如果选取适当，可以使截断点（$T$为有限值）处的函数值比较小，则截断造成的影响就比较小。

高斯窗谱无负的旁瓣，第一旁瓣衰减达-55dB。高斯窗谱的主瓣较宽，故而频率分辨力低。高斯窗函数常被用来截断一些非周期信号，如指数衰减信号等。

比较上述五种窗，矩形窗旁瓣最高但主瓣最窄，高斯窗旁瓣最低但主瓣却最宽，最理想的窗函数应该是主瓣窗窄而旁瓣低。因此在处理数据时，要根据具体要求来选择窗函数。一般来说应注意下述几点：

1）如果要分析信号中那些幅值很小的频率成分（即次要的频率成分），则不能用矩形窗，应该用泄漏最小的高斯窗。因为那些幅度较小的谱密度将被矩形窗本身引起的皱波所淹没。

图 4-38 高斯窗

2）如果仅分析信号的主要频率成分，而不考查频谱的细微结构，则可用计算最为简单的矩形窗。

3）如果要两者兼顾，则可用汉宁窗或海明窗，而海明窗的应用最为广泛。

需要指出的是，除了矩形窗外，其他窗在对时域函数截断的同时，还对时域函数的幅值有影响，导致频域函数幅值下降，因而要乘以一个修正系数进行修正，这点在计算时要特别注意。

除了以上几种常用窗函数以外，还有多种窗函数，如平顶窗、帕仁（Parzen）窗、布拉克曼（Blackman）窗、凯塞（Kaiser）窗等。对于窗函数的选择，应考虑被分析信号的性质与处理要求。如果仅要求精确读出主瓣频率，而不考虑幅值精度，则可选用主瓣宽度比较窄而便于分辨的矩形窗，如测量物体的自振频率等；如果分析窄带信号，且有较强的干扰噪

声，则应选用旁瓣幅度小的窗函数，如汉宁窗、三角窗等；对于随时间按指数衰减的函数，可采用指数窗来提高信噪比。

### 4.3.6 离散傅里叶变换

对于一个非周期的连续时间信号 $x(t)$ 来说，它的傅里叶变换应该是一个连续的频谱 $X(f)$，其运算公式为

$$\text{FT：} \quad X(f) = \int_{-\infty}^{\infty} x(t) \mathrm{e}^{-\mathrm{j}2\pi ft} \mathrm{d}t \tag{4-52}$$

$$\text{IFT：} \quad x(t) = \int_{-\infty}^{\infty} X(f) \mathrm{e}^{\mathrm{j}2\pi ft} \mathrm{d}f \tag{4-53}$$

由于计算机只能处理有限长度的离散数据序列，因此以上两式不能被计算机直接处理，必须首先对其连续时域信号和连续频谱进行离散化，并截取其有限长度的一个序列，这也就是离散傅里叶变换（Discret Fourier Transform，DFT）产生的基础。

DFT 的特点是在时间域和频率域均取有限个离散数据。这一过程是这样进行的（图4-39）：

1）对连续的信号 $x(t)$ 做时间域采样，成为 $x(nT_s)$，$n = 0，1，2，\cdots，N-1$。$T_s$ 为采样周期。采样后，连续的频谱被周期延拓。

2）考虑到计算机处理数据量的有限性，通过窗函数对信号进行截取。根据卷积定理，这个过程在频域相当于对应窗函数的频域与采样函数频谱的卷积，结果使连续的频谱出现皱波，但不改变其周期性。此时频域仍为连续。

3）考虑到计算机存储数据的有限性，就必须对频域进行离散，即在频域对频谱进行采样。这一过程将使时域截取的信号片断做周期延拓。这样，频域也变成了离散的和周期的了。

当变换仅考虑时域和频域一个周期内的数据时，即可实现离散傅里叶变换（DFT）和离散傅里叶逆变换（IDFT），即

$$\text{DFT：} \quad X\left(\frac{k}{nT_s}\right) = \sum_{n=0}^{N-1} x(nT_s) \mathrm{e}^{-\mathrm{j}\frac{2\pi}{N}nk} = \sum_{n=0}^{N-1} x(nT_s) W_N^{nk} \quad k = 0，1，2，\cdots，N-1 \tag{4-54}$$

$$\text{IDFT：} \quad x(nT_s) = \frac{1}{N}\sum_{n=0}^{N-1} X\left(\frac{k}{nT_s}\right) \mathrm{e}^{\mathrm{j}\frac{2\pi}{N}nk} = \frac{1}{N}\sum_{n=0}^{N-1} X\left(\frac{k}{nT_s}\right) W_N^{-nk} \quad n = 0，1，2，\cdots，N-1$$

$$\tag{4-55}$$

其中

$$W_N = \mathrm{e}^{-\mathrm{j}\frac{2\pi}{N}}$$

显然 DFT 并不是一个新的傅里叶变换形式，它实际上来源于离散傅里叶级数的概念，只不过对时域和频域的信号各取一个周期，然后由这一周期做延拓，扩展至整个频域和时域。

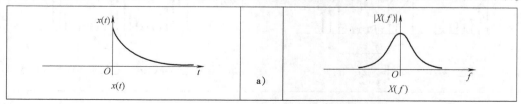

图 4-39 离散傅里叶变换的图解过程

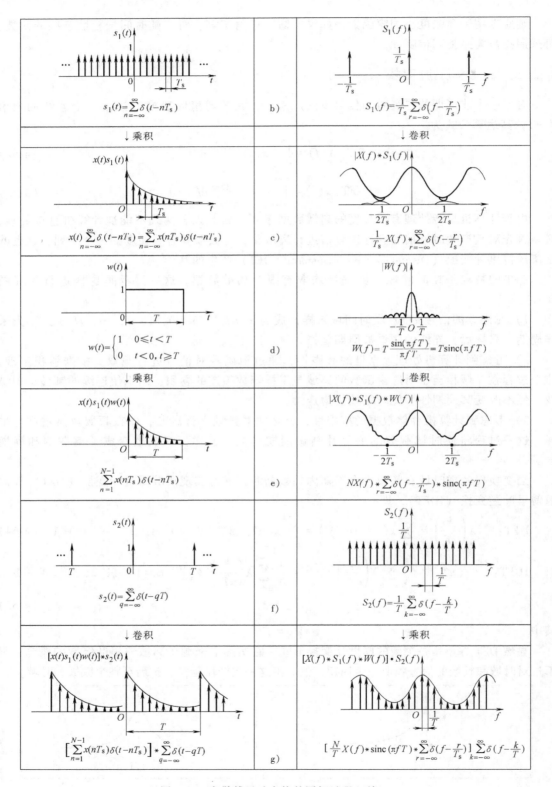

图 4-39　离散傅里叶变换的图解过程（续）

虽然 DFT 为离散信号的分析提供了工具，但 DFT 的计算算法非常复杂。以按式(4-54)计算 DFT 中某一 $k$ 的一个 $X(k)$ 的值为例，如 $k=1$，则

$$X\left(\frac{1}{NT_s}\right) = x(0)W_N^0 + x(T_s)W_N^1 + x(2T_s)W_N^2 + \cdots + x((N-1)T_s)W_N^{N-1} \tag{4-56}$$

通常 $x(nT_s)$ 和 $W_N^{nk}$ 都是复数，所以计算一个 $X(k)$ 的值需要 $N$ 次复数乘法运算和 $N$ 次复数加法运算。那么计算全部 $N$ 个 $X(k)$ 点要做 $N^2$ 次复数乘法运算和 $N^2$ 次复数加法运算。而做一次复数乘法运算需要做四次实数相乘和两次实数相加，做一次复数加法运算需要做两次实数相加。例如：$N=1024$ 时，则总共需要 1 048 576 次复数乘，即 4 194 304 次实数乘法。计算工作量随 $N$ 的增大而急剧增大，当 $N$ 很大时，运算量将是惊人的，这样难以做到实时处理。为了减少 DFT 很多重复的运算量，产生了快速傅里叶变换 FFT 算法。

FFT 算法的基本思想是避免运算中的重复运算，将长序列的 DFT 分割为短序列的 DFT 的线性组合，从而达到整体降低运算量的目的。目前 FFT 算法已有专用硬件芯片和软件模块，使用中直接选用就可以了，有兴趣的读者可以参考有关教材。

## 4.3.7 栅栏效应

连续的模拟信号经过时域采样和截断后，其频谱在频域是连续的。如果要用数字描述频谱，这就意味着首先必须使频率离散化，实行频域采样。频域采样与时域采样相似，在频域中用脉冲序列 $D(f)$ 乘信号的频谱函数（图4-40）。这一过程在时域相当于将信号与一周期脉冲序列 $d(t)$ 做卷积，其结果是将时域信号平移至各脉冲坐标位置重新构图，从而相当于在时域中将窗内的信号波形在窗外进行周期延拓。所以频率离散化，无疑已将时域信号"改造"成周期信号。总之，经过时域采样、截断、频域采样之后的信号 $[x(t)s(t)w(t)]*d(t)$ 是一个周期信号，和原信号 $x(t)$ 是不一样的。

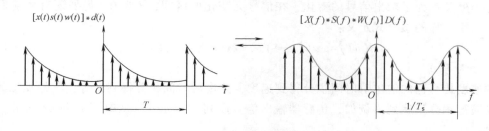

图 4-40 频域采样后的频谱及其时域函数

对一函数实行采样，实质上就是"摘取"采样点上对应的函数值。在频率区间 $[0, 2\pi]$ 上对信号频谱进行 $N$ 点等间隔采样，得到的是若干个离散的频谱点 $X(k)$，且它们限制在基频的整数倍上，这就好像在栅栏的一边通过缝隙看另一边的景象一样，只能在离散点处看到真实的景象，其余部分频谱成分被遮挡，所以称之为栅栏效应。频谱的离散取样造成了栅栏效应，谱峰越尖锐，产生误差的可能性就越大。减小栅栏效应方法：尾部补零，使谱线变密，增加频域采样点数，原来漏掉的某些频谱成分就可能被检测出来。不管是时域采样还是频域采样，都有相应的栅栏效应。只不过时域采样如满足采样定理要求，栅栏效应不会有什么影响。然而频域采样的栅栏效应则影响颇大，"挡住"或丢失的频率成分有可能是重要的或具有特征的成分，以至于整个处理失去意义。

### 4.3.8 常见数字信号处理

数字信号处理广泛应用于通信、医疗、图像处理等领域。传感器信号的处理主要是进行信号的转换，去除噪声，信号的判断、检测、信号成分的分析，信号的合成及再现等。特别是在电磁场干扰严重，噪声成分多或传感器特性不好使测出结果不稳定等场合，运用数字信号处理技术更为必要。

**1. 移动平均**

从信号输入序列按顺序取出相邻的 $K$ 点，其总和除以 $K$，这样求出局部的平均值，将此平均值代替原信号值，得到新的信号序列 $\{y(nT)\}$，称此输出信号序列为移动平均。例如，$k=3$ 时，移动平均为

$$\{y(nT)\} = \frac{1}{3}\{x((n-1)T)$$
$$+ x(nT) + x((n+1)T)\} \quad (4\text{-}57)$$

$k=3$ 时的 $\{x(nT)\}$ 和 $\{y(nT)\}$ 如图 4-41 所示。从图中可见，输入信号中一些细小的变化得到抑制，从而得到较为平坦的图形。可见移动平均具有低通滤波器的功能。$k$ 值越大，取得平均值的范围也越大，能抑制更低的频率成分。

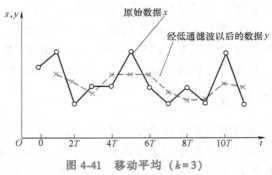

图 4-41 移动平均（$k=3$）

**2. 数字微分**

由下式求出相邻两个数字差 $d$：

$$d(nT) = x((n+1)T) - x(nT) \quad (4\text{-}58)$$

这个处理是为了求出信号的变化，在信号无变化的区间，$d$ 为 0。另外还有用前后相邻共三个数字计算的微分式定义：

$$d(nT) = -x((n-1)T) + 2x(nT) - x((n+1)T) \quad (4\text{-}59)$$

**3. 数字积分**

加速度传感器的输出对时间积分得到速度，速度对时间积分得到位置，其他类似的目的也可以通过积分来达到。例如，传感器输出信号序列 $\{x(nT)\}$ 从时间 0 到 $kT$ 积分，由下式求出：

$$s(kT) = T\left\{\frac{x(0)}{2} + x(T) + x(2T) + \cdots + \frac{x(kT)}{2}\right\} \quad (4\text{-}60)$$

图 4-42 所示为信号积分的图示说明。积分从 $t=0$ 开始，假设 $x$ 是速度计的输出，则 $s$ 表示时间至 $kT$ 时的前进距离。

**4. 同步积分**

在同样的条件下进行同样的实验，每次应有相同的结果。对应于信号成分，每次产生相同的波形，而噪声成分每次都是完全不同的波形。这时如果进行同步积分

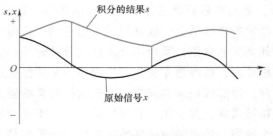

图 4-42 信号积分的图示说明

运算，可以抑制随机噪声，而信号成分得到加强。

同步积分运算是事件发生或实验开始时同时记录信号，与上次相同的信号相加再平均。这样多次重复，随机信号在各取样时间内被抵消，每次产生的信号原样保存其结果，可得出图 4-43 所示的无噪声信号。重复的次数越多，结果越好。

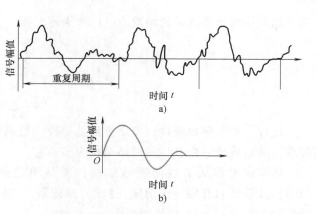

图 4-43　同步积分运算与噪声去除
a）信号波形　b）同步积分运算后的结果

**5. 对数变换**

由下式求出信号 $s$ 的对数 $l$：

$$l(x) = \lg s(x) \tag{4-61}$$

由式（4-61）可知，信号值较小时，变化幅度被放大；信号值大时则相反。在传感器信号变化范围极大但又想观察信号值很小部分的细微变化时，可进行对数变换。但注意在进行对数变换时，要增加 A-D 转换的有效位数。

**6. 数字滤波**

数字滤波通常是指用一种算法或者数字设备实现的线性时不变时间系统，以完成对信号进行滤波处理的任务，其基本工作原理是利用离散系统特性，改变输入数字信号波形或频谱，使有用信号频率分量通过，抑制无用信号频率分量输出，如果在数字系统的前后加上 A-D 和 D-A 转换，它的作用就等效于模拟滤波器，也可用来处理模拟信号。

数字滤波器的作用是利用离散时间系统的特性对输入信号波形（或频谱）进行加工处理，或者利用数字方法按预定的要求对信号进行变换。把输入序列 $x(n)$ 变换成一定的输出序列 $y(n)$（图 4-44），从而达到改变信号频谱的目的。从广义讲，数字滤波是由计算机程序来实现的，是具有某种算法的数字处理过程。

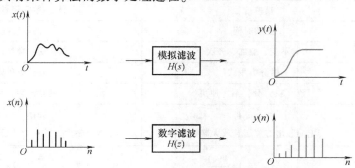

图 4-44　数字滤波系统

一个数字滤波器可以用一个 $N$ 阶差分方程来描述，即

$$y(n) = \sum_{r=0}^{M} b_r x(n-r) + \sum_{k=1}^{N} a_k y(n-k) \tag{4-62}$$

式中，$y(n)$ 为响应；$x(n-r)$ 为激励；$a_1$，…，$a_{N-1}$，$a_N$ 和 $b_0$，$b_1$，…，$b_{M-1}$，$b_M$ 为常数；$N$、$M$ 分别为 $y(n)$、$x(n)$ 的最高位移阶次。

或者以数字滤波器的系统函数 $H(z)$ 来描述，即

$$H(z) = \frac{\sum\limits_{r=0}^{M} b_r z^{-r}}{1 - \sum\limits_{k=1}^{N} a_k z^{-k}} \tag{4-63}$$

设计一个数字滤波器，实质上就是寻找一组系数 $\{a_k, b_k\}$，使其性能满足预定的技术要求，然后设计一个具体的网络结构去实现它。

数字滤波器从实现的网络结构或者从单位脉冲响应分类，可以分成无限冲击响应（IIR）滤波器和有限冲击响应（FIR）滤波器。它们都是典型线性时不变离散系统，其系统函数分别为

$$H(z) = \frac{\sum\limits_{r=0}^{M} b_r z^{-r}}{1 - \sum\limits_{k=1}^{N} a_k z^{-k}} \tag{4-64}$$

$$H(z) = \sum_{n=0}^{N-1} h(n) z^{-n} \tag{4-65}$$

数字滤波器与模拟滤波器相比，它们的作用相同，而分析方法不同。数字滤波器的数学模型为差分方程式，运算内容为延时、乘法、加法运算。构成数字滤波器的器件为加法器、乘法器、延时器等。而模拟滤波器的数学模型为微分方程式，运算内容则为微（积）分、乘法、加法。构成模拟滤波器的元器件为电阻、电容、运算放大器等。两者的对比可以归纳为表 4-2。

表 4-2　数字滤波器与模拟滤波器对比

| 比较项目 | 模拟滤波器 | 数字滤波器 |
|---|---|---|
| 输入、输出 | 模拟信号 | 数字信号 |
| 系统 | 连续时间 | 离散时间 |
| 系统特性 | 时不变、叠加、齐次 | 非移变、叠加、齐次 |
| 数学模型 | 微分方程式 | 差分方程式 |
| 运算内容 | 微（积）分，乘、加法 | 延时，乘、加法 |
| 系统构成 | 分立元件<br>（电阻、电容、运算放大器等） | 软件：程序<br>硬件：乘、加、延时运算块 |
| 系统函数 | （$s$ 域）　$H(s) = \dfrac{Y(s)}{X(s)}$<br><br>$H(\omega) = \dfrac{Y(\omega)}{X(\omega)}$ | （$z$ 域）　$H(z) = \dfrac{Y(z)}{X(z)}$<br><br>$H(e^{j\omega}) = \dfrac{Y(e^{j\omega})}{X(e^{j\omega})}$ |

数字滤波可以用软件或硬件实现。软件实现方法是按照差分方程式或框图所表示的输出与输入序列的关系，编制计算机程序，在通用计算机上实现；硬件实现方法是把用数字电路制成的加法器、乘法器、延时器等，按框图加以连接，构成运算器，即数字滤波器来实现。

4-1　已知调制信号是幅值为 10、周期为 1s 的方波信号，载波信号是幅值为 1、频率为 10Hz 的正弦波信号。

（1）画出已调制波的波形。

（2）画出已调制波的频谱。

4-2　已知调幅波 $x_a(t) = (100 + 30\cos\omega t + 20\cos3\omega t)\cos\omega_c t$，其中 $f_c = 10\text{kHz}$，$f_\omega = 500\text{Hz}$。

（1）试求 $x_a(t)$ 所包含的各分量的频率及幅值。

（2）绘出调制信号与调幅波的频谱。

4-3　若将高通网络与低通网络直接串联（图 4-45），是否能组成带通滤波器？写出此线路的频率响应函数，分析其幅频特性和相频特性以及 $R$、$C$ 的取值对其幅频特性和相频特性的影响。

4-4　求 $\sin10t$ 输入图 4-46 所示线路后的输出信号。

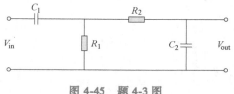

图 4-45　题 4-3 图

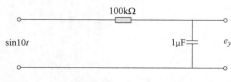

图 4-46　题 4-4 图

4-5　已知低通滤波器的频率响应函数 $H(\omega) = 1/(1 + j\omega\tau)$，$\tau = 0.05\text{s}$，当输入信号 $x(t) = 0.5\cos10t + 0.2\cos(100t - 45°)$ 时，求其输出 $y(t)$，并比较 $y(t)$ 与 $x(t)$ 的幅值与相位有何区别。

4-6　设一滤波器的传递函数 $H(s) = \dfrac{1}{0.0036s + 1}$。

（1）试求上、下截止频率。

（2）画出其幅频特性示意图。

4-7　如图 4-47 所示的周期性方波信号，让它通过一理想带通滤波器，该滤波器的增益为 0dB，带宽 $B = 30\text{Hz}$，中心频率 $f_0 = 20\text{Hz}$，试求滤波器输出波形的幅频谱及均值 $\mu_x$。

4-8　已知任意信号 $x(t)$ 被理想脉冲序列 $p(t) = \sum\limits_{n=-\infty}^{\infty} \delta(t - nT_s)$（式中，$T_s$ 为脉冲序列的周期）所采样，试求采样信号的频谱。

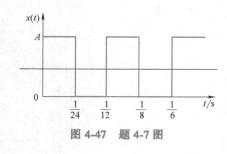

图 4-47　题 4-7 图

4-9　对三个余弦信号 $x_1(t) = \cos2\pi t$、$x_2(t) = \cos6\pi t$、$x_3(t) = \cos10\pi t$ 进行理想采样，采样频率 $f_c = 4\text{Hz}$，求三个采样输出序列，比较这三个结果，画出 $x_1(t)$、$x_2(t)$、$x_3(t)$ 的波形

及采样点位置，并解释频率混叠现象。

4-10　已知一信号的最高频率为 1kHz、记录长度 $T = 40s$，对该模拟信号进行数字化处理，采样频率为 2kHz，采样点数为 2048 点，试回答：

（1）所得数字信号有无能量泄漏现象？为什么？

（2）所得数字信号有无频率混叠现象？为什么？

# 第 5 章

# 计算机集成应用基础

▶ 本章主要内容 ⫶⫶⫶

　　计算机是测控系统的重要组成部分，是信号分析、处理的核心部件，处于信息获取、处理、输出、反馈等集成的主体地位。测控系统中常用的计算机有单片微控制器、数字信号处理器、嵌入式微处理器、可编程序控制器等。本章简要介绍了不同计算机的硬件构成、软件和指令系统。单片微控制器具有微型化、单片化特点，其体积小、功耗低、成本低、可靠性高的优点，使其在嵌入式测控仪表或设备中得到广泛应用。数字信号处理器强大的信号处理能力和速度，使其在专用领域具有得天独厚的优势。嵌入式系统软硬件可裁减性，较好地满足了测控系统的定制要求。可编程序控制器具有高可靠性和图形化的编程方式，使其易学易用，在大、中型工业测控系统中得到较多应用。本章对计算机测控系统相关的接口技术、通信技术、人机接口进行了简要介绍。从网络的分类、结构与协议等方面简明阐述计算机网络系统。在以计算机为主体的测控系统中，从集成体系结构和现场总线两个方面进行分类说明和比较。通过本章内容的学习，为构建以计算机为主体的测控系统打下基础。

## 5.1　概述

　　计算机是测控系统的重要组成部分，这不仅是因为来自传感器的模拟信号经调理（放大、滤波等处理）后需要送入计算机进行必要的数字处理，并将结果储存、显示、输出，或按照预先设计的控制策略计算出控制量，实时向执行机构发出指令，使整个系统能够按照一定的品质指标工作，而且计算机还承担着数据管理、通信、人机交互等重要功能。计算机在测控系统及整个机电一体化系统中处在信息集成的地位，如图 5-1 所示。

　　测控系统中的计算机一般为微型计算机，这类计算机种类繁多，主要有以下几类：微控制器、嵌入式微处理器（Micro Processor Unit，MPU）、数字信号处理器（Digital Signal Processor，DSP）、可编程序控制器（PLC）、个人计算机等。本章主要从系统集成的需要和构成出发，介绍一些常用的微处理器及接口、通信、总线等方面的基本知识。实际应用时，需

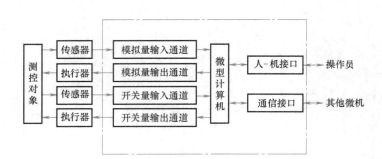

图 5-1 测控系统中计算机的作用

要进一步深入了解某一方面的知识，可以参考有关专门书籍。

## 5.2 单片微控制器

在早期，单片微控制器被称为单片微型计算机（即单片机），是 Single Chip Microcomputer 的直译，它反映了早期单片微机的形态和本质。将计算机的基本部件微型化，使之集成在一块芯片上，片内含有 CPU、ROM、RAM、并行输入/输出（I/O）、串行 I/O、定时器/计数器、中断控制、系统时钟及总线等。随后，面向应用对象，突出控制功能，在片内集成了许多外围电路及外设接口，突破了传统意义的计算机结构，发展成 Microcontroller 的体系结构，目前国外已普遍称之为微控制器（Micro Controller Unit，MCU）。本文取两者的综合，称之为单片微控制器。

单片微控制器的最大特点是单片化，体积大大减小，从而使功耗和成本下降，可靠性提高。单片微控制器在工作温度、抗电磁干扰、可靠性等方面一般都做了各种增强，片上外设资源一般也比较丰富。目前，比较有代表性的单片微控制器有 8051、MCS-251、MCS96/196/296、P51XA、C166/167、68K 系列、MCU8XC930/931、C540/541 等。

### 5.2.1 单片微控制器的硬件结构

单片微控制器硬件结构包括中央处理单元、存储器和 I/O 接口等，各部分通过地址总线 AB（Address Bus）、数据总线 DB（Data Bus）和控制总线 CB（Control Bus）相连，如图 5-2 所示。在此基础上，再配以应用软件、I/O 设备便构成了完整的微型计算机应用系统。

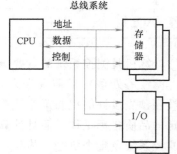

图 5-2 微型计算机的组成

#### 1. 中央处理单元

中央处理单元（Central Processing Unit，CPU）是单片微控制器硬件的核心部分，主要完成单片微控制器的运算和控制功能。它由算术逻辑单元（运算单元）与控制单元两部分组成。

（1）算术逻辑单元（Arithmetic Logic Unit，ALU） 算术逻辑单元的功能是执行算术运算（加、减、乘、除等）、逻辑运算（AND、OR、NOT 等）和移位操作，能对由存储器或输入单元送至 CPU 中的数据进行各种运算，运算结果由控制单元送至存储器或输出单元。

（2）控制单元（Control Unit，CU） 此单元在中央处理单元中负责协调与指挥各单元间的数据传送与操作，使单片微控制器可依照指令的要求进行工作。在执行一条指令时，控制单元先对指令进行解码（Decode），然后执行该指令，因此控制单元将逐一执行全部指令，直到整个程序的所有指令执行完毕为止。

### 2. 存储器

存储器（Memory Unit，MU）是用来存放程序和数据的部件。

（1）存储器的基本结构 存储器分为一个个存储单元，如图5-3所示。每个存储单元有两个属性：一个是方便存取而建立的地址编码；另一个是它存放的内容。两者虽然都是二进制代码，但却是两个完全不同的概念。

在存取操作时，地址信息出现在地址总线上，经译码器选中相应的存储单元，该单元的数据线与CPU的数据总线相连。在控制总线的读/写信号控制下，数据经由CPU的数据总线完成存储单元内容的存取操作。

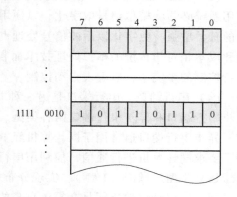

图5-3 存储器的基本结构

（2）存储器分类 根据不同的存取方式，存储器可以分为只读存储器（ROM）与随机存取存储器（RAM）。ROM中存储的数据，在单片微控制器中只能被读出，不能被写入，不会因为关机断电而使数据流失；RAM中的数据既可被读出，又可被写入，但在关机断电后，存储在RAM中的数据将会流失。

根据不同的存储内容，单片微控制器内的存储器可以分为程序存储器和数据存储器。程序存储器用于存放程序指令及程序中的常数和数据表格，通常由ROM构成。数据存储器用于存放所处理的数据，通常由RAM构成。这两类存储器相互独立，各自有自己的寻址方式、控制方式和传输信息方式。

单片微控制器的存储器有片内和片外之分，这是因为受限于芯片面积，单片微控制器内部的存储器在很多情况下不够用，必须在单片微控制器外进行扩展，连接一些存储芯片。

### 3. I/O 接口

某个单片微控制器所用的I/O资源集合，往往决定该单片微控制器将如何实现其应用。这些资源提供所必需的同外部系统的硬件接口，同时能够减轻单片微控制器的负荷。

（1）通用I/O接口 输入设备的功能是将外界的各种信息转换成微机所能接收和识别的二进制信息形式。一般的输入设备有键盘、鼠标、磁碟机、光碟机、光笔、扫描器、读卡机等外部设备，还包括用来传输采集数据的I/O接口。输出设备的功能是将微机对二进制信息的处理结果转换成人们所能接收和识别的形式。一般的输出单元有显示器、打印机、绘图机、刻录机或磁碟机等外部设备以及通过各种总线连接的控制对象。由于I/O设备的信息格式明显不同于微机，并且大多数都有机械动作，数据传送速度远低于微机，输入/输出时都需要对数据进行缓冲存储处理，因此，I/O设备必须通过I/O接口电路与CPU交换信息。I/O设备种类繁多，工作原理、信息格式各不相同，需要不同的接口电路。

要想正确使用不同用途的接口芯片,必须首先知道芯片有几个端口,是数据口还是控制口,端口地址是多少,才能正确编制初始化程序和工作程序。

(2) 定时/计数器 定时/计数器电路是仅次于通用 I/O 的使用最广泛的 I/O 资源。定时器包含定时功能和计数功能,既可以作为输入,也可以作为输出。定时器电路用于减轻 CPU 负荷,并创建实时事件。例如定时器电路一个最普通的应用是产生周期性中断,为执行特定的实时程序提供定时依据。

(3) 模数转换器 ADC 和数模转换器 DAC ADC 和 DAC 是广泛使用的 I/O 资源。许多应用系统必须将模拟信号数字化,以便用于数字显示或在串行口传输。随着单片微控制器功能的日益增强,数字化以后的信号处理也日益增多。采用数字信号处理技术,整个系统的性能和成本相对于传统的模拟处理技术而言能得到很大改善。DAC 通常用于要求用模拟信号进行控制的系统中,以实现自动控制。

(4) 串行端口 串行端口是另一种非常普遍的 I/O 资源。在单片微控制器上,一般有同步串行端口和异步串行端口两种类型。

异步串行端口通常用于同计算机经 RS-232 接口进行通信。许多应用系统在正常运行中并不要求同计算机进行通信,但利用串行端口可附加提供服务与测试。异步串行端口也能够用于建立小型局域网 (LAN),实现分布式控制或处理。

同步串行端口的特征是会提供自身的同步时钟信号。这些端口一般用于系统内通信,这包括单片微控制器到单片微控制器的通信,或单片微控制器到外围设备的通信。它使系统无需总线系统便能加以扩展。

(5) 系统总线 系统总线按功能划分为地址总线 AB、数据总线 DB 和控制总线 CB。总线上能够并行传送的二进制位数,称为总线的宽度。每一种类型的总线都有自己的宽度。

地址总线是传送地址信息用于选中某一存储单元或 I/O 端口的系统总线。地址信息流向是单方向的,由 CPU 指向存储器或 I/O 端口。CPU 通过地址总线寻找存储单元或 I/O 端口地址的操作,称为寻址。地址总线的宽度决定了微机所能寻址的最大存储空间和最大 I/O 端口地址空间。如 8031 单片微控制器的地址总线宽度为 16 位,用 A15 ~ A0 表示,可寻址的存储单元和 I/O 端口总数为 $2^{16} = 64K$ 个。

数据总线是传送数据信息的系统总线。数据信息流向是双向的,既可以从 CPU 流向存储器或 I/O 端口,也可以从存储器或 I/O 端口流向 CPU。此外,在微机处于 DMA(直接存储器存取)工作方式下,存储器和 I/O 接口还能相互传送数据。因此,数据总线为双向总线。

数据总线的宽度成为按字长划分的计算机名称来源之一。MCS-51 单片微控制器数据总线宽度为 8 位,MCS-51 单片微控制器就是一种 8 位机。

控制总线是传送控制命令和状态信息的系统总线。控制命令是 CPU 发布的控制存储器或 I/O 端口完成某一特定操作的命令信息,如读信号 RD、写信号 WR、地址锁存允许信号 ALE 等。状态信息是存储器或 I/O 端口向 CPU 发出的反映自身状态或请求的信号,如忙信号 BUSY、中断申请信号 INT 等。控制总线就单根线来讲信息流向是单方向的,有的从 CPU 指向存储器或 I/O 端口,有的从存储器或 I/O 端口指向 CPU,因此从成组角度来讲可以看成是双向的。

CPU 控制着总线系统,方法是将设备地址送到地址总线上,选定设备及单元;将总线的控制信号送到控制总线上，提供传送方向和定时设定；在数据总线上向设备传送（写）数据或从设备抽取（读）数据。

单片微控制器采用总线系统这一灵活机制来实现 CPU、存储器和 I/O 设备之间的数据交换。总线之所以是灵活的，是因为它是共享的。欲将存储器或外围设备加入系统，只需将它们接到总线系统上，并加入必要的解码逻辑电路即可。

### 5.2.2 单片微控制器的指令系统

单片微控制器应用系统包括硬件和软件两大部分，两者是一个有机的整体，只有系统的软硬件紧密配合，协调一致，才是高性能的单片微控制器应用系统。

微控制器的操作由指令序列所控制。计算机所有指令的集合称为该计算机的指令系统，它在很大程度上决定着计算机的功能及使用。微控制器的指令序列称为程序或软件。

#### 1. 指令、汇编和编译

指令是让单片微控制器执行某种操作的命令。在单片微控制器应用系统中主要使用机器语言和汇编语言两种指令系统。

机器语言的指令按一定的顺序以二进制码的形式存放于程序存储器中。二进制码是计算机能够直接执行的机器码（或称目标码）。为了书写、输入和显示方便，人们通常将机器码写成十六进制形式。用机器语言编写一个程序极其繁琐，而且容易出错，可移植性也差，但用它编写的程序不需要做任何工作就可以执行，并且执行速度快。

汇编语言的指令是用助记符书写的，助记符是英文单词的缩写，单词的含义指出了指令的功能。符号指令要转换成计算机所能执行的机器码并存入计算机的程序存储器中，这种转换称为汇编。常用的汇编方法有三种，一是手工汇编，设计人员对照单片微控制器指令编码表，把每一条符号指令翻译成十六进制数表示的机器码指令，借助于小键盘送入开发机，然后进行调试，并将调试好的程序写入程序存储器芯片；二是利用开发机的驻留汇编程序进行汇编；三是利用通用微型计算机配备的汇编程序进行交叉汇编，然后将目标码传送到开发机中。用汇编语言设计出来的程序节省内存空间，运行速度快，效率高，但可移植性差，只有对单片微控制器指令系统熟悉、掌握后，才能用汇编语言进行程序设计，而且编程的难度和工作量是相当大的。

另外，还可以采用高级语言（如 C51）进行单片微控制器应用程序的设计。在计算机中编辑好的高级语言源程序经过编译、链接后形成目标码文件，并传送到开发机中。这种方法具有周期短、移植和修改方便的优点，适合于较为复杂系统的开发。但高级语言由于通用性强，内部操作过程比较复杂，源程序经编译程序编译后，机器码形式的目标程序往往不够紧凑，执行起来速度较慢。而且高级语言的编译程序本身要求占据较大的内存空间，还要有充分的外部设备支持，所以一般用于科学计算和实时性要求不是很高的场合。

#### 2. 指令系统

单片微控制器的指令系统各不相同，但指令有三种通用类型：数据传送指令、算术与逻辑运算指令及程序控制指令。

数据传送指令主要用于实现寄存器之间、存储器与寄存器之间、累加器 ACC 与 I/O 端口之间、立即数到寄存器间的字节或字的传送。传送指令可分为四类：通用数据传送指令、累加器专用传送指令、地址传送指令和标志传送指令。

算术运算指令主要用来完成加、减、乘、除等各类算术运算。逻辑运算指令可以完成与、或、异或、清零、取反和循环移位等操作。

程序控制指令控制程序的流向，改变程序执行的顺序。

### 5.2.3 单片微控制器的特点及应用

#### 1. 单片微控制器的特点

（1）控制性能和可靠性高　单片微控制器是为满足工业控制而设计的，所以实时控制功能特别强，其 CPU 可以对 I/O 端口直接进行操作，位操作能力更是其他计算机无法比拟的。目前的单片微控制器产品，内部集成有高速 I/O 接口、ADC、PWM、WDT 等部件，并在低电压、低功耗、串行扩展总线、控制网络总线和开发方式（如在系统编程 ISP）等方面都有了进一步的增强。

由于 CPU、存储器及 I/O 接口集成在同一芯片内，各部件间的连接紧凑，数据在传送时受到干扰的影响较小，且不易受环境条件的影响，所以单片微控制器的可靠性非常高。另外，单片微控制器芯片本身也是按工业测控环境要求设计的，能适应各种恶劣的环境，其抗工业噪声干扰的能力优于一般通用的 CPU。

（2）体积小、成本低、易于产业化　每个单片微控制器芯片即是一台完整的微型计算机，对于批量大的专用场合，一方面可以在众多的单片微控制器品种中进行选择，同时还可以进行专用芯片设计，使芯片功能与应用具有良好的对应关系。在单片微控制器产品的引脚封装方面，有的单片微控制器引脚已减少到 8 个或更少，从而使应用系统的印制板减小，接插件减少，安装简单方便。它能方便地嵌入到各种智能化测控设备及各种智能仪器仪表中。

#### 2. 单片微控制器的应用领域

由于单片微控制器具有良好的控制性能和灵活的嵌入品质，近年来在各种领域都获得了极为广泛的应用，如智能电气测量仪表、智能传感器、机电一体化产品、家用电器，以及汽车、火车、飞机、航天器等领域。

## 5.3　数字信号处理器

数字信号处理器，简称为 DSP 处理器，是专门用于信号处理的处理器。针对高速数据传输和密集数值运算，DSP 处理器在结构、指令系统和指令流程等方面进行了特殊设计，可以进行向量运算、数字滤波等运算量很大的数据处理，具有编译效率高、指令执行速度快的特点。一般 DSP 处理器大量用于数字滤波、快速傅里叶变换（FFT）、频谱分析等方面的实际应用。

DSP 的理论算法在 20 世纪 70 年代就已经出现，但是由于专门的 DSP 处理器还未出现，所以这种理论算法只能通过 MPU 等分立元件实现。MPU 的处理速度较低，无法满足 DSP 算法的要求，其应用领域仅局限于一些尖端的高科技领域。随着大规模集成电路技术的发展，1982 年世界上诞生了首枚 DSP 芯片，其运算速度比 MPU 快了几十倍，在语音合成和编码解码器中得到了广泛应用。其后的二十几年间，随着电子技术的进步，DSP 得到迅猛发展，在集成度、存储容量和运算速度等方面都不断提高，应用范围也从语音处理、图像处理等方面扩大到了通信、计算机和机器设备等领域。

比较有代表性的产品是 Texas Instruments 公司的 TM320C2000/C5000 系列和 Motorola 公司的 DSP56000 系列、Philips 公司的 REAL DSP 等。另外，如 Intel 公司的 MCS-296 和 Siemens 公司的 TriCore 也有各自的应用范围。

## 5.3.1　DSP 算法的特点及其硬件要求

数字信号处理（Digital Signal Processing）和数字信号处理器的简称都是 DSP，两者内涵不同而又相互联系。数字信号处理的理论和算法能够得到广泛的普及和应用，在很大程度上得益于 DSP 器件性能的提高和价格的下降，而 DSP 技术的应用又促进了数字信号处理理论的提高。

### 1. DSP 算法的特点

数字信号处理将模拟信号通过采样进行数字化，然后对数字信号进行分析、处理，偏重于理论、算法及软件实现。数字信号处理算法具有如下一些主要特点：

1）信号处理算法运算量大，要求速度快。不论是一维的语言信号，还是二维的图像信号，一般算法的运算量都很大，且算法的实现都必须实时。

2）信号处理算法通常需要执行大量的乘累加运算。比如 FIR 滤波算法主要执行的是一个点积运算，也就是以乘、加为主的运算。

3）信号处理算法常具有某些特定模式。比较典型的是数字滤波器中的连续推移位。

4）信号处理算法大部分处理时间花在执行相对小的循环的操作上。

5）信号处理要求有专门的接口。一个非常重要的接口是把模拟信号与数字信号相互转换的 ADC 和 DAC，另外，大量的数据交换需要有高速的数据吞吐能力。

### 2. DSP 硬件要求

DSP 硬件系统的结构就是针对 DSP 算法进行构造的，几乎所有的 DSP 器件都包含有 DSP 算法的特征。因此，DSP 算法的上述特点要求 DSP 器件必须是专门设计的，并且满足如下要求：

1）具有专业的算术处理能力。能够进行单周期快速运算，允许任意计算次序。

2）具有高效的数据存取能力。单周期内能取两个以上操作数，保证快速的乘累加运算（MAC）。

3）具有快速多样的寻址能力。能产生信号处理算法需要的特殊寻址，如循环寻址和位翻转寻址。

4）有相应的硬件循环缓冲区，能执行无开销循环和转移操作。

5）有扩展接口能力。有串口、DMA 控制器、定时器、A-D 转换器等丰富的外设资源。

## 5.3.2　DSP 处理器的基本结构组成

### 1. 多总线结构

DSP 采用哈佛总线结构来提高执行效率。微处理器内一般有两种基本总线结构，即冯·诺依曼结构和哈佛结构（图 5-4）。冯·诺依曼结构具有单一总线，将程序指令和数据存储在同一存储空间中，统一编址。取指令和取数据都通过同一组总线（一个地址总线和一个数据总线）访问同一存储器，执行速度慢，数据吞吐率低。在高速运算时，往往在传输通道上出现瓶颈效应。哈佛结构具有多总线，将程序和数据存储在不同的存储空间中，程序存储器和数据存储器独立编址，有着各自独立的数据总线和地址总线，能够互不干扰地独立访问，取指令和执行能完全重叠运行，数据的吞吐量提高了一倍。有的 DSP 片内还包括有其他总线，如 DMA 总线等，可在单周期内完成更多的工作。对 DSP 来说，内部总线本身就是资源，总线越多，可以完成的功能就越复杂。

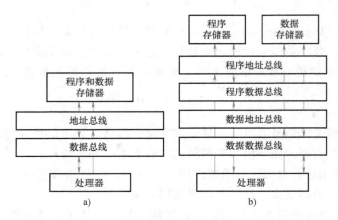

图 5-4　两种总线结构框图

a）冯·诺依曼结构　b）哈佛结构

### 2. 流水线结构

流水线操作技术是提高 DSP 程序执行效率的另一个主要手段。DSP 广泛采用流水线结构以减少指令执行时间，从而增强了处理器的处理能力。程序执行时，每条 DSP 指令分为取指、译码、取操作数、执行等几个阶段。DSP 采用多级流水线操作，取指、译码、取操作数、执行等操作可以独立地处理，从而使指令执行能够完全重叠。例如：四级流水线操作中，在每个指令周期内，处理器可以并行处理四条指令，每条指令处于流水线上的不同阶段。在第 $N$ 条指令取指时，第 $N-1$ 条指令正在译码，第 $N-2$ 条指令则正在取操作数，而第 $N-3$ 条指令则正在执行，如图 5-5 所示。一般来说，流水线对用户是透明的。流水线机制保

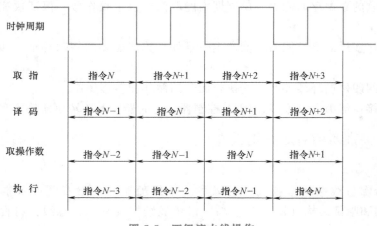

图 5-5　四级流水线操作

证 DSP 的乘法、加法以及乘累加可以在单周期内完成，这对提高 DSP 的运算速度具有重要意义。流水线的深度为二级以上，不同的产品深度也各不相同。320/C6000 中深度达到了八级，就意味着器件可以同时运行 8 条指令。流水线机制将指令周期的时间缩短到最小值。

### 3. 硬件乘法器

专用的硬件乘法器是 DSP 的特征之一，是 DSP 实现快速运算的重要保障。在一般的计算机上，算术逻辑单元（ALU）只能完成两个操作数的加、减及逻辑运算，而乘法（或除法）则由加法和移位来实现。因此，它们实现乘法运算就比较慢。但在数字信号处理运算中，DFT、FFT 以及滤波器等运算中都有大量的乘法运算存在，使乘法运算的速度成为数字信号处理实现中的一个瓶颈问题。为了适应数字信号处理算法的要求，与一般的计算机不同，数字信号处理器都有硬件乘法器。硬件乘法器的功能是在单周期内完成一次乘法运算。DSP 内还增加了累加器寄存器来处理多个乘积的和，而且该寄存器通常比其他寄存器宽，这样保证乘累加运算结果不至于发生溢出。

### 4. 多处理单元

DSP 芯片内部一般都集成多个功能单元，如累加器（ACC）、硬件乘法器（MUL）、算术逻辑单元（ALU）、辅助算术单元（ARAU）以及 DMA 控制器等。它们可以并行操作，在一个单独的指令周期内执行完计算任务，并且这种运算往往是同时完成的。例如，可以在一个周期内完成相乘和相加两个运算，同时辅助算术单元已经完成了下一个地址的寻址工作，为下一次的运算做好了充分的准备。因此，多个功能单元并行操作，使 DSP 在相同时间内可完成更多操作，提高程序执行速度，DSP 可以完成连续的乘加运算，而每一次运算都是单周期的。这尤其适合于 FIR 和 IIR 等滤波器的设计。多处理单元结构还表现在将一些特殊算法做成硬件，以提高速度，例如 FFT 的位翻转寻址、无消耗循环控制、语音的 A 律和 μ 律算法等。

### 5. 片内外设

在外围设备方面，DSP 也做出相应的调整，将其集成在 DSP 芯片内，形成片内外设。DSP 芯片的片内外设包括事件管理模块（EV）、模数转换模块（ADC）、串行通信模块（SCI）、串行外设接口模块（SPI）、DMA 控制模块、中断管理系统和系统监视模块。事件管理模块含有通用定时器、比较器、PWM 发生器、捕获器等。模数转换模块实现模拟量到数字量的转换。串行通信模块是一个标准的串行异步数字通信接口模块。串行外设接口模块提供一个高速同步串行总线，实现与带有 SPI 接口芯片的连接。片内 DMA 控制器可以在不干扰 CPU 操作的前提下，由专用的数据存取通道独立完成接口到片内存储器之间的数据传输，形成片内的高速数据通道。中断管理系统负责处理 DSP 内核中断、片内外设以及外部引脚中断的响应过程。系统监视模块由看门狗和实时中断定时器组成，负责监视 DSP 控制器的软件、硬件运行状况。一些现代 DSP 芯片甚至包括了更多功能外设，如 CAN 总线控制模块、锁相环电路、实现在线仿真的 JTAG 测试仿真接口等。所以用户构建自己的 DSP 系统时，只需要外加很少的器件，限制占用 DSP 处理内核的时间，使处理器不会把时间浪费在与慢速外设之间的互操作上。

### 6. 特殊的 DSP 指令

鉴于 DSP 结构的特殊性，不同系列的 DSP 芯片都具备一些特殊的 DSP 指令，以充分发挥 DSP 算法及各系列特殊设计的功能，提高 DSP 芯片的处理能力。

### 5.3.3 DSP 应用系统的优点及应用

#### 1. DSP 芯片分类

DSP 芯片可以按照以下的三种方式进行分类。

（1）按基本特性分 这是根据 DSP 芯片的工作时钟和指令类型来分类的。如果 DSP 芯片在某时钟频率范围内的任何频率上能正常工作，除计算速度有变化外，没有性能的下降，这类 DSP 芯片一般称为静态 DSP 芯片。

如果有两种或两种以上的 DSP 芯片，它们的指令集和相应的机器代码及管脚结构相互兼容，则这类 DSP 芯片称为一致性的 DSP 芯片。

（2）按数据格式分 这是根据 DSP 芯片工作的数据格式来分类的。数据以定点格式工作的 DSP 芯片称为定点 DSP 芯片。以浮点格式工作的称为浮点 DSP 芯片。DSP 芯片所采用的浮点格式不完全一样，有的 DSP 芯片采用自定义的浮点格式，有的 DSP 芯片则采用 IEEE 的标准浮点格式。

（3）按用途分 按照 DSP 芯片的用途来分，可分为通用型 DSP 芯片和专用型 DSP 芯片。通用型 DSP 芯片适合普通的 DSP 应用，有完整的指令系统，通过编程来实现各种数字信号处理功能，如 TI 公司的一系列 DSP 芯片。专用型 DSP 芯片是为某些特定的数字信号处理功能而设计的，更适合特殊的运算，如数字滤波、卷积和 FFT 等。

#### 2. DSP 应用系统的优点

典型的 DSP 应用系统基本模型如图 5-6 所示。DSP 芯片的输入是 A-D 转换后得到的以采样形式表示的数字信号，DSP 芯片对输入的数字信号进行某种形式的处理，如进行一系列的乘累加操作（MAC）。

输入 → 抗混叠滤波 → A-D → DSP 芯片 → D-A → 平滑滤波 → 输出

图 5-6 典型的 DSP 应用系统基本模型

数字信号处理系统具有以下优点：

1）接口方便。DSP 应用系统与其他以现代数字技术为基础的系统或设备都是相互兼容的，它与这样的系统接口以实现某种功能要比模拟系统与这些系统接口要容易得多。

2）编程方便。DSP 应用系统中有可以编程的 DSP 芯片，在开发过程中，设计人员可以灵活方便地对软件进行修改和升级。

3）稳定性好。DSP 应用系统以数字处理为基础，受环境温度及噪声的影响较小，可靠性高。

4）精度高。16 位数字系统可以达到 $10^{-5}$ 级的精度。

5）可重复性好。模拟系统的性能受元器件参数性能变化的影响比较大，而数字系统基本不受影响，因此数字系统便于测试、调试和大规模生产。

6）集成方便。DSP 应用系统中的数字部件有高度的规范性，便于大规模集成。

当然，数字信号处理系统也存在一些缺点。例如，对于简单信号处理任务，若采用 DSP 则使成本增加。DSP 系统中的高速时钟可能带来高频干扰和电磁泄漏等问题，而且 DSP 应用系统消耗的功率也较大。

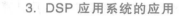 

### 3. DSP 应用系统的应用

自从 20 世纪 80 年代初 DSP 芯片诞生以来，DSP 芯片得到了飞速发展。这一方面得益于集成电路技术的发展，另一方面也得益于巨大的应用市场。目前，DSP 芯片的价格越来越低，性能价格比日益提高，具有巨大的应用潜力。DSP 芯片的应用主要有：

（1）信号处理　如数字滤波、自适应滤波、快速傅里叶变换、相关运算、谱分析、卷积、模式匹配、加窗、波形发生等。

（2）通信　如调制解调器、自适应均衡、数据加密、数据压缩、回波抵消、多路复用、传真、扩频通信、纠错编码、可视电话等。

（3）语音　如语音编码、语音合成、语音识别、语音增强、说话人辨认、说话人确认、语音邮件、语音存储等。

（4）图形/图像　如二维和三维图形处理、图像压缩与传输、图像增强、动画、机器视觉等。

（5）军事　如保密通信、雷达处理、声呐处理、导航、导弹制导等。

（6）仪器仪表　如频谱分析、函数发生、锁相环、地震处理等。

（7）自动控制　如引擎控制、声控、自动驾驶、机器人控制等。

（8）医疗　如助听、超声设备、诊断工具、病人监护等。

（9）家用电器　如高保真音响、玩具与游戏、数字电话/电视等。

## 5.4 嵌入式微处理器

嵌入式微处理器简称微处理器，是由通用计算机中的 CPU 演变而来的，具有 32 位以上的处理器，具有较高的性能。但与通用计算机处理器不同的是，在实际嵌入式应用中只保留和嵌入式应用紧密相关的功能硬件，去除其他的冗余功能部分，这样就以最低的功耗和资源实现嵌入式应用的特殊要求。同时，嵌入式微处理器在工作温度、抗电磁干扰、可靠性等方面一般都做了各种增强。和工业控制计算机相比，嵌入式微处理器具有体积小、重量轻、成本低、可靠性高的优点。

由于单片微控制器数据总线宽度不及嵌入式微处理器，且只能执行一些单进程的程序，一般没有系统的支持，而是通过汇编语言编程对系统进行直接控制。因此，系统结构和功能都相对单一，处理效率较低，较难适应某些高效的、需要大容量存储介质的现代化工业控制等领域的需求。因此，嵌入式微处理器在嵌入式计算机系统的高端应用方面，比单片微控制器具有更大的优势。

### 5.4.1 嵌入式系统的概念

#### 1. 嵌入式系统的定义

根据 IEEE（国际电气和电子工程师协会）的定义，嵌入式系统是"用于控制、监测仪器、机器、设备的辅助运行装置"（原文为 Devices used to control, monitor or assist the operation of equipment, machinery or plants）。这主要是从应用上加以定义的，可以看出嵌入式系统是软件和硬件的综合体，还可以涵盖机械等附属装置。

国内普遍认同的嵌入式系统的定义是：嵌入式系统是以应用为中心，以计算机技术为基础，软硬件可裁减，适应应用系统对功能、可靠性、成本、体积、功耗严格要求的专用计算机系统。可以从以下几个方面来理解嵌入式系统的定义。

1）嵌入式系统是面向用户、面向产品、面向应用的，必须与具体应用相结合才具有优势和生命力，即必须结合实际系统需求进行合理的裁减才能利用。

2）嵌入式系统是将先进的计算机技术、半导体技术、电子技术与各个行业的具体应用相结合的产物，是技术密集、资金密集、不断创新的知识集成系统。

3）嵌入式系统根据应用需求对软硬件进行裁减，以满足应用系统的功能、可靠性、成本、体积等要求。建立相对通用的软硬件基础，在其上开发出适应各种需要的系统，是一个比较好的发展模式。因此，微内核的存在，使得功能扩展或者裁减能够非常顺利地进行。

嵌入式系统本身是一个外延极广的名词，凡是与产品结合在一起的具有嵌入式特点的控制系统都可以称为嵌入式系统，而且有时很难给它下一个准确的定义。本书中所讲的嵌入式系统，是指具有操作系统的嵌入式系统。

2. 嵌入式系统的相关概念

（1）实时操作系统　实时操作系统（Real-Time Operating System，RTOS）是嵌入式系统的核心组成部分。在实时操作系统中，实时性是第一要求，即能从硬件方面支持实时控制系统工作，调度一切可利用的资源完成实时控制任务，其次才着眼于提高计算机系统的使用效率。实时操作系统的重要特点是具有系统的可确定性，即系统能对运行情况做出精确估计。

（2）分时系统　分时系统（Time Sharing System，TSS）是指多个用户通过终端设备与计算机交互作用来运行自己的作业，并且共享一个计算机系统而互不干扰，就像每个用户都拥有一台计算机。对于分时系统，软件的执行在时间上要求并不严格，时间上的错误一般不会造成灾难性后果。分时系统的优势在于多任务的管理。

（3）多任务操作系统　多任务操作系统支持多任务管理和任务间的同步与通信，传统的单片机和 DOS 等都是单任务操作系统，Linux、Windows 等操作系统属于多任务操作系统。

## 5.4.2　嵌入式系统的组成结构

嵌入式系统由硬件和软件两大部分组成。硬件包括微处理器、存储器、外部设备和 I/O 端口、图形控制器等；软件包括操作系统（一般要求实时多任务操作系统）和应用程序。图 5-7 完整地描述了嵌入式系统的软硬件各部分的组成结构。

1. 嵌入式系统硬件的基本构成

嵌入式系统的硬件以嵌入式微处理器为核心，主要由嵌入式微处理器、总线、存储器、I/O 接口和设备组成。

（1）嵌入式微处理器　每个嵌入式系统至少包含一个嵌入式微处理器。嵌入式微处理器的体系结构可采用冯·诺依曼结构或哈佛结构；指令系统可采用精简指令集或复杂指令集。

嵌入式微处理器有许多不同的体系，即使在同一体系中也可能具有不同的时钟速度和数据总线宽度，集成不同的外部接口和设备。据不完全统计，目前，全世界嵌入式微处理器的品种已经超过千种，有几十种嵌入式微处理器体系。主流的体系有 ARM、MIPS、PowerPC、x86 和 SH 等。嵌入式微处理器目前主要有 ARM（ARM7、ARM9、ARM10 系列）、Intel

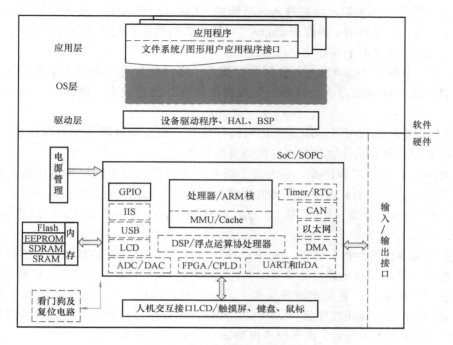

图 5-7  典型的嵌入式系统组成

（SA、PXA、Xscale 等系列）、IBM（PowerPC 系列）、Motorola（68K、MC68、ColdFire、MPC、HC 等系列）、Texas Instruments（TMS320、OMAP 等系列）、Philips（Trimedia 系列）、AMD（DB 系列）、SuperH（SH、Crusoe、MIPS 等系列）等，我国的研华、研祥、同维等公司也有自己的产品。嵌入式微处理器的选择是由具体应用所决定的。

嵌入式微处理器是由通用微处理器发展来的。与通用微处理器相比，它具有体积小、集成度高、可靠性高等特点，具体表现在以下几个方面：

1）实时和多任务处理功能。嵌入式微处理器能在限定的时间内完成多个任务，并且有较短的中断响应时间，从而使内部的代码和实时操作系统的执行时间缩短到最低限度。

2）存储区保护功能。由于嵌入式系统是模块化的软件结构，为了避免各模块之间出现错误的交叉作用，嵌入式微处理器在设计上提供了强大的存储区保护功能，这也有利于软件诊断。

3）集成度高。嵌入式微处理器一般工作在特定的环境中，具有低功耗、体积小、集成度高等特点，能够把通用处理器中许多由板卡和辅助设备完成的任务集成在芯片内部，从而有利于嵌入式系统设计的小型化。

4）低功耗。有些嵌入式系统必须是便携式的，往往需要通过电池供电，功耗只能为毫瓦甚至微瓦级，所以，对嵌入式微处理器提出了低功耗的要求。

（2）总线  嵌入式系统的总线一般分为片内总线和片外总线。片内总线就是嵌入式微处理器 CPU 与片内其他组件连接的总线；片外总线集成在微处理器内或外接扩展芯片上，用于与外部设备连接。

（3）存储器  嵌入式系统的存储器分为三级：高速缓冲存储器 Cache、主存和外存。

1）高速缓冲存储器 Cache。高速缓冲存储器中存放的是当前使用最多的程序代码和数据,即主存中部分内容的副本。在嵌入式系统中,Cache全部集成在嵌入式微处理器内,可分为数据Cache、指令Cache和混合Cache。一般中高档的嵌入式微处理器才有Cache,不同的处理器,Cache的大小不一样。

2)主存。主存是处理器能直接访问的存储器,用来存放运行中的程序及数据。嵌入式系统的主存可位于处理器内或处理器外。片内存储器存储容量小、速度快;片外存储器容量大。

3)外存。外存是处理器不能直接访问的存储器,用来存放用户的各种信息,容量大,可永久保存数据,但存取速度相对主存而言要慢得多。

(4)输入、输出接口和设备 嵌入式系统是面向应用的,不同的应用所需的接口和外设不同。在嵌入式系统中,通常把大多数接口和部分外设集成到嵌入式处理器上,如Timer、RTC、UART、GPIO、USB、A-D、D-A、LCD控制器、DMA控制器和中断控制器等。

2. 嵌入式系统软件的层次结构

在设计较复杂的程序时,需要一个操作系统(OS)来管理和控制内存、多任务、周边资源等。依据系统所提供的程序界面来编写应用程序,可大大减小应用程序员的负担。

对于使用操作系统的嵌入式系统来说,嵌入式软件结构一般包含四个层面:设备驱动层、操作系统OS层、应用程序接口API层、实际应用程序层。应用程序接口API层也可以归属为OS层,如图5-7所示。由于硬件电路的可裁减性和嵌入式系统本身的特点,其软件部分也是可裁减的。

(1)设备驱动层 设备驱动层是嵌入式系统中不可缺少的重要部分,使用任何外部设备都需要有相应的驱动程序的支持,它为上层软件提供了设备的操作接口。上层软件不用理会设备的具体内部操作,只需调用设备驱动层中相关程序提供的接口即可。设备驱动层一般包括硬件抽象层HAL、板级支持包BSP和设备驱动程序。

1)硬件抽象层。硬件抽象层HAL(Hardware Abstraction Layer)是位于操作系统内核与硬件电路之间的接口层,其作用在于将硬件抽象化。也就是说,可以通过程序来控制所有硬件电路,如CPU、I/O、Memory等操作。这样就使得系统的设备驱动程序与硬件设备无关,从而大大提高了系统的可移植性。从软硬件测试的角度来看,基于硬件抽象层,软硬件的测试工作可以分别进行,使得软硬件测试工作的并行成为可能。在定义硬件抽象层时,需要规定统一的软硬件接口标准,其设计工作需要基于系统需求来做。硬件抽象层包含相关硬件的初始化、数据的输入/输出操作、硬件设备的配置操作等功能。

2)板级支持包。板级支持包BSP(Board Support Package)是介于主板硬件和操作系统中驱动程序之间的一层,一般认为它属于操作系统的一部分,主要作用是实现对操作系统的支持。BSP是相对于操作系统而言的,不同的操作系统对应于不同定义形式的BSP。板级支持包实现两个功能:一是在系统启动时,完成硬件的初始化,如系统内存、寄存器以及设备中断的设置;二是为驱动程序提供访问硬件的手段。

3)设备驱动程序。系统中安装设备后,只有在安装相应的设备驱动程序之后才能使用,驱动程序为上层软件提供设备的操作接口。上层软件只需调用驱动程序提供的接口,而不用理会设备的具体内部操作。驱动程序不仅要实现设备的基本功能函数,如初始化、中断响应、发送、接收等,好的驱动程序还应该有完备的错误处理函数。

(2)操作系统OS层 嵌入式系统软件是指控制、调度嵌入式系统资源的软件,主要包括嵌入式操作系统等。

嵌入式操作系统能够有效管理工作复杂的系统资源，完成进程管理、处理器调度、存储管理、设备管理、中断处理等操作系统任务。它通常包括与硬件相关的底层驱动软件、系统内核、设备驱动接口、通信协议、图形界面、标准化浏览器等软件模块。

对于使用操作系统的嵌入式系统而言，操作系统一般以内核映像的形式下载到目标系统中。整个嵌入式系统与通用操作系统类似，功能比不带有操作系统的嵌入式系统强大了很多。

从应用角度，嵌入式操作系统可分为通用型和专用型两类。当通用型嵌入式操作系统应用到实际的嵌入式环境中时，一般都要经过重新定制，以适应具体环境的要求，常用的有Windows CE、嵌入式 Linux、VxWorks 等。专用型嵌入式操作系统是针对应用较为广泛、环境变化相对较小的嵌入式系统环境专门设计的操作系统，在具体应用时，可以不经裁减地直接使用，或经过较少的设置就可以使用，常用的有 Smart Phone、Pocket PC、Symbian 等。

从实时性角度，嵌入式操作系统可分为实时嵌入式操作系统和非实时嵌入式操作系统。实时系统定义为"一个能够在指定的或者确定的时间内，实现系统功能和对外部或内部、同步或异步事件做出响应的系统"。实时嵌入式系统的最大特点就是程序的执行具有确定性，系统的正确性不仅依赖于计算的逻辑结果，也依赖于结果产生的时间。实时嵌入式操作系统主要面向控制、通信等领域，如 VxWorks、pSOS、QNX、Nucleus 等。非实时嵌入式操作系统主要面向消费类电子产品，包括 PDA、移动电话、机顶盒、电子书、WebPhone 等，如 Smart Phone 操作系统。测控系统属于实时系统。

在实时系统中，如果系统在指定的时间内未能实现某个确定的任务，会导致系统的全面失败，则系统被称为硬实时系统。而在软实时系统中，虽然响应时间同样重要，但是超时却不会导致致命错误。一个硬实时系统往往在硬件上需要添加专门用于时间和优先级管理的控制芯片，而软实时系统则主要在软件方面通过编程实现时限的管理。

实时嵌入式操作系统又可以分为可抢占式和不可抢占式两类。可抢占式实时操作系统中，内核可以抢占正在运行任务的 CPU 使用权，并将使用权交给进入就绪状态的优先级更高的任务，例如 Windows CE、嵌入式 Linux、VxWorks 等。不可抢占式实时操作系统中，当前正在运行的任务完全控制 CPU 的使用权，其他任务只有等待当前任务完成并交出控制权后，才能获得 CPU 的控制权。由于不能立刻响应中断，实时性较可抢占式实时操作系统要差得多。

（3）应用程序接口 API 层　应用程序接口 API（Application Programming Interface）是一系列复杂的函数、消息和结构的集合体。嵌入式操作系统下的 API 和一般操作系统下的 API在功能、含义及知识体系上完全一致。可这样理解 API：在计算机系统中有很多可通过硬件或外部设备去执行的功能，这些功能的执行可通过计算机操作系统或硬件预留的标准指令调用，而软件人员在编制应用程序时，就不需要为每种通过硬件或外设执行的功能重新编制程序，只需按系统或某些硬件事先提供的 API 调用即可完成功能的执行。因此在操作系统中提供标准的 API 函数，可加快用户应用程序的开发，统一应用程序的开发标准，也为操作系统版本的升级带来了方便。在 API 函数中，提供大量的常用模块，可大大简化用户应用程序的编写。

（4）实际应用程序层　嵌入式应用软件是指嵌入式系统中面向特定应用的软件。用户应用程序主要通过调用系统的 API 函数对系统进行操作，完成用户应用功能开发。在用户应用程序中，可以创建用户自己的任务，任务之间的协调主要依赖于系统的消息队列。

（5）嵌入式支撑软件　嵌入式支撑软件是指辅助应用软件开发的工具软件，包括系统分析设计工具、仿真工具、交叉开发工具、测试工具、配置管理工具和系统维护工具等。

（6）嵌入式软件特点　与通用的操作系统相比，它除了具备一般操作系统最基本的功能，如任务调度、同步机制、中断处理、文件处理等外，还具有以下一些特征：

1）可定制性和可移植性。嵌入式操作系统提供了可添加或可裁减的内核及其他功能，让用户根据需要自行配置。内核中必需的基本部件是进程管理、进程间通信、内存管理部分，其他部件如文件系统、驱动程序、网络协议等都可根据用户要求进行配置。嵌入式操作系统能够支持多种嵌入式硬件，应用于不同的嵌入式微处理器。

2）高实时性和可靠性要求。大多数嵌入式系统都是实时系统，有实时性和可靠性的要求。嵌入式软件对外部事件做出反应的时间必须快，需要有处理异步并发事件的能力，需要有特殊的容错功能、出错处理能力和自动复位功能。

3）低资源占有性。系统资源少的特点决定了嵌入式操作系统必须尽可能减少资源占用。

4）程序一体化和固化代码。嵌入式软件往往是应用程序和操作系统一体的软件系统。嵌入式操作系统和应用软件被固化在 ROM 中。很少使用辅助存储器，因此文件管理功能易于拆卸，取而代之的是各种内存文件系统。

5）快速启动，直接运行。嵌入式软件要求快速启动，直接运行。为此，多数嵌入式软件事先被固化在快速启动的主存中，上电后直接启动运行；或被存储在电子盘中，上电后快速调入到 RAM 中运行。

6）嵌入式软件的开发平台和运行平台各不相同。嵌入式软件一般在宿主机上开发，开发完成后，在嵌入式目标机中运行。

## 5.4.3　嵌入式系统的特点

### 1. 嵌入式系统的重要特征

嵌入式系统最显著的特点是面对工控领域的测控对象。从嵌入式系统软硬件结构可以看出嵌入式系统的重要特征，总结如下：

1）系统内核小。由于嵌入式系统一般是应用于小型电子装置的，系统资源相对有限，所以内核较传统的操作系统要小得多。

2）专用性强。嵌入式系统通常是面向特定应用的，其设计和开发必须考虑特定环境和系统的要求。因而，随着嵌入式硬件的品牌或系列不同、针对的任务不同，嵌入式系统差异较大。

3）实时性。实时性是嵌入式软件的基本要求，而且软件要求固态存储，以提高速度；软件代码要求具有高质量和高可靠性。

4）多任务处理功能。嵌入式软件开发要走向标准化，就必须使用多任务操作系统。嵌入式系统的应用程序可以没有操作系统而直接在芯片上运行，但是为了合理地调度任务、利用系统资源、系统函数以及专家库函数，用户必须选配 RTOS 开发平台，才能保证程序执行的实时性、可靠性，减少开发时间，保证软件质量。

**2. 与通用计算机系统的比较**

通用计算机系统主要满足海量、高速数值处理，兼顾控制功能；嵌入式计算机系统主要满足测控对象的控制功能，兼顾数值处理。嵌入式系统不同于通用型计算机系统，主要表现在以下几个方面：

1）嵌入式系统通常都面向特定应用，大多工作在为特定用户群设计的系统中，具有功耗低、体积小、集成度高等特点，把通用计算机中许多由板卡完成的任务集成在芯片内部，有利于系统设计的小型化、网络化，增强移动能力。

2）嵌入式系统的硬件和软件都必须高效设计，量体裁衣，去除冗余，在相同的硅片面积上实现更高的性能。

3）嵌入式系统和具体应用有机地结合在一起，它的升级换代也和具体产品同步进行，以保证有较长的生命周期。

4）为了提高执行速度和系统可靠性，软件一般都固化在存储器芯片中，系统的应用软件与系统的硬件一体化。具有软件代码小、高度自动化、响应速度快等特点，特别适合于要求实时和多任务的应用场合。

5）嵌入式资源有限，本身不具备自主开发能力。设计完成后，用户通常不能对其中的软件进行修改。需要提供专门的开发环境和开发工具，以完成设计、编译、调试、测试等工作。

## 5.5　可编程序控制器

### 5.5.1　PLC 概述

**1. 基本概念**

可编程序控制器是在继电器控制技术和计算机控制技术的基础上开发出来的，最初的可编程序控制器主要用于顺序控制，一般只能进行逻辑控制，因此称为可编程序逻辑控制器（Programmable Logic Controller），简称 PLC。随着计算机技术的发展及微处理器的应用，可编程序控制器的功能不断扩展和完善，远远超出逻辑控制的范畴，具备了模拟量控制、过程控制、远程通信及计算等功能。因此应称其为可编程序控制器（Programmable Controller），简称 PC。但为了与个人计算机（PC）相区别，习惯上仍称其为 PLC。

国际电工委员会（IEC）于 1987 年对可编程序控制器做了如下定义：可编程序控制器是专为在工业环境下应用而设计的一种数字运算操作的电子装置，带有存储器、可以编制程序的控制器。它能够存储和执行指令，进行逻辑运算、顺序控制、定时、计数和算术运算等操作，并通过数字式和模拟式的输入和输出，控制各种类型的机械或生产过程。可编程序控制器及其有关的外围设备，都应按易于与工业控制系统连成一个整体、易于扩展其功能的原则设计。

**2. 特点**

为了适应在工业环境中的应用，PLC 一般具备以下特点：

1）可靠性高，抗干扰能力强。PLC 由于采用现代大规模集成电路技术，内部电路采取了先进的抗干扰技术，具有很高的可靠性。例如三菱公司生产的 FX 系列 PLC 平均无故障时间高达 30 万 h。一些使用冗余 CPU 的 PLC 的平均无故障工作时间则更长。此外，PLC 带有硬件故障自我检测功能，出现故障时可以及时发出警报信息。在应用软件中，应用者还可以编入外围器件的故障自诊断程序，使系统中除 PLC 以外的电路及设备也获得故障自诊断保护。

2）功能完善，通用性强。PLC 发展到今天，已经形成了大、中、小各种规模的系列化产品，可以用于各种规模的工业控制场合。除了逻辑处理功能以外，现代 PLC 大多具有完善的数据运算能力，可用于各种数字控制领域。近年来 PLC 的功能单元大量涌现，使 PLC 渗透到了位置控制、温度控制等各种工业控制中。加上 PLC 通信能力的增强及人机界面技术的发展，使用 PLC 组成各种控制系统变得非常容易。

3）易学易用。PLC 作为通用工业控制计算机，接口容易，编程语言易于为工程技术人员接受。梯形图语言的图形符号与表达方式和继电器电路图相当接近，只用 PLC 的少量开关量逻辑控制指令就可以方便地实现继电器电路的功能。

4）系统的设计、建造工作量小，维护方便。PLC 易于改造，用存储逻辑代替接线逻辑，大大减少了控制设备外部的接线，使控制系统设计及建造的周期大为缩短，同时维护也变得容易起来。更重要的是使同一设备经过改变程序来改变生产过程成为可能。这很适合多品种、小批量的生产场合。

5）体积小、重量轻、能耗低。以超小型 PLC 为例，新近出产的品种底部尺寸小于100mm，质量小于150g，功耗仅数瓦。由于体积小很容易装入机械内部，是实现机电一体化的理想控制设备。

3. 类型

PLC 发展至今已经有多种形式，分类时，一般有以下方法：

（1）按照结构形式分

1）整体式 PLC。将电源、CPU、I/O 接口等部件都集中装在一个机箱内，具有结构紧凑、体积小、价格低等特点。

2）模块式 PLC。将 PLC 各组成部分分别做成若干个单独的模块，如 CPU 模块、I/O 模块、电源模块（有的含在 CPU 模块中）以及各种功能模块。

3）叠装式 PLC。叠装式 PLC 将整体式和模块式的特点结合起来，把 PLC 的基本单元、扩展单元和功能单元等制成外形尺寸一致的模块，不采用母板总线，而是采用电缆连接各个单元模块。

（2）按照 I/O 点数及功能分

1）小型机。小型 PLC 的输入/输出总点数一般在 128 点以下，以开关量控制功能为主，适合于继电器、接触器控制的场合，能直接驱动电磁阀等执行元件。其特点是价格低、体积小，适合于小型控制系统。

2）中型机。中型 PLC 的输入/输出总点数一般在 128~512 点，不仅具有开关量和模拟量控制功能，还具有数值计算的能力。中型机的指令系统比小型机丰富，可以实现比例、积分、微分调节、浮点运算等功能。中型机适合于有温度控制和开关动作要求复杂的机械以及连续生产过程控制。

3）大型机。大型 PLC 的输入/输出总点数一般在 512 点以上，内存容量超过 640KB。与工业控制计算机相近，不仅具有计算、控制和调节的功能，还具有网络结构和通信联网能力。大型机适用于设备自动化控制、过程自动化控制和监控的系统。

#### 4. 功能及应用

目前 PLC 已经广泛地应用于钢铁、石油、化工、电力、汽车、机械制造、交通运输、环境及文化娱乐等各个行业，PLC 的功能主要体现在以下几个方面：

（1）开关量的逻辑控制　PLC 具有"与""或""非"等逻辑运算的能力，可以实现逻辑运算，用触点和电路的串、并联代替继电器，进行组合逻辑控制、定时控制与顺序逻辑控制。

（2）模拟量控制　在工业生产过程中，有许多连续变化的量，如温度、压力、流量、液位和速度等都是模拟量。为了使 PLC 能处理模拟量信号，各种类型的 PLC 均有 A-D 和 D-A 转换模块用于模拟量控制。

（3）运动控制　PLC 可以用于圆周运动或直线运动的控制。可以通过 PLC 的运动控制模块，如步进电动机或伺服电动机的位置控制模块，实现对机床、机器人、电梯等的运动控制。

（4）过程控制　过程控制是指对温度、压力、流量等模拟量的闭环控制。PLC 有丰富的指令和运算能力，可以实现各种控制算法，完成闭环控制。PID 控制是闭环控制系统中常用的控制方法，大部分 PLC 中都有 PID 模块及对应的指令，可以实现过程控制。

（5）数据处理　PLC 具有数学运算、数据传送、转换、排序和查表、位操作等功能，可以完成数据的采集、分析和处理。

（6）通信及联网　PLC 通信包含 PLC 之间的通信以及 PLC 与其他智能设备之间的通信。随着计算机网络及工业自动化网络的发展，许多 PLC 产品都具有了多种通信接口，可以与多种智能传感、现场总线及工业以太网间进行信息的交换传输。

### 5.5.2　PLC 结构组成及工作原理

#### 1. 结构组成

不同型号和品牌的 PLC 虽然外观各异，但其硬件结构和工作原理基本相同，不同结构形式的 PLC 其基本单元包括中央处理器（CPU）、存储器（RAM、ROM）、输入/输出器件（I/O 接口）、电源及编程设备等几大部分，PLC 硬件基本单元结构如图 5-8 所示。

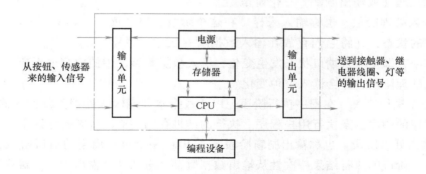

图 5-8　PLC 硬件基本单元结构

（1）中央处理器（CPU）　中央处理器是 PLC 的核心，它在系统程序的控制下，完成逻辑运算、数学运算、协调系统内部各部分工作等任务。

（2）存储器 存储器是 PLC 存放系统程序、用户程序及运算数据的单元。PLC 的存储器分为只读存储器（ROM）和随机读写存储器（RAM），只读存储器用于存放永久保存的系统程序，随机读写存储器用于存放用户程序及系统运行过程中产生的临时数据。

（3）输入输出接口 输入输出接口是 PLC 和工业控制现场各类信号连接的部分。输入接口用来接收生产过程的各种参数；输出接口用来送出 PLC 运算后得出的控制信息，并通过机外的执行机构完成工业现场的各类控制。

（4）电源 PLC 的电源包括为 PLC 各工作单元供电的开关电源及为掉电保护电路供电的后备电源，后备电源一般为电池。

（5）编程设备 PLC 的特点是它的程序可以变更，因此编程器是 PLC 工作中必不可少的设备。PLC 的编程器有专用的手持式编程器，也可以是个人计算机，在个人计算机上安装编程软件，通过适当的通信接口可以实现对 PLC 的编程。

除此之外，为了改变 PLC 的 I/O 比例、增加 I/O 端口或实现特殊的功能，各种类型的 PLC 都配有相应的扩展单元、扩展模块及特殊功能模块。

### 2．工作原理

PLC 的工作原理与通用计算机的工作原理基本上一致，在系统程序的管理下，通过应用程序完成用户任务。但通用计算机采用待命式的并行工作方式，而 PLC 采用周期性循环扫描的串行工作方式。

PLC 有两种工作状态，即运行状态（RUN）和停止状态（STOP）。运行状态是执行应用程序的状态，停止状态一般用于程序的编制与修改。无论哪种状态，PLC 在上电后均会按照扫描的方式进行工作，如图 5-9 所示，两种工作状态下扫描过程所要完成的任务是不同的。

在运行状态时，PLC 在一个扫描周期内除进行内部处理、通信操作外，扫描过程还包括输入处理（或输入采样）、程序执行、输出处理（或输出刷新）三个阶段。

（1）输入处理阶段 也称输入采样。在这个阶段，PLC 读

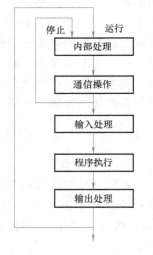

图 5-9 扫描过程示意图

入输入端口的状态，并将它们存放在输入数据暂存区中。在程序执行过程中，即使输入端口状态发生变化，输入数据暂存区中的内容也不变，直到下一个周期的输入处理阶段，才会读入这种变化。

（2）程序执行阶段 在程序执行阶段，PLC 根据本周期输入处理阶段读入的输入数据，依照用户程序的顺序逐条执行用户程序。执行的结果存储在输出状态暂存区中。

（3）输出处理阶段 也称输出刷新阶段。是 PLC 一个执行周期的最后阶段，PLC 将本周期程序执行阶段的执行结果一次性从输出数据暂存区送到各个输出端口，对输出状态进行刷新。

为了连续地完成所承担的工作，PLC 系统必须周而复始地依照一定的顺序完成这一系列的工作，这种工作方式就是 PLC 的循环扫描工作方式。

### 5.5.3 PLC 指令及其程序设计

#### 1. PLC 的指令类型

PLC 的主要特点是可以进行编程，PLC 程序由约定的指令编制而成，PLC 指令按其功能主要分为：基本指令（或逻辑指令）、步进指令、功能指令（或应用指令）。基本指令主要用于实现开关量的逻辑控制，步进指令可以按照状态对顺序过程进行控制，功能指令主要用于较为复杂的数学运算、程序流程的控制以及 PLC 的特殊功能模块通信控制。

#### 2. PLC 的软件及编程语言

PLC 的软件包含系统软件和应用软件两大部分。

（1）系统软件  系统软件包含系统的管理程序、用户指令的解释程序，另外还包括一些供系统调用的专用标准程序块等。系统管理程序用以完成机内运行相关时间分配、存储空间分配管理及系统自检等工作。用户指令的解释程序用以完成用户指令变换为机器码的工作。系统软件在用户使用 PLC 之前就已安装入机内，并永久保存。

（2）应用软件  应用软件也称用户软件，是用户为达到某种控制目的，采用 PLC 厂家提供的编程语言自主编制的程序。此外，PLC 的编程器以及外围设备在不断地扩展，为了对不同的外围设备进行操作，PLC 的厂家都提供了针对不同编程器和外围设备的应用软件，如用计算机进行编程时需要一种与 PLC 型号对应的编程软件。

（3）编程语言  对不同厂家的 PLC 进行编程所使用的指令系统不同，但各种 PLC 的编程语言及编程工具大体差不多。一般常见的几种编程语言如下：

1）梯形图。梯形图语言是一种以图形符号及其在图中的相互关系表示控制关系的编程语言，是从继电器电路图演变过来的。在梯形图中，PLC 的各种软元件（软继电器）具有常开触点、常闭触点、线圈等符号。

2）指令表。指令表也称语句表，是程序的另一种表示方法。指令表与汇编语言有点类似，由语句指令依一定的顺序排列而成。

PLC 的梯形图与指令表一一对应，可以相互转化，如图 5-10 所示。

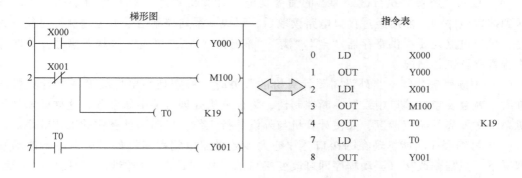

图 5-10  梯形图与指令表可以相互转化

3）顺序功能图。顺序功能图常用来编制顺序控制类程序。它包含步、动作和转换三个要素。顺序功能图编程法可以将一个复杂的控制过程分解为一些小的工作状态，对这些小的工作状态的功能分别处理后，再依一定的顺序控制要求连接组合成整体的控制程序。

4）功能图块。功能图块是一种类似于数字逻辑电路的编程语言，该编程语言用类似与门、或门的方框来表示逻辑运算关系，方框的左侧为逻辑运算的输入变量，右侧为输出变量，信号自左向右流动。

5）结构文本。为了增强 PLC 的数学运算、数据处理、图表显示等功能，许多大中型PLC 都具备了 PASCAL、BASIC、C 语言等高级编程语言。这种编程方式称为结构文本。

利用 PLC 厂商提供的编程应用软件及其指令系统，可以采用以上五种编程语言中的一种进行 PLC 控制程序的设计，最后将编制的程序传入 PLC 的存储器中进行调试和完善。

## 5.6　系统集成中的计算机接口技术

### 5.6.1　系统集成中接口技术的作用

外部设备品种繁多，特别是在控制领域中，各种智能仪表、传感器、通信模块以及机电传动设备的规格、型号各异，因此，计算机与外部设备进行系统集成时存在信息采集传输、类型转换匹配等接口问题。

通常情况下系统集成中的接口应具备以下一些功能：

（1）信号转换功能　由于外设所提供的状态信号和它所需要的控制信号往往同计算机的总线信号不兼容，因此，信号转换就成为接口设计中关键的一环。

（2）数据缓冲功能　接口中设置数据寄存器或锁存器，以解决主机高速与外设低速的矛盾，避免因速度不一致而造成数据丢失。接口通常由一些寄存器或 RAM 芯片组成，如果芯片存储容量足够大，还可以实现批量数据的传输。

（3）设备选择功能　系统中一般带有多种外设，而计算机在同一时间里只能与同一外设交换信息，因此就需要借助接口的地址码对外设进行寻址，只有被选定的设备才能与计算机进行数据交换或通信。

（4）接收、解释并执行微处理器的命令功能　计算机对外设的各种命令都以代码形式发送到接口电路中，然后经过接口电路读取后，形成一系列控制信号去控制被控对象。为了联络，接口电路还要提供寄存器"空""满""准备好""忙""闲"等状态信号，并向计算机报告寄存器工作情况。

（5）中断管理功能　当外设需要计算机的服务时，特别是在出现故障需要计算机即刻处理时，就会要求在接口中设置中断控制器，为计算机处理有关中断事务，这样既增加了计算机系统对外界的响应速度，又使计算机与外设并行工作，提高了计算机的工作效率。

（6）可编程序功能　现在的接口芯片绝大多数采用可编程序器件，这样在不改动硬件的情况下，只需修改接口驱动程序即可改变接口的工作方式。该功能增强了接口的灵活性，使接口逐步向智能化发展。

（7）数据宽度变换功能　计算机处理的是并行数据，而有的外设和通信接口却只能处理串行数据。因此，接口就应具有并行数据变串行数据和串行数据变并行数据的变换功能。接口电路中的移位寄存器实现数据变换功能。

### 5.6.2 系统集成中计算机接口

#### 1. 模拟与数字接口

（1）模拟量接口　模拟量接口是计算机测控系统中实际物理信号的 I/O 接口。在工业生产过程中，许多参数如温度、压力、流量、速度等都是连续物理量（即模拟量）。而计算机只能接收和处理数字量，所以工业参数在进入计算机之前必须将它转换为数字量。经计算机处理后的数据通常要转换成模拟量，以便控制执行机构或进行显示和记录。这就需要有模-数和数-模转换接口，即 A-D 和 D-A 转换器。图 5-11 所示为含有 A-D 和 D-A 转换环节的实时测控系统示意图。

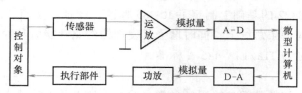

**图 5-11　含有 A-D 和 D-A 转换环节的实时测控系统**

（2）模-数（A-D）转换接口　实现模-数（A-D）转换是指通过一定的接口电路将模拟量转换为数字量，便于计算机或智能设备对采集的信息进行分析处理。A-D 转换的具体过程包括信号采样、保持、量化和编码。采样是将连续时间信号变成离散时间信号的过程，经过采样，时间连续、数值连续的模拟信号就变成了时间离散、数值连续的信号。量化是将连续数值信号变成离散数值信号的过程。编码电路将数字信号转换成二进制代码。实现 A-D 转换的方法比较多，常见的有计数法、双积分法和逐次逼近法。

（3）数-模（D-A）转换接口　实现数-模（D-A）转换是指通过一定的接口电路将数字量转换为模拟量，作为测控系统信息分析和处理的结果向外部设备输出物理信号。D-A 接口电路实现相对 A-D 接口要简单，一般先通过 T 形电阻网络将数字信号转换成为模拟电脉冲信号，经低通滤波器处理消除噪声。

在实际的测控系统中，许多智能仪表及传感器模块同时具有 A-D 和 D-A 两种类型的接口，鉴于不同应用领域的要求，一些设备制造商针对电压、电流或温度等模拟量将 A-D 和 D-A 接口做成性能强大的特殊模块。

#### 2. 串行通信接口

串行接口是一位接一位串行地传输数据。串行数据传输是传输中一次只有一位数据在设备之间进行传输，对任何一个由若干位二进制数表示的字符，串行传输都是采用一个传输信道，按位对字符进行传输。串行数据传输相对于并行数据传输速度会慢一些，但传输距离较并行口更远，因此，长距离的通信通常使用串行口。串行通信接口包括 RS232、RS422、RS485 等。

（1）RS232 串行接口　EIA/TIA-232-E 标准是由电子工业协会（EIA）和通信工业协会（TIA）制定的，通常被简称为 RS232，RS232 是异步串行通信中应用最早，也是目前应用最为广泛的标准串行总线接口之一，它有多个版本，其中应用最广的是修订版 C，即 RS232C。20 世纪 80 年代后期推出了修订标准版 D，后来在 20 世纪 90 年代又相继推出修订标准版 E 与 F。它们都包括了接口的电气与机械几个方面的标准定义，与国际电报电话咨询委员会

（CCITT）推荐的标准 V. 24/V. 28 版本几乎完全相同。

现在的计算机一般有一个或两个 RS232 串行接口，分别对应于 COM1 和 COM2，COM1 通常使用的是 9 针 D 形连接器，而 COM2 使用的是 DB25 针连接器。常用的串行外设有打印机、传真机以及远程数据采集设备、通信设备等。

（2）RS422/485 接口　RS232、RS422 和 RS485 都是串行数据通信接口标准，最初都是由美国电子工业协会（EIA）制定并发布。为了改进 RS232 通信距离短、速率低的缺点，RS422 定义为一种平衡通信接口，将传输速率提高到 10MB/s，传输距离延长到 1200m（当速率低于 100KB/s 时），并允许在一条平衡总线上连接最多 10 个接收器。RS422 是一种单机发送、多机接收的单向、平衡传输规范，被命名为 TIA/EIA-422-A 标准。为扩展应用范围，EIA 又于 1983 年在 RS422 的基础上制定了 RS485 标准，增加了多点、双向通信能力，即允许多个发送器连接到同一条总线上，同时增强了发送器的驱动能力和冲突保护特性，扩展了总线共模范围，后命名为 TIA/EIA-485-A 标准。

### 3. 并行通信接口

在计算机和终端之间的数据传输通常是靠电线或信道上的电流或电压变化实现的。如果一组比特在多条线上同时被传输，则这种传输被称为并行传输，其接口称为并行接口。并行数据传输的特点是各数据位同时传输，传输速度快、效率高，多用在实时、快速的场合。并行数据传输的距离通常小于 30m。

并行数据传输是在传输中至少有 8 个数据位同时在设备之间进行的传输。一个编了码的字符通常由若干个二进制位表示，例如，用 ASCII 码编码的符号是由 7 位二进制数表示的，但计算机中的一个字节作为基本单位是由 8 位构成的，则并行传输 ASCII 编码符号就需要 8 个传输信道，使表示一个符号的所有信号能同时沿着各自的信道并排传输。在集成电路芯片的内部、近距离的计算机之间、计算机与各种外部设备之间的数据传输方式主要采用并行传输。计算机内部各功能器件之间数据传输通常也是并行传输，但在计算机内部的并行传输线被称为总线。并行传输使两个进行通信的设备直接相连，这种连接方法比较适合设备相距较近的情况。计算机和打印机之间的通信方式为典型的并行通信方式。

并行传输优于串行传输的主要特征表现为：并行传输为 CPU 与外部设备之间的信息传输提供了类似于访问存储器的工作方式，通过并行输入/输出接口与外部设备进行信息交换，具有较高的速率和简单的协议。

并行传输的优点是传输速度快、处理简单。缺点主要是线路条数多，不适合远距离传输。

### 4. USB 接口

USB（Universal Serial Bus）即通用串行总线。接口标准是由 Microsoft、Intel、Compaq 和 IBM 等几家公司共同推出的，它是一种连接外部设备的机外总线。它提供机箱外即插即用连接，用户在连接外设时不用再打开机箱、关闭电源。USB 采用级联方式，每个 USB 设备用一个 USB 插头连接到一个外设的 USB 插座上，而其本身又提供一个 USB 插座给下一个 USB 设备使用。通过级联，一个 USB 控制器可以连接多达 127 个外设，而每个外设间的距离可达 5m。USB 统一的 4 针插头可取代机箱后部众多的串行/并行接口，如鼠标、MODEM、键盘等插头。USB 能识别 USB 链上外部设备的插入或拆卸，除了能够连接键盘、鼠标，还可以连接 ISDN、电话系统、数字音响、打印机、数字照相机和扫描仪等外设。USB 具有快速、双向、即插即用且价格低廉等特点。目前已在计算机与外设的连接以及基于计算机的各种仪器中获得了广泛的应用。

#### 5. IEEE1394 接口

IEEE1394 接口又称"火线"（FireWire），是美国国家标准协会于 1995 年定为标准的高速、低成本串行总线。FireWire 总线有两种形式：一种是与计算机并行总线同处在总线底板上，称为总线底板环境串行总线；另一种是用电缆连接的串行总线，称为电缆环境串行总线。底板环境串行总线可作为并行总线的备份，必要时可代替并行总线工作；电缆环境串行总线用于连接外设。不同总线结构的计算机，可以通过总线桥彼此互连，协同工作。

#### 6. 以太网接口

以太网技术的思想渊源最早可以追溯到 1968 年。以太网的核心思想是使用共享的公共传输信道，这个思想源于夏威夷大学。以太网是指遵循 IEEE802.3 标准，可以在光缆和双绞线上传输信息的网络。

以太网进入工业自动化领域的直接原因是，现场总线多种标准并存，异种网络通信困难。在这样的技术背景下，以太网逐步应用于工业控制领域，并且快速发展。以太网传输速率有 10MB/s、100MB/s、1000MB/s 和 10GB/s 四种，以太网的传输介质主要有光缆和双绞线，针对两类传输介质，以太网的接口有 RJ-45 接口和光纤接口。

以上接口技术是计算机系统集成中经常使用的接口，其中 USB 和 IEEE1394 是近年发展起来的新型接口标准，主要应用于高速数据传输领域。

## 5.7 计算机通信原理与人机接口

### 5.7.1 计算机通信原理

#### 1. 计算机通信系统

从概念上讲，把计算机所参与的通信系统称为计算机通信系统。由于计算机通信系统所传送的消息是数字（如计算机数据、开关状态）、汉字、英文字母等及其组合形式，所以不论用何种形式的信号来传送这类消息的通信方式称为"数据通信"。如今所谓的"数据通信"，更多地是指对计算机数据的通信，即通过计算机与通信线路相结合，完成对计算机或终端数据的传输、交换、存储和处理。图 5-12 所示为一种最简单的点对点式计算机数据通信系统的模型。

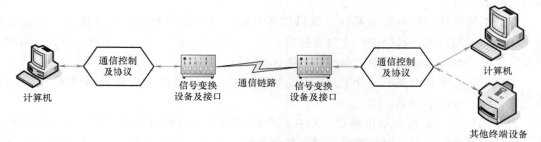

图 5-12　一种最简单的点对点式计算机数据通信系统的模型

在该模型中，构成了"计算机-计算机"通信系统，如果发送接收设备除了计算机外，还包括其他各种数字终端设备和数据装置，它构成了"终端-计算机"通信系统。前者直接组成了计算机通信系统，而后者是计算机数据通信系统。由于它们都是把信息源产生的数据，通过模拟传输信道或者数字传输信道，按照一定的通信协议，形成数据流传送到信宿，并且它们都不是单纯的数据传输，而是包括数据传输和数据交换，以及在传输前后的数据处理过程，所以数据通信实际上就是广义的计算机通信，在以后的叙述中，如果不是概念定义，将不再区分计算机通信和数据通信。

一个典型的计算机通信系统包括：计算机、终端设备、通信控制及协议、信号变换设备及接口、通信链路等，如图 5-12 所示。

计算机和终端设备作为信源和信宿，它们能完成消息与数据之间的转换，具有信源编/译码的功能。即将发送的信息变换成二进制信号输出，或者把接收的二进制信号转换为用户能够理解的信息形式。

通信控制及协议是主计算机与各条通信线路设备之间的"桥梁"，完成主机与终端之间的线路控制、差错控制、传输控制、报文处理、接口控制、速率变换和多路控制等功能。

信号变换设备，如调制解调器、数字接口适配器等，基本作用就是完成数据和电信号之间的变换，匹配通信线路的信道特性，完成数据终端与传输信道之间的信号变换和编码，低速线路和高速线路的速率匹配、传输的同步功能。

通信链路是指使用的电、磁或光信号的传输介质，它是两点间传播信号的通路。

### 2. 数据通信

在计算机内部各部件之间，以及计算机与计算机之间进行通信时，根据一次传输数据的多少可将数据传输方式分为串行传输和并行传输。

（1）串行通信方式　通过单线传输信息是串行数据通信的基础。数据通常在两个站（点对点）之间进行传输，按照数据流的方向可将串行通信方式分为单工、半双工和全双工三种传输模式。

单工模式的数据传输是单向的。通信双方一方固定为发送端，另一方则固定为接收端，如图 5-13 所示。信息只能沿一个方向传输，使用一根传输线。单工模式一般用在只向一个方向传输数据的场合，如计算机与打印机之间的通信。

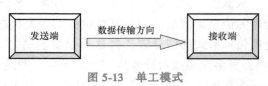

图 5-13　单工模式

半双工模式使用同一根传输线，既可发送数据，又可接收数据，但不能同时发送和接收，在任何时刻只能由其中的一方发送数据，另一方接收数据。因此，半双工模式既可以是一条数据线，也可以使用两条数据线，如图 5-14 所示。

半双工通信中每端需有一个收/发切换电子开关，通过切换来决定数据向哪个方向传，开关切换会产生时间延迟。

全双工模式的数据分别由两根可以在两个不同的站点同时发送和接收的传输线进行传输，通信双方都能在同一时刻进行发送和接收操作。在全双工模式中，每一端都有发送器和接收器，有两条传输线，可在交互式应用和远程监控系统中使用，如图 5-15 所示。

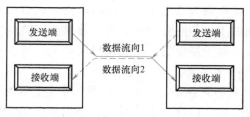

图 5-14 半双工模式

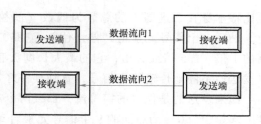

图 5-15 全双工模式

（2）并行通信方式 采用并行传输方式时，多个数据位同时在通信设备间的多条通道上传输，并且每个数据位都有自己专用的传输通道。这种传输方式的数据传输速率相对较快，适合在近距离数据传输中使用。若在远距离传输中采用这种方式，则需要较高的费用。图5-16 描述了通信设备之间具有 8 条传输通道时并行传输的工作情况。

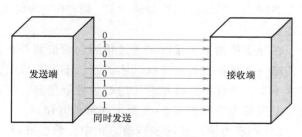

图 5-16 并行传输

（3）异步传输与同步传输 串行传输中，数据是一位一位依次传输的，每位数据的发送和接收都需要时钟来控制。发送端通过发送时钟确定数据位的开始和结束，接收端需要在适当的时间间隔对数据流进行采样，以正确地识别数据。接收端和发送端必须保持步调一致，否则就会使数据传输出现差错。串行传输分为异步传输和同步传输两种方式。

1）异步传输。异步传输方式中，字符是数据传输单位。在通信的数据流中，字符间异步，字符内部各位间同步。异步通信方式的"异步"主要体现在字符与字符之间没有严格的定时要求。在异步传输中，字符可以是连续地、一个个地发送，也可以是不连续地、随机地进行单独发送。在一个字符格式的停止位之后，立即发送下一个字符的起始位，开始一个新字符的传输，这称为连续的串行异步数据发送，即帧与帧之间是连续的。断续的串行数据传输是指在一帧结束之后维持数据线的"空闲"状态，新的起始位可在任何时刻开始。一旦传输开始，组成这个字符的各个数据位将被连续发送，并且每个数据位持续的时间是相等的。接收端根据这个特点与数据发送端保持同步，从而正确地接收数据。收发双方则以预先约定的传输速率，在时钟的作用下，传输这个字符中的每一位。

在异步通信过程中，在不传送字符时发送器和接收器之间的线路将处于"空闲"状态。"空闲"状态的定义等同于二进制信号 1。在异步传输中，当发送一个字符代码时，字符前面要加一个"起始"信号，其长度为 1 个码元，极性为"0"。接收端通过检测信号电平发生的跳变来判断新字符的到达，从而能够与发送端取得同步；字符后面要加一个"停止"信号，其长度为 1 个、1.5 个或 2 个码元，极性为"1"。加上起、停信号后，即可区分出所传输的字符。每个字符的长度由 5~8 位组成。

字符从最低位开始传输。第一个传输的是标记为 b1 的位，第二个传输的是标记为 b2 的位，第 $n$ 个传输的是标记为 bn 的位。通常在这些位的末尾处还有一个奇偶检验位，这个检验位处于字符的最高位。检验位的值由发送器来设置，其规则是要使整个字符中（包括检验比特本身）二进制 1 的总数为偶数（偶校验）或奇数（奇校验），具体取决于双方的约定。最后一个信号元素是"停止位"，它是二进制的 1。停止位的最小长度通常为正常位宽度的 1 倍、1.5 倍或 2 倍，它的最大长度没有定义。由于停止信号与空闲状态含义一致，所以发送器不停地传输停止信号，直到准备好发送下一个字符。

如果发送的是稳定的字符流，那么两个字符之间的间隔是统一的，且等于停止信号的宽度。起始位（0）为后面的 9 个信号元素启动时钟序列，而这 9 个信号元素是由 8 位的信息码，再加上一个停止位组成的。在空闲状态下，接收器等待从"1"到"0"的跳变，以便得知下一个字符的到达，并继续对接收到的信号在每一个位间隔中进行取样，总共取样 8 个这样的间隔，然后再次等待从"1"到"0"的跳变，而这种跳变不可能发生在下一个位时间之前。

在异步传输中，接收端通过检测起始位和停止位来接收最新到达的字符，使得收发双方每传输一个字符就校正一次同步关系，不易造成时钟误差的积累。这种传输方式对时钟精度要求不高，并且不必传输专门的时钟控制信息，实现起来比较简单。虽然异步传输简单并且廉价，但每个字符需要 2~3 个位的额外开销。

2）同步传输。在同步传输方式中，数据被封装成更大的传输单位，称为帧。每个帧中含有多个字符代码，而且字符代码与字符代码之间没有间隙以及起始位和停止位。与异步传输相比，数据传输单位的加长容易引起时钟漂移。为了保证接收端能够正确地区分数据流中的每个数据位，收发双方必须通过某种方法建立起同步的时钟。可以在发送器和接收器之间提供一条独立的时钟线路，由线路的一端（发送器或者接收器）定期地在每个比特时间中向对方发送一个短脉冲信号，另一端则将这些有规律的脉冲作为时钟。这种技术在短距离传输时表现良好，但在长距离传输中，定时脉冲可能会和信息信号一样受到扰动，从而出现定时误差。另一种方法是通过用嵌有时钟信息的数据编码位向接收端提供同步信息，例如，曼彻斯特编码和差分曼彻斯特编码都可以提供同步信号。

在进行同步传输过程中，收发双方还要在数据帧上实现同步，让接收器判断数据的开始和结束。为此每个数据块以一个"前同步码"的比特模式开始，并用一个"后同步码"的比特模式结束，实际的数据加上前同步码、后同步码以及控制信息一起为一帧。同步传输的协议可分为面向字符、面向比特和面向字节计数三种。

## 5.7.2 人机接口

人机接口是计算机和人之间的连接界面，通过该接口可以实现计算机与人机交互设备之间的信息交换。人机交互设备是计算机系统中最基本的设备之一，是人和计算机之间建立联系、交换信息的外部设备，常见的人机交互设备又可分为输入设备和输出设备两类。

### 1. 输入设备

输入设备是人向计算机输入信息的设备，按输入信息的形态可分为字符（包括汉字）输入、图形输入、图像输入及语音输入等。目前，常见的输入设备有：

（1）键盘 这是人向计算机输入信息的最基本的设备，人可以通过按键向计算机输入数字、字母、特定字符和命令，键盘把按下不同键的机械动作转换成计算机能识别的编码。

（2）鼠标 鼠标是一种光标指点设备，通过移动光标进行操作选择以实现操作控制，在操作鼠标时，光标可在屏幕的画面上随意移动，从画面上的菜单中选择命令或进行其他操作。达到所见即所得，具有操作直观、简单的特点。

（3）扫描仪 扫描仪是继键盘和鼠标之后的计算机重要的输入设备，它是将各种形式的图像信息输入计算机的重要工具。

（4）触摸屏 触摸屏是一种坐标定位设备，通过一定的物理手段，操作者可以采用与屏幕直接接触的形式向计算机输入坐标位置，再与计算机软件相配合，以完成数据的输入和对计算机的控制。

### 2. 输出设备

输出设备是直接向人提供计算机运行结果的设备。常见的输出设备有：

（1）显示器 显示器是计算机的主要输出设备，它以文字、图形、图像等方式显示计算机处理信息的结果，它与键盘一起构成最基本的人机对话环境。在计算机系统中所用的显示器有 CRT 显示器、LED 显示器和 LCD 液晶显示器。

（2）打印机 打印机为用户提供计算机信息的硬拷贝，是计算机最基本的输出设备。打印机最常用的输出形式是字符，也可以是图形或图像的直接输出。

## 5.8 计算机网络结构与网络协议

### 5.8.1 计算机网络

测控系统中的计算机除其本身构成一个系统外，还可能需要与其他系统的计算机建立联系，构成一个更大的系统。这就涉及计算机网络的问题。在计算机网络的发展过程中，人们对计算机网络提出了不同的定义，反映着当时网络技术发展的水平以及人们对网络的认识程度，这些定义大致可以分为 3 类：广义的观点、资源共享的观点与用户透明性观点。从目前计算机网络的特点看，采用广义和资源共享相结合的观点来定义比较确切。

所谓计算机网络，就是分布在不同地理位置的计算机通过通信设备和线路连接起来，以功能完善的网络软件（网络应用软件、网络通信协议及网络操作系统等）实现互相通信及网络资源共享的系统。

在计算机网络中，多台计算机之间可以方便地互相传递信息，因此资源共享是计算机网络的一个重要特征。用户能够通过网络来共享软件、硬件和数据资源。

按网络覆盖范围分类，计算机网络可以分为局域网、城域网、广域网三类。

### 1. 局域网

局域网（Local Area Network，LAN）常用于构建在实验室、建筑物或校园里的计算机网络，主要连接个人计算机或工作站来共享网络资源和进行信息交换，覆盖范围一般在几千米到十几千米。

### 2. 城域网

城域网（Metropolitan Area Network，MAN）比局域网的规模要大，一般专指覆盖一个城市的网络系统，又称为都市网。

### 3. 广域网

广域网（Wide Area Network，WAN）的跨度更大，覆盖的范围可以为几十千米到几百千米，甚至是整个地球。

计算机网络要实现数据处理与数据通信两大基本功能，因此从逻辑功能上一个计算机网络分为两个部分：负责数据处理的计算机与终端；负责数据通信的通信控制处理器与通信链路。从计算机网络系统组成的角度来看，典型的计算机网络从逻辑功能上可以分为资源子网和通信子网两个部分。从计算机网络功能角度讲，资源子网是负责数据处理的子网，通信子网是负责数据传输的子网。典型的计算机网络组成如图5-17所示。

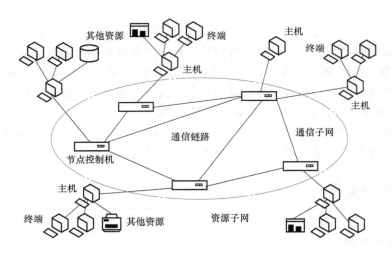

图5-17　典型的计算机网络组成

## 5.8.2　网络结构与协议

计算机网络由多个相互连接的节点组成，节点之间要不断地交换数据和控制信息，要做到有条不紊地交换数据，每个节点都必须遵守一些事先约定好的规则。这些规则精确地规定了所交换数据的格式和时序。这些为网络数据交换而制定的规则、约定与标准被称为网络协议（Protocol）。

网络协议对计算机网络是不可缺少的，一个功能完备的计算机网络需要具备一套复杂的协议集，对于复杂的计算机网络协议，最好的组织方式是层次结构模型。计算机网络层次结构模型和各层协议的集合被定义为计算机网络体系结构。

为了降低计算机网络的复杂程度，按照结构化设计方法，计算机网络将其功能划分为若干个层次（Layer），较高层次建立在较低层次的基础上，并为更高层次提供必要的服务功能，网络中的每一层都起到隔离作用，使得低层功能具体实现方法的变更不会影响到高一层所执行的功能。

### 1. ISO/OSI 参考模型

（1）OSI 参考模型　计算机网络体系结构的研究引起了世界各国网络工作者的重视。各个公司结合计算机硬件、软件和通信设备的配套情况纷纷提出了不同的计算机网络体系。

1978 年，国际标准化委员会组织 ISO 设立了一个分支委员会，专门研究网络通信的体系结构，提出了开放系统互联 OSI（Open System Interconnection）参考模型，简称 OSI/RM。OSI 定义了异种机联网标准的框架结构，受到计算机和通信行业的极大关注。这里的"开放"表示任何两个遵守 OSI/RM 的系统都可以进行互联，当一个系统能按 OSI/RM 与另一个系统进行通信时，就称该系统为开放系统。OSI/RM 只给出了一些原则性的说明，它并不是一个具体的网络。它将整个网络的功能划分成 7 个层次，每一层各自实现不同的功能。由低层至高层分别称为物理层、数据链路层、网络层、传输层、会话层、表示层和应用层，如图 5-18 所示。这种划分的目的是每一层都能执行本层的具体任务，且功能相对独立，通过接口与相邻层连接。依靠各层之间的接口和功能组合，实现系统间、各节点间的信息传输。分层不能太少，否则，各层的功能增多，实现困难；但分层也不能太多，以避免增加各层服务的开销。

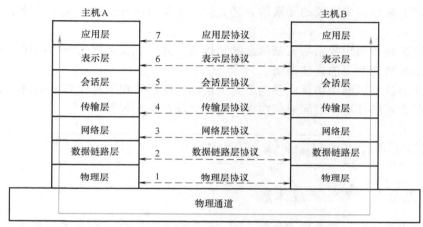

图 5-18　OSI 参考模型及协议

（2）OSI 各层功能概述　　开放系统要求系统的计算机、终端及网络用户彼此连接、交换数据，而且系统应相互配合，两个系统的用户要遵守同样的规则，这样它们才能相互理解传输的信息和含义，并能为同一任务而合作。根据上述要求，OSI 开放体系各层的主要功能分配如下：

第 1 层：物理层（Physical Layer）。在物理信道上传输原始的数据比特流，提供为建立、维护和拆除物理链路连接所需的各种传输介质、通信接口特性等。

第 2 层：数据链路层（Data Link Layer）。在物理层提供比特流服务的基础上，建立相邻节点之间的数据链路，通过差错控制保证数据帧在信道上无差错地传输，并进行数据流量控制。

第 3 层：网络层（NetWork Layer）。为传输层的数据传输提供建立、维护和终止网络连接的手段。把上层传来的数据组织成数据包（Packet），在节点之间进行交换传送，并进行拥塞控制。

第 4 层：传输层（Transport Layer）。为上层提供端到端（最终用户到最终用户）的透明、可靠的数据传输服务。所谓透明的传输是指在通信过程中传输层对上层屏蔽了通信传输系统的具体细节。

第 5 层：会话层（Session Layer）。为表示层提供建立、维护和结束会话连接的功能，并提供会话管理服务。

第 6 层：表示层（Presentation Layer）。为应用层提供信息表示方式的服务，如数据格式的变换、文本压缩和加密技术等。

第 7 层：应用层（Application Layer）。为网络用户或应用程序提供各种服务，如文件传输、电子邮件、分布式数据库以及网络管理等。

从各层的网络功能角度看，第 1、2 层解决有关网络信道和信息帧问题，第 3、4 层解决网络路由和信息传输服务问题，第5~7层处理对应用进程的访问问题。

从控制角度看，OSI/RM 中的第1~3层可以看作传输控制层，负责通信子网的工作，解决网络中的通信问题；第5~7层为应用控制层，负责有关资源子网的工作，解决应用进程的通信问题；第4层为通信子网和资源子网的接口，起到连接传输和应用的作用。

2. 网络协议

网络协议是网络进行数据信息交换时共同遵守的规则、约定与标准。一个网络协议主要由三个要素组成：语义、语法与时序。

语义：用于解释构成协议的元素的含义，即需要发出何种信息、完成何种动作以及做出何种应答。

语法：语法是指用户数据与控制信息的结构或格式，以及数据出现的顺序的意义。

时序：事件实现顺序的详细说明。

一般网络协议是以网络协议软件的形式出现的，网络协议软件也是网络最重要的系统软件之一，它负责网络环境中不同通信实体及进程之间的协同操作。

## 5.9 计算机测控系统集成体系结构

### 5.9.1 计算机测控系统集成体系

计算机测控系统是以计算机为主体，加上检测装置、执行机构与被控对象（生产过程）共同构成的整体。系统中的计算机实现生产过程的检测、监督和控制功能。先后出现了数据采集系统（DAS）、直接数字控制系统（DDC）、监督控制系统（SCC）、集散控制系统（DCS）、现场总线控制系统（FCS）和网络化测控系统等集成体系。

1. 数据采集系统（DAS）

20世纪70年代，人们在测量、模拟和逻辑控制领域率先使用了数字计算机，从而产生了集中式控制。数据采集系统是计算机应用于生产过程控制最早的一种类型。把需要采集的过程参数经过采样、A-D转换变为数字信号送入计算机，计算机对这些输入量进行计算处理（如数字滤波、标度变换、越限报警等），并按需要进行显示和打印输出。这种应用方式，计算机不直接参与过程控制，对生产过程不直接产生影响。

2. 直接数字控制系统（DDC）

直接数字控制系统 DDC 是计算机在工业中应用最普遍的一种方式。它是用一台计算机对多个被控参数进行巡回检测，检测结果与给定值进行比较，并按预定的数学模型（如 PID 控制规律）进行运算，其输出直接控制被控对象，使被控参数稳定在给定值上。

DDC 系统有一个功能齐全的操作控制台，给定、显示、报警等都集中在这个控制台上，操作方便。DDC 系统中的计算机不仅能完全取代模拟调节器，实现多回路的 PID（比例 P、积分 I、微分 D）调节，而且不需要改变硬件，只通过改变程序就能有效地实现较复杂的控制，如前馈控制、串级控制、自适应控制、最优控制、模糊控制等。DDC 系统是计算机用于工业生产过程控制的一种最典型的系统，在热工、化工、机械、建材、冶金等领域已获得广泛应用。在 DDC 系统中是用计算机代替模拟调节器进行控制，对生产过程产生直接影响的被控参数给定值是预先设定的，并存入计算机的内存中，这个给定值不能根据生产工艺信息的变化及时修改，故 DDC 系统无法使生产过程处于最优工况。

### 3. 监督控制系统（SCC）

在监督控制系统 SCC 中，计算机按照描述生产过程的数学模型计算出最佳给定值送给模拟调节器或 DDC 计算机。模拟调节器或 DDC 计算机控制生产过程，从而使生产过程始终处于最优工况。SCC 系统较 DDC 系统更接近生产变化的实际情况，它不仅可以进行给定值控制，而且还可以进行顺序控制、自适应控制及最优控制等。监督控制系统有两种不同的结构形式，一种是 SCC+模拟调节器，另一种是 SCC+DDC 控制系统。

（1）SCC+模拟调节器控制系统　该系统结构形式如图 5-19 所示。在此系统中，计算机对被控对象的各物理量进行巡回检测，并按一定的数学模型计算出最佳给定值送给模拟调节器。此给定值在模拟调节器中与测量值进行比较后，其偏差值经模拟调节器计算后输出到执行机构，以达到控制生产过程的目的。这样，系统就可以根据生产工况的变化，不断地改变给定值，以实现最优控制。当 SCC 计算机出现故障时，可由模拟调节器独立完成操作。

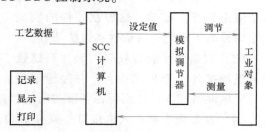

图 5-19　SCC+模拟调节器控制系统结构形式

（2）SCC+DDC 控制系统　该系统结构形式如图 5-20 所示。该系统实际上是一个两级计算机控制系统，SCC 为监督级，其作用与SCC+模拟调节器中的 SCC 一样，用来计算出最佳给定值，送给 DDC 级计算机直接控制生产过程。SCC 与 DDC 之间通过接口进行信息联系。当 DDC 级计算机出现故障时，可由SCC 级计算机代替，因此，大大提高了系统的可靠性。

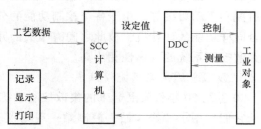

图 5-20　SCC+DDC 控制系统结构形式

### 4. 集散控制系统（DCS）

20 世纪 80 年代，由于微处理器的出现而产生了集散控制系统（DCS），又称分布式控制系统。它以微处理器为核心，实现地理上和功能上的分散控制，同时通过高速数据通道把各个分散点的信息集中起来，进行集中的监视和操作，并实现复杂的控制和优化。DCS 的设计原则是分散控制、集中操作、分级管理、分而自治和综合协调。

世界上许多国家，包括中国都已大批量生产各种型号的集散控制系统。虽然它们型号不同，但其结构和功能都大同小异，均是由以微处理器为核心的基本数字控制器、高速数据通道、CRT 操作站和监督计算机等组成的，如图 5-21 所示。

集散控制系统较之过去的集中控制系统具有以下特点：

（1）控制分散、信息集中　采用大系统递阶控制的思想，生产过程的控制采用全分散的结构，而生产过程的信息则全部集中并存储于数据库，利用高速数据通道或通信网络输送到有关设备。这种结构使系统的危险性分散，提高了可靠性。

（2）系统模块化　在集散控制系统中，有许多不同功能的模块，如 CPU 模块、AI 和 AO 模块、DI 和 DO 模块、通信模块、CRT 模块、存储器模块等。选择不同数量和不同功能的模块可组成不同规模和不同要求的硬件环境。同样，系统的应用软件也采用模块化结构，用户只需借助于组态软件，即可方便地将所选硬件和软件模块连接起来组成控制系统。若要增加某些功能或扩大规模，只要在原有系统上增加一些模块，再重新组态即可。显然，这种软硬件的模块化结构提高了系统的灵活性和可扩展性。

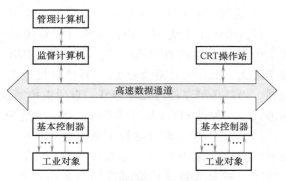

图 5-21　集散控制系统结构形式

（3）数据通信能力较强　利用高速数据通道连接各个模块或设备，并经通道接口与局域网络相连，从而保证各设备间的信息交换及数据库和系统资源的共享。

（4）友好而丰富的人机接口　操作员可通过人机接口及时获取整个生产过程的信息，如流程画面、趋势显示、报警显示、数据表格等，同时，操作员还可以通过功能键直接改变操作量，干预生产过程，改变运行状况或进行事故处理。

（5）可靠性高　在集散控制系统中，采用了各种措施来提高系统的可靠性，如硬件自诊断系统、通信网络、电源以及输入/输出接口等关键部分的双重化（又称冗余），还有自动后援和手动后援等。由于各个控制功能的分散，使得每台计算机的任务相应减少，同时有多台同样功能的计算机，彼此之间有很大的冗余量，必要时可重新排列或调用备用机组，因此集散控制系统的可靠性相当高。

**5. 现场总线控制系统（FCS）**

20 世纪 80 年代发展起来的集散控制系统 DCS 尽管给工业过程控制带来了许多好处，但由于它们采用了"操作站—控制站—现场仪表"的结构模式，系统成本较高，况且各厂家生产的 DCS 标准不同，不能互连，给用户带来了极大的不方便，使维护成本增加。

现场总线控制系统（Fieldbus Control System，FCS）是 20 世纪 80 年代中期在国际上发展起来的新一代分布式控制系统结构。它采用了不同于 DCS 的"工作站—现场总线智能仪表"结构模式，降低了系统总成本，提高了可靠性，且在统一的国际标准下可实现真正的开放式互连系统结构，因此它是一种具有发展前途的真正分散控制系统。其结构形式如图 5-22 所示。

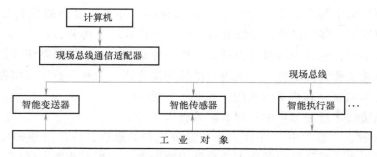

图 5-22　现场总线控制系统结构形式

**6. 网络化测控系统**

网络化测控系统是将测控系统中地域分散的基本功能单元（计算机、测控仪器、测控模块或智能传感器），通过网络互连起来，构成一个分布式的测控系统，这类基于计算机网络通信的分布式测控系统称为网络化测控系统。

测控系统网络化的思路就是把测控系统与计算机网络相结合，构成信息采集、传输、处理和应用的综合信息网络。通过网络化测控系统降低了测控成本，实现了远距离测控和资源共享，实现了测控设备的远距离诊断与维护。

网络化测控系统的主要功能有远程测量功能、远程仪器控制功能、分布式执行功能、数据发布功能，其结构形式如图 5-23 所示。

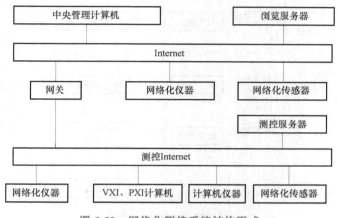

图 5-23 网络化测控系统结构形式

网络化测控系统的硬件主要由基本功能单元和连接各基本功能单元的通信网络两部分构成。

1）基本功能单元。包括计算机仪器、网络化传感器、网络化测控模块等。

2）连接各基本功能单元的通信网络。例如以太网、Intranet 和 Internet，由于大型复杂测控系统不仅有测量和控制的任务，而且还有大量的测控信息交互，因此通信网不是单一结构，而是多层的复合结构。

网络化测控系统的软件主要由测控应用软件、组态软件、接口软件及网络系统软件构成。系统软件结构有 B/S 模式、C/S 模式以及 B/S 和 C/S 混合模式三种。其中 B/S 模式是 Browser/Server（浏览器/服务器）模式的网络化测控系统，该系统不需要在客户端安装软件，只需要通过浏览器就可以实现对网络的监控。C/S 模式是 Client/Server（客户端/服务器）模式的网络化测控系统，系统工作需要有服务端软件和客户端软件。

## 5.9.2 管控一体化系统

随着工业生产过程规模的日益复杂与大型化，现代化工业要求计算机系统不仅要完成直接面向过程的控制和优化任务，而且要在尽可能多地获取生产过程信息的基础上，进行整个生产过程的综合管理、指挥调度和经营管理。由于自动化、计算机、数据通信等技术的发展，已完全可以满足上述要求，能实现这些功能的系统称为计算机集成制造系统（Computer Integrated Manufacture System，CIMS），当 CIMS 用于工业流程时，简称为流程 CIMS 或管控一体化系统（Computer Integrated Processing System，CIPS）。管控一体化系统按其功能分为若干层，如过程直接控制层、过程优化监控层、生产调度层、企业管理层和经营决策层等。

通过管控一体化可以将企业的网络化测控系统、经营决策系统、企业资源规划（ERP）、产品全生命周期管理（PLM）系统等信息系统进行集成。管控一体化系统如图5-24所示。

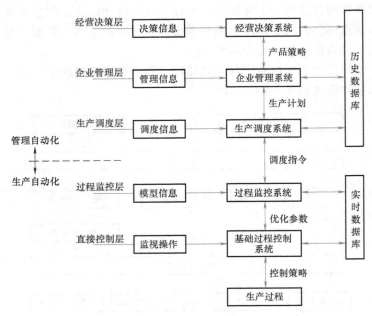

图 5-24 管控一体化系统

这类系统除了常见的过程直接控制、先进控制与过程优化功能之外，还具有生产管理、收集经济信息、计划调度和产品订货、销售、运输等非传统控制的诸多功能。因此，管控一体化所要解决的不再是局部最优问题，而是一个工厂、一个企业及至一个区域的总目标或总任务的全局多目标最优，亦即企业综合自动化问题。

## 5.10 现场总线技术

### 5.10.1 现场总线简介

随着计算机、通信、网络、控制等技术的发展，信息交换沟通的领域正在迅速覆盖从工厂的现场设备层到控制、管理的各个层次，覆盖从工段、车间、工厂、企业乃至世界各地的市场。信息技术的飞速发展、引起了自动化系统结构的变革，逐步形成以网络集成自动化系统为基础的企业信息系统。现场总线（Fieldbus）就是顺应这一形势发展起来的新技术。

现场总线是自动化局域网，它应用在生产现场，在微机化测量控制设备之间实现双向串行多节点数字通信的系统，也称为开放式、数字化、多点通信的底层控制网络。简言之，现场总线把单个分散的测量控制设备变成网络节点，并把它们连接起来相互沟通信息，共同完成自动控制任务。

现场总线的本质含义表现在以下几个方面：

（1）现场通信网络　现场总线作为一种数字式通信网络一直延伸到生产现场中的现场设备，使过去采用点到点式的模拟量信号传输或开关量信号的单向并行传输变为多点一线的双向串行数字式传输。

（2）现场设备互连　现场设备是指位于生产现场的传感器、变送器和执行器等。这些现场设备可以通过现场总线直接在现场实现互连，相互交换信息。而在 DCS 中，现场设备之间是不能直接交换信息的。

（3）互操作性　所谓互操作性是指来自不同厂家的设备可以相互通信，并且可以在多厂家的环境中完成功能的能力。它体现在：用户可以自由地选择设备，而这种选择独立于供应商、控制系统和通信协议；制造商具有增加新的、有用的功能的能力；不需要专有协议和特殊定制驱动软件和升级软件。

（4）分散功能块　现场总线控制系统把功能块分散到现场仪表中执行，因此取消了传统的 DCS 中的过程控制站。例如，现场总线变送器除了具有一般变送器的功能之外还可以运行 PID 控制功能块。类似地，现场总线执行器除了具有一般执行器的功能之外，还可以运行 PID 控制功能块和输出特性补偿块，甚至还可以实现阀门特性自校验和阀门故障自诊断功能。

（5）现场总线供电　现场总线除了传输信息之外，还可以实现为现场设备供电的功能。总线供电不仅简化了系统的安装布线，而且还可以通过配套的安全栅实现本质安全系统，为现场总线控制系统在易燃易爆环境中应用奠定了基础。

（6）开放式互联网络　现场总线是开放式互联网络，既可与同层网络互联，也可与不同层网络互联。现场总线协议是一个完全开放的协议，它不像 DCS 那样采用封闭的、专用的通信协议，而是采用公开化、标准化、规范化的通信协议。这就意味着来自不同厂家的现场总线设备，只要符合现场总线协议，就可以通过现场总线网络连接成系统，实现综合自动化。

## 5.10.2　现场总线的结构特点与优点

### 1. 现场总线系统的结构特点

现场总线系统打破了传统控制系统的结构形式。传统模拟控制系统采用一对一的设备连线，按控制回路分别进行连接。位于现场的测量变送器与位于控制室的控制器之间，控制器与位于现场的执行器、开关、电动机之间均为一对一的物理连接。

现场总线系统由于采用了智能现场设备，能够把早期 DCS 中处于控制室的控制模块、各输入/输出模块等的信号直接传送给分散在现场的执行机构，因而控制系统功能能够不依赖控制室的计算机或控制仪表，直接在现场完成，实现了彻底的分散控制。

现场总线控制系统与传统控制模块置入现场设备，加上现场设备具有通信能力，采用数字信号替代模拟信号，因而可实现一对电线上传输多个信号（包括多个运行参数值、多个设备状态、故障信息），同时又为多个设备提供电源；现场设备以外不再需要模拟-数字、数字-模拟转换部件。这样就为简化系统结构、节约硬件设备、节约连接电缆、节约各种安装维护费用创造了条件。

### 2. 现场总线的优点

由于现场总线的以上特点，特别是现场总线系统结构的简化，使控制系统从设计、安装、投运到正常生产运行及检修维护，都体现出优越性。

（1）节省硬件数量与投资　由于现场总线系统中分散在现场的智能设备能直接执行多

种传感控制报警和计算功能，因而可减少变送器的数量，不再需要单独的调节器、计算单元等，也不再需要 DCS 的信号调理、转换、隔离等功能单元及复杂的接线，还可以用工控计算机作为操作站，从而节省了一大笔硬件投资，并可减少控制室的占地面积。

（2）节省安装费用 现场总线系统的接线十分简单，一对双绞线或一条电缆上通常可挂接多个设备，因而电缆、端子、槽盒、桥架的用量大大减少，连线设计与接头校对的工作量也大大减少。当需要增加现场控制设备时，无需增设新的电缆，可就近连接在原有的电缆上，既节省了投资，也减少了设计、安装的工作量。据有关典型试验工程的测算资料表明，可节约安装费用 60% 以上。

（3）节省维护开销 现场控制设备具有自诊断与简单故障处理的能力，并通过数字通信将相关的诊断维护信息送往控制室。用户可以查询所有设备的运行、诊断维护信息，以便早期分析故障原因并快速排除，缩短了维护停工时间，同时由于系统结构简化、连线简单而减少了维护工作量。

（4）用户具有高度的系统集成主动权 用户可以自由选择不同厂商所提供的设备来集成系统，避免因选择了某一品牌的产品而被"框死"了使用设备的选择范围，不会为系统集成中不兼容的协议、接口而一筹莫展，使系统集成过程中的主动权牢牢掌握在用户手中。

（5）提高了系统的准确性与可靠性 由于现场总线设备的智能化、数字化，与模拟信号相比，它从根本上提高了测量与控制的精确度，减小了传送误差。同时，由于系统的结构简化，设备与连线减少，现场仪表内部功能加强，减小了信号的往返传输，提高了系统的工作可靠性。

此外，由于它的设备标准化、功能模块化，因而还具有设计简单、易于重构等优点。

### 5.10.3 几种典型现场总线

自 20 世纪 80 年代末以来，有几种现场总线技术已逐渐形成其影响，并在一些特定的应用领域显示了自己的优势。它们具有各自的特点，也显示了较强的生命力。对现场总线技术的发展已经发挥并将会继续发挥较大作用。

1. 基金会现场总线 FF（Fieldbus Foundation）

FF 是国际公认的唯一不附属于某企业的公正非商业化的国际标准化组织，其宗旨是制定统一的现场总线国际标准，无专利许可要求，可供任何人使用。它是在过程自动化领域得到广泛支持和具有良好发展前景的一种技术。基金会成员所生产的自动化设备占世界市场的90%以上。其前身是以美国 Fisher - Rosemount 公司为首，联合 Foxboro、横河、ABB、西门子等 80 家公司制定的 ISP 协议和以 Honeywell 公司为首，联合欧洲等地 150 家公司制定的World FIP 协议。这两大集团于 1994 年 9 月合并，成立了基金会现场总线，致力于开发出国际上统一的现场总线协议。

基金会现场总线分为低速现场总线 H1 和高速现场总线 HSE 两种通信速率。H1 的传输速率为 31.25Kbit/s，HSE 的传输速率为 100Mbit/s，通信距离可达 1.9km，H1 支持总线供电和本质安全特性。最大通信距离为 1900m（如果加中继器可延长至 9500m），最多可直接连接 32 个节点（非总线供电）、13 个节点（总线供电）、6 个节点（本质安全要求）。如果加中继器最多可连接 240 个节点。通信介质为双绞线、光缆或无线电。其传输信号采用曼彻斯特编码。基金会现场总线以 ISO/OSI 开放系统互连模型为基础，取其物理层、数据链路层、应用层为 FF 通信模型的相应层次，并在应用层上增加了用户层。用户层主要针对自动化测控应用的需要，定义了信息存取的统一规则，采用设备描述语言规定了通用的功能块集。FF 总线包括 FF 通信协议，ISO 模型中的 2~7 层通信协议栈，用于描述设备特性及操作接口的 DDL 设备描述语言、设备描述字典，用于实现测量、控制、工程量转换的应用功能块，实现系统组态管理功能的系统软件技术以及构筑集成自动化系统、网络系统的系统集成技术。

### 2. CAN 总线（Controller Area Network）

CAN 总线是由德国 Bosch 公司推出，最早用于汽车监测部件与控制部件的数据通信协议。1993 年 11 月国际标准化组织 ISO 正式颁布了关于 CAN 总线的 ISO 11898 标准，目前 CAN 得到了 Motorola、Intel、Philips、Siemens、NEC 等公司的支持，已广泛应用在离散控制领域。它也是基于 ISO/OSI 模型，但进行了优化，采用了其中的物理层、数据链路层、应用层，提高了实时性。其节点有优先级设定，支持点对点、一点对多点、广播模式通信。各节点可随时发送消息。传输介质为双绞线，通信速率与总线长度有关。CAN 总线采用短帧结构，每一帧有效字节数为 8 个，因而传输的时间短；当节点出错时，可自动关闭，抗干扰能力强，可靠性高。

### 3. LONWorks 现场总线（Local Operating Networks）

LonWorks 是 1991 年美国 Echelon 公司推出的通用总线，它提供了完整的端到端的控制系统解决方案，可同时应用在装置级、设备级、工厂级等任何一层总线中，并提供实现开放性互操作控制系统所需的所有组件，使控制网络可以方便地与现有的数据网络实现无缝集成。它采用了 ISO/OSI 参考模型全部的七层协议结构。LonWorks 所采用的 LonTalk 通信协议被封装在称之为 Neuron 的神经元芯片中。芯片中有三个 8 位 CPU。第一个 CPU 用于实现 ISO/OSI 模型中的第一、二层的功能，称为媒体访问控制处理器；第二个 CPU 用于完成3~6 层的功能，称为网络处理器；第三个 CPU，称为应用处理器，执行用户编写的代码及用户代码所调用的操作系统服务。芯片中还具有信息缓冲区，以实现 CPU 之间的信息传递，并作为网络缓冲区和应用缓冲区。LonWorks 应用范围主要包括楼宇自动化、工业控制等，在组建分布式监控网络方面有较优越的性能。

### 4. PROFIBUS 现场总线（Process Fieldbus）

PROFIBUS 是符合德国国家标准 DIN 19245 和欧洲标准 EN 50179 的现场总线，它是一种不依赖于厂家的开放式现场总线标准，采用 PROFIBUS 标准后，不同厂商所生产的设备不需对其接口进行特别调整就可通信。PROFIBUS 为多主从结构，可方便地构成集中式、集散式和分布式控制系统。针对不同的应用场合，PROFIBUS 分为三个系列。PROFIBUS-DP（Decentralized Periphery）：用于传感器和执行器级的高速数据传输，传输速率可达 12Mb/s，一般构成单主站系统，主站、从站间采用循环数据传送方式工作；PROFIBUS-PA（Process Automation）：用于安全性要求较高的场合，它具有本质安全特性，是 PROFIBUS 的过程自动化解决方案，将自动化系统和过程控制系统与现场设备连接起来，代替了 4~20mA 模拟信号传输技术；PROFIBUS-FMS（Fieldbus Message Specification）：用于车间级智能主站间通用的通信，它提供了大量的通信服务，用以完成以中等传输速度进行的循环和非循环的通信任务。

#### 5. HART 总线

HART 是可寻址远程传感器数据通路（Highway Addressable Remote Transducer）的缩写。它由 Rosemount 公司开发，得到了 80 多家仪表公司的支持，并于 1993 年成立了 HART 通信基金会。HART 协议参考了 ISO/OSI 模型的物理层、数据链路层和应用层。其特点是在现有模拟信号传输线上实现数字信号通信，属于模拟系统向数字系统转变过程中的过渡性产品，因而在当前的过渡时期具有较强的市场竞争能力，得到了较快发展。

它规定了一系列命令，按命令方式工作。它有三类命令：第一类称为通用命令，这是所有设备都理解、执行的命令；第二类称为一般行为命令，所提供的功能可以在许多现场设备（尽管不是全部）中实现，这类命令包括最常用的现场设备的功能库；第三类称为特殊设备命令，以便在某些设备中实现特殊功能，这类命令既可以在基金会中开放使用，又可以为开发此命令的公司所独有。在一个现场设备中通常可发现同时存在这三类命令。

HART 采用统一的设备描述语言 DDL，现场设备开发商采用这种标准语言来描述设备特性，由 HART 基金会负责登记管理这些设备描述并把它们编为设备描述字典，主设备运用 DDL 技术来理解这些设备的特性参数而不必为这些设备开发专用接口。但由于这种模拟数字混合信号制，导致难以开发出一种能满足各公司要求的通信接口芯片。

HART 能利用总线供电，可满足本质安全防爆要求，并可组成由手持编程器与管理系统主机作为主设备的双主设备系统。

#### 6. WorldFIP

WorldFIP 意为世界工厂仪表协议（World Factory Instrument Protocol）。最初由 Cegelec 等几家法国公司在原有通信技术的基础上根据用户的要求所制定，随后即成为法国标准，后来又采纳了 IEC 物理层国际标准（IEC 61158-2），并命名为 WorldFIP。WorldFIP 是欧洲现场总线标准 EN 50170-3。

WorldFIP 按照 ISO/OSI 参考模型定义了物理层、数据链路层和应用层，WorldFIP 采用有调度的总线访问控制，通信速率分别为 31.35kbit/s、1Mbit/s、2.5Mbit/s，对应的最大通信距离分别为 5000m、1000m、500m，其通信介质为双绞线。如果采用光纤，其最大通信距离可达 40km。每段现场总线的最大节点数为 32 个，使用分线盒可连接 256 个节点。整个网络最多可以使用 3 个中继器，连接 4 个网段。WorldFIP 采用可变长帧结构，每帧的最大字节数为 256B。适用于包括 TCP/IP 在内的各种类型的协议数据单元。

## 习　题

5-1　简述单片微控制器在硬件结构和指令系统方面的特点。

5-2　数字信号处理器的结构特点是什么？具有什么优势？

5-3　简述嵌入式系统在硬件构成和软件结构方面的特点。

5-4　嵌入式系统与通用计算机有何异同？

5-5　简述可编程序控制器的结构组成和软件特点。

5-6　比较说明单片微控制器、嵌入式微处理器、数字信号处理器、可编程序控制器各有什么特点。

5-7 计算机系统集成中接口有何作用？常用通信接口有哪些？

5-8 计算机串行通信与并行通信的主要区别是什么？

5-9 什么是网络化测控系统？网络化测控系统有什么特点及功能？

5-10 简述 FCS 和 DCS 的区别。

5-11 什么是现场总线？现场总线包括哪些类型？现场总线有什么特点？

# 第 6 章

# 测控系统应用实例

▶▶ 本章主要内容 ▮▮▮—

　　具体的测控系统千差万别，采取的技术路线也不同，需要采用不同的单元部件和软硬件技术，并将这些单元部件、软硬件技术集成在一起，组成一个信号获取、传输、处理、控制、校正等各环节相互衔接、相互支撑的集成系统。本章通过几个具体实例加以说明。其中，物料自动分拣系统配置多种传感检测模块，根据检测到的信号对物料输送线上的多个执行机构进行控制，使用 PLC、总线等技术将各种单元部件集成在一起，通过控制程序实现高效有序运行；智能焊接机器人焊缝跟踪测控系统，采用 CCD 视觉图像传感器，采取焊前焊缝识别引导和焊后熔池实测相结合的技术方案，根据预测和实测结果，调整焊枪参数和机器人运动轨迹，实现熔透与焊缝成形质量的智能控制；电阻炉智能温度控制系统，针对温度控制具有大时滞、大惯性、非线性和时变性等特点，采取了模糊自整定 PID 控制算法，达到了理想的温度控制效果；虚拟仪器技术是一种把计算机强大的计算处理能力和仪器硬件的测量、控制能力结合在一起的技术，具有性能高、扩展性强、开发时间短以及集成性能出色等优势。

　　实际的机电一体化测控系统往往不是传感器、信号处理、计算机软硬件等环节的简单"拼盘"，而是要从系统的总体功能出发去设计和优化符合要求的各个环节，再对各个环节加以综合集成达到总体效果最佳。因此，对于具体的应用系统而言，在熟练掌握传感技术、信号处理技术、计算机软硬件技术等必要技术后，还必须进行系统总体设计、系统集成和调试等，满足系统功能、可靠性、成本、可维护性等工程应用的各项指标。本章以几个典型工程应用为例，突出测控系统计算机集成应用这一概念。

## 6.1　物料自动分拣系统中的传感和系统集成

### 6.1.1　概述

　　物料自动分拣系统是随着传感器技术、自动化技术、计算机技术的不断发展而逐渐被广泛使用的一种集信息处理与自动化为一体的系统。根据不同领域的应用需求，物料自动分拣系统已经应用于工业、农业、物流配送、邮政、港口码头、机场等领域。如工业生产过程应用物料自动分拣系统实现产品质量的检测、产品分级、产品类别的检测以及物料的自动入库和出库等环节。在农业领域物料自动分拣系统可以用于农产品质量的检测、农产品等级分类等。在邮政和物流等领域实现物品的分类分拣和快速传输等功能。物料自动分拣系统的主要功能包括物料质量检测、物料分类、自动传输、自动储存等。

本实例介绍的物料自动分拣系统，从功能上实现工业制造过程物料分拣的一般流程，如自动上料系统将物料装载到运输装置，通过传感器检测物料质量是否合格，将不合格品分拣入不合格品仓库。合格品被自动运送到下一个环节，通过传感器检测进行分类，如通过颜色传感器对产品按颜色进行分类，分拣出的产品自动进入不同的仓库。系统主要功能：①物料自动传输；②物料质量检测；③物料类别检测；④自动入库等。

## 6.1.2 系统结构

### 1. 结构组成

物料自动分拣系统的结构组成如图 6-1 所示。系统主要由传感检测模块、信号处理模块、主控制器模块、驱动调速模块、物料传输模块、物料储存模块等构成。

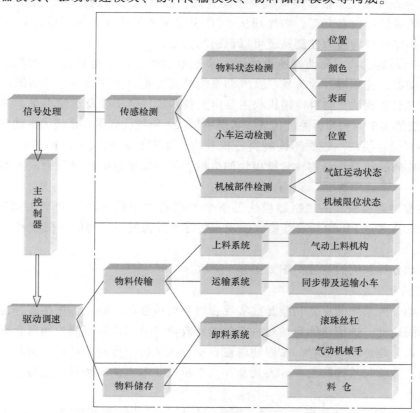

**图 6-1 物料自动分拣系统的结构组成**

（1）传感检测模块 传感检测模块实现对整个系统工作过程及物料属性等的检测。主要传感器有检测物料及运输小车位置的电容、电感及红外传感器，检测气缸运动的磁性传感器，对机械运动部件直线运动限位的机械限位开关，检测物料颜色的颜色传感器及对物料表面进行检测的 CCD 摄像机。系统主要传感器实例如图 6-2 所示。

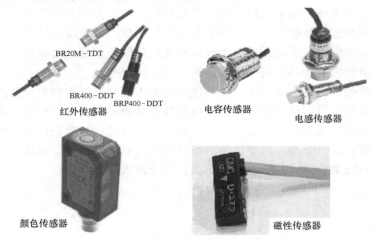

图 6-2　系统主要传感器实例

（2）信号处理模块　信号处理模块主要处理不能直接输入到控制器的检测信号，并实现与控制器的通信和信息交互。如处理从 CCD 视觉传感系统获取的图像信息，提取其中的特征信息，并将结果转换为控制系统可以识别的信号。

（3）驱动调速模块　驱动调速模块通过步进电动机、伺服电动机、交流异步电动机以及相应的驱动器、变频器、滚珠丝杠及气动系统等实现物料传输及储存等功能。

（4）物料传输模块　物料传输模块主要由上料系统、同步带及运输小车、滚珠丝杠及气动机械手组成的 X-Y 两轴卸料系统构成，实现物料从上料机构到储存系统的自动分拣传输。

（5）物料储存模块　根据不同物料分拣要求，物料储存模块由不同的料仓构成，按照颜色传感器检测的结果，由物料传输模块的机械手将不同颜色的物料分别放入不同的物料仓库中。

（6）主控制器模块　主控制器模块是整个系统的"中枢神经"和"大脑"，由 S7-300 PLC 及其适配器通过 ProfiBus 总线协议实现与传感器及被控对象等的通信联系，实现系统工作的自动化。

物料自动分拣系统的装置简图如图 6-3 所示。

2．工作流程

物料自动分拣系统的主要功能是在实现物料自动传输的基础上，根据多种传感器检测得到物料的不同属性，进而将物料按照一定的类别或特点分别放入不同的物料仓库，实现一种全自动的物料分类传输与储存。按照物料在自动分拣系统中传输的过程，将系统工作流程分为上料阶段、传输与检测阶段、卸料及储存三个阶段。本实例的物料自动分拣系统工作流程如图 6-4 所示。

（1）上料阶段　系统通电启动后，所有机械设备或装置均回复至原点状态。在原始状态下，运输小车停留在上料位置，红外对射光电传感器检测小车上是否装有物料，如果小车为空，则控制系统发出上料的控制信号打开电磁阀，气动上料机构开始工作并将物料加载至运输小车，此刻红外对射的光电传感器检测到小车上已经装有物料，上料结束。

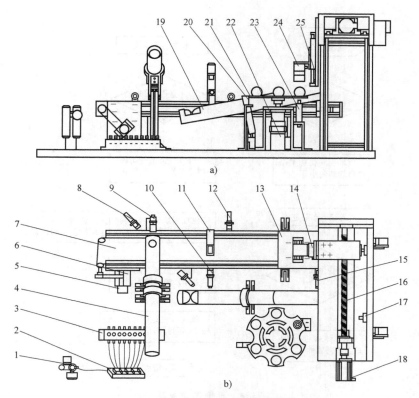

图6-3 物料自动分拣系统的装置简图

a）主视图 b）俯视图

1—气压表及空气过滤装置 2—电磁阀 3—调节阀 4—上料机构 5—编码器 6—异步电动机 7—同步带
8—红外对射传感器 9、12—红外漫反射传感器 10—颜色传感器 11—CCD摄像机 13—运输小车 14—升降气缸
15—电感传感器 16—滚珠丝杠 17—限位开关 18—步进电动机 19—卸料机构及料仓 20—光纤传感器
21—环形料仓 22—伺服电动机 23—电容传感器 24—气动机械手 25—磁性传感器

（2）传输与检测阶段 上料结束后，三相异步电动机驱动同步带及运输小车前进，当红外漫反射光电传感器导通时，表明小车运行至物料属性检测位置，颜色传感器及CCD摄像机开始工作，通过颜色传感器识别物料的颜色，CCD摄像机采集物料图像信息并传输给信号处理计算机，计算机信号处理模块提取物料图像的特征信息，实现对物料表面质量的检测。小车在此位置停留3s后继续前进，当安装在传输线卸料位置的电感传感器导通时，传输与检测阶段结束。

（3）卸料与储存阶段 当运输小车运行到卸料位置时，控制系统向控制升降气缸的电磁阀发送信号，升降气缸带动气动机械手下降，当检测气缸下降动作的下限位磁性传感器导通时，控制气动机械手松开和抓紧的电磁阀分别工作完成抓取物料。运输小车反向运行回到上料位置等待下一个循环，同时物料抓好后升降气缸向上运行，当检测升降气缸上限位的磁性传感器导通时，控制系统向步进电动机发送控制信号，步进电动机驱动滚珠丝杠转动，与丝杠滑块相连接的气动机械手及抓取的物料向前运行。根据物料检测阶段得到的物料信息，通过步进电动机及丝杠系统可以确定物料的储存位置和料仓，并通过气动机械手将物料放入

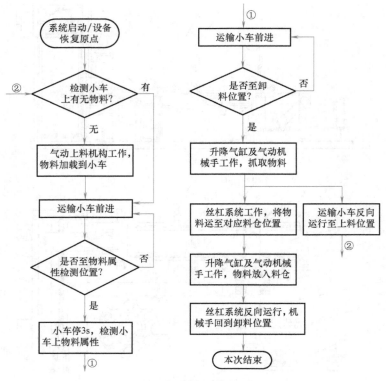

图 6-4　系统工作流程

对应的物料储存料仓，最终实现将物料按类别和属性进行分类入库。当物料放入环形料仓时，电容传感器和光纤传感器检测到物料后向控制系统反馈信号，控制系统控制伺服电动机驱动环形料仓转动到下一个仓位。此后在步进电动机驱动下，气动机械手和升降气缸反向运行，当滚珠丝杠左机械限位开关导通时，气动机械手返回至卸料位置，本次工作结束。

### 6.1.3　系统集成

本系统中各模块间信息的传输主要通过 ProfiBus 总线网络实现，同时主控制器 PLC 通过输入/输出模块分别与传感器及被控对象实现信号传递，系统集成体系结构如图 6-5 所示。

1. 主控制器与输入/输出模块接口

在该系统中主控制器为西门子 PLC S7-300（CPU 313C-2DP），接口模块为具有 ProfiBus 总线接口的 IM153-1，信号模块由 SM321/SM322 数字量输入/输出、SM332 模拟量输入等模块构成。西门子 PLC S7-300 CPU 模块通过 RS485 通信接口和 ProfiBus 总线与接口模块 IM153-1 组成 ProfiBus 总线网络，实现 CPU 模块与远程信号模块的通信。

为了便于操作和监控，在通信控制模块设计了彩色触摸屏 MT506MV，触摸屏 MT506MV 通过 RS232 接口与 PLC S7-300 的 MPI 接口构成 MPI 网络通信，通过触摸屏可以监控构成系统的不同部件的状态信息及对系统进行远程操控。

2. 驱动调速模块集成方法

驱动调速模块有电动机驱动和气动驱动两种方式，电动机驱动由三洋步进电动机

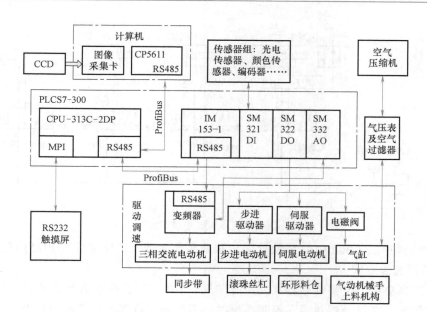

图 6-5　系统集成体系结构

103H7832-0740 及研控步进驱动器 Q2HB44MC（D）、伺服电动机 6CBL（3）A-20-30（ST）及伺服驱动器 PSDA0233A4GN-M、三相交流异步电动机 VRDM364/LHA 及西门子变频器 MI-CROMASTER420 等构成。步进电动机驱动器、伺服电动机驱动器接在 PLC 的数字信号输出模块 SM322 的输出端，步进电动机及伺服电动机分别接在对应的驱动器上，由此实现 PLC 对步进电动机及伺服电动机的控制。

　　步进电动机与滚珠丝杠通过联轴器连接，步进电动机转动时丝杠随之一起转动，从而带动与丝杠滑块安装在一起的气动机械手沿 X 轴方向移动。伺服电动机通过联轴器与环形料仓连接，伺服电动机的转动可以驱动环形料仓。

　　驱动调速模块中变频器 MICROMASTER 420 通过 ProfiBus 总线电缆及 RS485 接口接入 PLC S7-300 的 ProfiBus 总线网络，SM332 模拟量输出模块的通道 0（CH0）的输出连接在变频器控制信号的输入端，变频器的输出与三相交流异步电动机 VRDM364/LHA 连接，光电编码器与三相交流异步电动机同轴安装，光电编码器的信号输出端接在 SM321 数字量输入模块上，通过以上接线可实现基于光电编码器反馈信息及 PID 算法对三相异步电动机进行调速控制，最终实现对同步带及运输小车的传输控制。

　　气动驱动主要元件由博宇空气压缩机 V-360（BOYU）、气压表及空气过滤装置、日本 SMC 公司的气缸 MHL2-100、气动机械手、电磁阀、亚德客公司的气缸单向调节阀等构成。气动系统主要气路如图 6-6 所示。空气压缩机产生的压缩空气经气压表及空气过滤装置后接入电磁阀控制的气路，当电磁阀接通时，气体由 B 路进入气缸气腔，当电磁阀断开时，气体由 A 路从气缸气腔排出，通过这种方式实现气缸驱动机械手、上料仓门等运动。

　　**3. 信号处理模块集成方法**

　　信号处理模块主要由计算机主机、凌华 RTV-24 彩色图像采集卡及西门子 CP5611 通信模块构成。计算机主板 PCI 插槽上安装图像采集卡 RTV-24 实现 CCD 摄像机采集图像信号，在计算机主板 PCI 插槽上安装西门子 CP5611 通信模块，CP5611 模块通过 RS485 接口接入

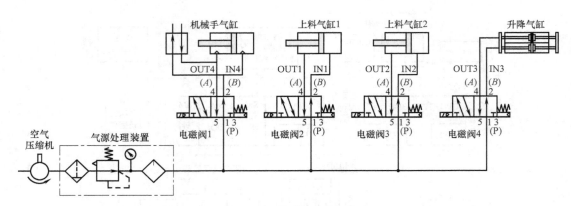

图 6-6　气动系统主要气路

ProfiBus 总线网络与 S7-300 CPU 模块连接，从而实现信号处理计算机与 PLC 间的通信。

### 4. 传感器连接方式

传感检测模块中的主要传感器及其功能详见表 6-1，为了将传感器的信号与实际物理控制功能对应起来，在将传感器接入控制系统时，需要先对传感器、控制对象及信号模块进行输入/输出的 I/O 分配，从而建立起物理控制过程与控制程序间的关系。本实例中主要传感器在信号模块 SM321 的输入端（DI）I/O 分配后的接线图如图 6-7 所示，传感器的物理功能与信号端口间的分配关系见表 6-1，表 6-1 最后一列为各传感器对应的信号接线端子。

表 6-1　传感检测模块中的主要传感器及其功能

| 序号 | 设备名称 | 数量 | 型号/性能参数 | 主要功能 | SM321 接口 |
|---|---|---|---|---|---|
| 1 | 限位开关 | 1 | Deco P532A-4F, 1NO/ 1NC | 步进电动机原点定位及丝杠左右极限 | I0. 1 |
| 2 | 磁性传感器 | 2 | SMC D-A73 两出线 | 升降气缸运动上下边缘检测 | I0. 2、I0. 3 |
| 3 | 红外漫反射光电传感器 | 2 | 检测距离 30mm，金属外壳，BR100-DDT-P | 物料与小车上料位置和物料属性检测位置判断 | I0. 4、I0. 5 |
| 4 | 电感传感器 | 1 | PR18-8DP，检测距离 5mm，AUTONICS | 检测小车是否至卸料位置 | I1. 1 |
| 5 | 电容传感器 | 1 | CR18-8DP，检测距离 5mm，AUTONICS | 检测环形料仓当前仓位是否有物料 | I1. 2 |
| 6 | 光纤传感器 | 1 | 欧姆龙，1m 光纤 | 环形料仓仓位检测 | I1. 3 |
| 7 | 颜色传感器 | 1 | Cankey PHT20 RL | 物料颜色检测 | I1. 4 |
| 8 | 红外对射光电传感器 | 1 | 检测距离 50cm，金属外壳，BR20M-TDTD-P | 上料位置检测小车上是否有物料 | I1. 5 |

在图 6-7 中，XT1、XT2 为接线排，XT1 接线排的端子上接传感器，XT2 接线排的端子上接信号模块的信号端子，再根据 I/O 分配表用导线将 XT1 和 XT2 上对应的端子连接起来，即实现了传感器的物理布线。本实例使用的传感器在工作过程均需要 DC 24V 直流工作电源，因而在传感器与信号模块的接线图中增加了 DC 24V 电源。

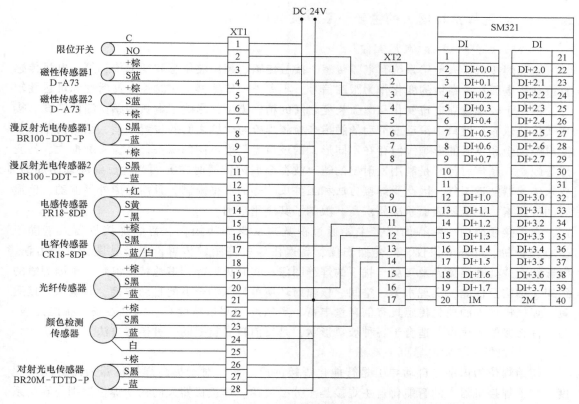

图 6-7 主要传感器在信号模块 SM321 的输入端（DI）I/O 分配后的接线图

本实例建立的物料自动分拣系统，通过设计的上料机构、同步带及运输小车、气动机械手及滚珠丝杠系统等机械运动部件对物料进行传输，同时传感检测及通信控制模块向驱动调速系统发送控制指令，在物料传输过程中通过视觉及颜色传感可以检测物料的属性（如颜色、表面质量等），实现物料的质量及类别检测，并根据检测结果进行自动分类储存，最终实现物料自动拣入不同的仓库。

# 6.2 智能焊接机器人焊缝跟踪测控系统

## 6.2.1 概述

目前，用于工业生产的弧焊机器人主要是示教再现型机器人或离线编程机器人，能够高精度地重复预定的工作任务，但缺乏应变能力。由于示教过程需要投入大量人力，工作繁杂而耗时，难以满足以快速调整生产流程为特点的柔性制造系统的要求。它也无法适应焊接条件的变化，如工件尺寸和位置偏差、工件受热和散热条件的变化等因素均会影响焊接质量。为了适应焊接环境和焊接过程的变化，通过引入外部信息的传感和实时调整控制的功能，针对结构空间或非结构空间而研究设计的智能化焊接机器人（Intelligent Welding Robot，IWR）能够模拟焊工操作，并有一定自主智能焊接功能。

### 6.2.2 智能焊接机器人的主要子系统及其功能

#### 1. 智能焊接机器人的传感系统

智能焊接机器人传感系统有电弧传感、接触传感、超声波传感和视觉传感等。电弧传感直接利用电弧本身参数的变化作为跟踪信号，不需外加传感器，实时性、灵活性和可达性较好。但由于较难建立电流变化和电弧长度之间的精确模型，影响了电弧传感检测的精度。接触式传感依靠在坡口中滚动或滑动的触指来检测焊枪与焊缝之间的位置偏差，结构简单，不受电弧烟尘和飞溅的影响。但存在不同形式的坡口需更换不同的探头，且探头磨损大、易变形等缺点。超声波传感是利用发射出的超声波在金属内传播时在界面产生反射原理制成的，要求传感器贴近工件，因此受焊接方法和工件尺寸等的严格限制，且需考虑外界振动、传播时间等因素，对金属表面状况要求高，限制了其应用范围。

在焊接领域内，熟练的焊工主要通过视觉来从事焊接操作。智能焊接机器人借助于CCD摄像机、红外摄像仪、X光探伤仪、高速摄像机等图像传感设备及其图像处理方法，能够获取并处理强弧光及飞溅干扰下的焊缝图像，实时提取焊接熔池特征参数，预测焊缝的组织、结构及性能，实现水下、空间、核辐射环境等特殊场合下的自动焊接，并确保焊接质量。焊接机器人的视觉传感具有信息量丰富、灵敏度和测量精度高、抗电磁场干扰能力强、与工件无接触等优点，适合于各种坡口形状，是目前较受重视的一种传感方法。

#### 2. 初始焊位识别与导引子系统

初始焊位的识别与自动导引是智能化焊接的第一步，对于提高焊接机器人的智能化程度，实现焊接机器人的智能化自主焊接是十分必要的。焊接机器人的初始焊位识别与导引系统能够根据实时传感信息，寻找初始焊接位置，自动地导引焊枪（焊炬）端点运动到初始焊接位置，开始焊接工作，从而提高焊接机器人的自主工作能力和智能化水平。

基于视觉传感的初始焊位识别和焊缝初始位置导引子系统的组成框图如图6-8所示。视觉传感器CCD1用于拍摄焊件，获取待焊工件焊缝初始位置的图像信息；经过图像处理和特征提取，获得焊缝初始位置特征，确定焊缝初始点在三维空间内的坐标，完成初始焊位识别工作。中央控制计算机根据识别结果，进行运动路径规划，并向机器人控制器发出运动控制命令，驱动机器人本体移动焊枪端点接近初始焊位准备焊接，从而完成初始焊位自主导引工作。

#### 3. 焊缝跟踪子系统

加工装配误差、焊接过程中的热和残余应力引起的变形等因素都会造成接头位置和尺寸的变化。焊接条件的变化要求焊接机器人能够实时检测这种变化，在线调整焊接路径，以确保焊接质量的可靠性。焊缝跟踪子系统的任务就是在机器人导引到初始焊接位置以后，通过视觉传感提取焊缝信息，控制机器人的焊枪跟踪焊缝，实施智能化自主焊接。

图6-8中，CCD1用于拍摄焊缝，获取待焊工件焊缝位置、形状与方向的图像信息；经过图像处理和特征提取，获得焊缝的中心点与焊枪尖端点在焊件平面内垂直投影点之间的距离（即偏差信息）和焊缝在图像上的走向；将结果传送给中央控制计算机，根据焊缝位置确定焊枪的下一步接近或纠偏运动方向和位移量；把这些变量以及机器人当前的姿态转化为机器人实际可控的变量，向机器人控制器发出运动控制命令，驱动机器人本体移动焊枪始终在焊缝正上方保持相同高度并沿着焊缝前进，从而完成焊缝跟踪控制任务。

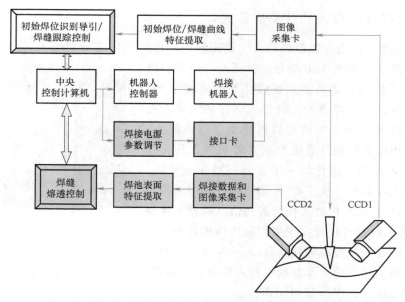

**图 6-8 基于视觉传感的初始焊位识别和焊缝初始位置导引子系统的组成框图**

焊缝跟踪过程分为在线和离线两种方式。离线焊缝跟踪在未起弧前进行，通过焊缝识别，离线规划焊枪移动轨迹，这种方式相当于自主寻迹示教。焊缝跟踪过程也可以在线实时进行，通过摄像机 CCD1 提取焊缝形状、间隙大小和走向特征的实时信息，通过中央控制器在线计算焊枪下一步的运动方向和位移量，向机器人控制器发布即时运动命令，驱动机器人本体移动焊枪端点跟踪焊缝走向和位置纠偏。在线方式是真正意义上的机器人自主实时焊缝跟踪，但由于干扰作用容易导致实时焊缝跟踪的可靠性与精度下降，只有在特定环境下的实际焊接中直接应用，一般将实时在线自主焊缝跟踪技术与离线编程或预先自主寻迹示教规划结合运用，才能在实际焊接过程中更为有效。

#### 4. 焊缝熔透实时控制子系统

弧焊过程的熔透信息传感、焊接动态过程模型的建立和反馈实时控制是保证焊接质量的关键技术，同时也是实现高质量、高精度机器人焊接自动化的重要基础之一。焊接过程是一个多变量、强耦合的非线性时变系统，影响焊缝成形质量的因素很多，在焊缝成形控制中，为了保证焊缝成形稳定，焊接机器人必须具有实时熔透控制的能力。

图 6-8 中熔透控制子系统由摄像机 CCD2、图像采集接口卡、焊接数据采集接口板以及微型计算机组成，以熔池熔宽及成形为控制目标，通过获取熔池特征、预测相关质量参数、适当调整控制策略，来实现机器人焊接过程中的焊缝熔透控制。

摄像机 CCD2 安装于机器人焊枪行走方向的后部，在焊接弧光照射下直接获取机器人运动后方向的半部熔池变化图像，从而提取熔池的宽度、半长、面积和形状特征。通过微型计算机，结合相应工艺参数和预先建立的焊接熔池动态过程模型，预测熔深、熔透、熔宽和余高等焊接质量参数。调用合适的控制策略，根据预测结果，调整焊接参数和机器人运动速度、姿态和送丝速度，将控制变量的计算结果发送给焊接电源和机器人本体等机构执行，从而实现对焊接熔池动态特征的实时监测，实现熔透与焊缝成形质量的智能控制。

### 6.2.3 智能焊接机器人的计算机集成

图 6-9 所示为六自由度弧焊机器人（沈阳新松公司的 RH6 工业机器人）。计算机集成控制系统硬件原理框图如图 6-10 所示。机器人控制器和机器人本体作为开放式焊接机器人智能化柔性系统平台，当不由中央控制计算机控制时，机器人本体和机器人控制器、示教盒等是一套完整的示教再现型工业机器人。但是当机器人由中央控制计算机控制（使机器人具有智能）时，机器人控制器退化为一个运动伺服驱动机构。系统中，机器人控制器开放了 CAN 通信接口，中央控制计算机通过 CAN 总线与机器人控制器通信。机器人控制器内部的 CAN 总线接口板接收中央控制计算机发来的运动控制命令，并在同一控制周期（16ms）内将对应的控

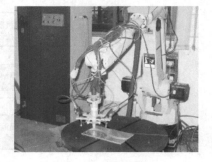

图 6-9　六自由度弧焊机器人

制量送至电动机的功率放大器控制机器人运动；同时读取电动机编码器的数据，将机器人的位置和姿态信息反馈到中央控制计算机。

图 6-10 中的机器人控制器开放了部分光电隔离数字 I/O 接口，用于视觉传感器的弧焊滤光片加载和移除的控制，另外还增加了第七轴（除机器人各关节以外的第七自由度）伺服控制模块，用于实现 CCD 摄像机随动机构控制，为伺服视觉传感装置提供了前向控制通道。

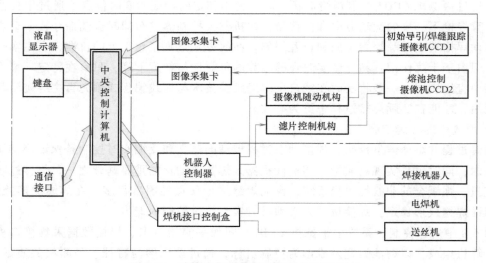

图 6-10　计算机集成控制系统硬件原理框图

电焊机和送丝机用于熔透控制模块，通过控制/采集接口电路（焊机接口控制盒）与焊接电源等相连，以实现焊接参数的实时控制和当前焊接峰值电流等焊接参数采集。其中包括中央控制计算机对焊接参数的设置、起弧和熄弧的控制以及焊接电流的峰值和基值时刻的获取。

图 6-10 中，摄像机 CCD1 安装在随动机构上，通过视频电缆与中央控制计算机上的图

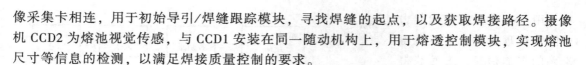

像采集卡相连，用于初始导引/焊缝跟踪模块，寻找焊缝的起点，以及获取焊接路径。摄像机 CCD2 为熔池视觉传感，与 CCD1 安装在同一随动机构上，用于熔透控制模块，实现熔池尺寸等信息的检测，以满足焊接质量控制的要求。

为了减小图像畸变，在焊接应用中，摄像机倾斜放置，从斜上方观察熔池和焊缝。为了减少摄像机取像位置对机器人本体和焊枪电缆及送丝管等外部设备的干涉，扩大摄像机取像范围，伺服视觉传感装置中的摄像机具有一个独立的自由度，摄像机能够绕焊枪做可控的转动，以使摄像机保持合适的取像位置。此外，该传感装置还具有自动加载或移开在摄像机镜头前的滤光片的功能，以满足摄像机在室内光源照明和弧光照明这两种工作环境下取像的需要。

图 6-10 中的中央控制计算机是一台 PⅢ 通用计算机，主频为 1.7GHz。它的作用是完成机器人系统坐标变换、轨迹生成、插补运算及外部信息综合和焊接系统的控制、状态管理和任务调度等。主要实现机器人运动控制、图像处理及特征提取、任务的时序和逻辑控制以及作为系统的人机界面等功能。中央控制计算机上配置图像采集卡和 CAN 总线接口卡分别实现了图像信息的数字化转换和与机器人控制器通信的功能。

### 6.2.4 基于视觉的焊缝跟踪测量与控制

#### 1. 基于视觉伺服的焊缝跟踪系统

视觉伺服（Visual Servoing）是指用视觉信息构成机器人末端位置的闭环控制。它是高速图像处理、机器人运动学、机器人动力学、控制理论、实时计算等多个研究领域融合的结果。

视觉伺服系统的控制目标为机器人的末端执行器和目标物体之间的相对位姿。基于位置的视觉伺服（PBVS）系统依据图像信息来估计当前目标物体相对于机器人的位姿，然后由包含直角坐标系内控制法则的视觉控制器根据期望的相对位姿和当前相对位姿之间的差别计算出控制量，并传给机器人控制器，控制机器人运动。

采用视觉伺服的焊缝跟踪系统，具体方案如下：

摄像机采集到的图像由图像采集卡转换成数字图像，传送到主控计算机的内存中，在主控计算机上循环进行图像处理，提取图像的特征信息，包括焊缝的偏差以及焊缝的走向等。以这些信息为基础控制机器人沿焊缝运动，并控制第七轴以调整摄像机的取像位置；同时主控计算机通过 CAN 总线读取机器人的坐标值，记录用焊缝偏差值修正后的机器人坐标值及第七轴角度值，生成焊缝在机器人基坐标系内的坐标值及摄像机处于合适取像位置时的第七轴角度值。当机器人沿焊缝走完一遍后，主控计算机通过 CAN 总线向机器人控制器发送 I/O 指令，机器人控制器控制电磁气阀把滤光片和减光片移到摄像机的镜头前。然后主控计算机引导机器人回到焊缝起点，根据获取的焊缝坐标沿焊缝进行焊接。基于位置控制的视觉伺服系统的原理框图如图 6-11 所示。

#### 2. 视觉传感焊缝跟踪图像处理技术及焊缝信息提取

依据局部焊缝图像实时处理所获得的焊缝信息，实现对机器人运动的闭环控制，引导机器人焊枪沿焊缝运动，跟踪整条焊缝。由于跟踪一条焊缝要处理大量的图像，图像处理算法的抗干扰性能直接关系到是否能够使用视觉伺服方法获取整条焊缝的坐标。在跟踪焊缝的过程中，随着环境光线的变化及摄像机与工件之间位置的变化，各帧图像的质量有所变化，只有采用具有较强抗干扰能力的图像处理算法，才能获得准确的焊缝信息，进而获得精确的焊缝坐标。

在焊缝图像采集过程中，环境光源和弧光等对实时图像影响很大，导致图像出现很多噪声点，因而首先对图像整体滤波去噪，图像增强。图像滤波去噪的方法有频域

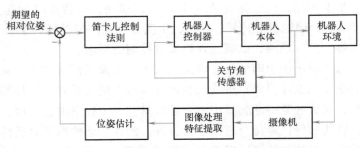

图 6-11　基于位置控制的视觉伺服系统原理框图

去噪和空域去噪，前者是基于图像的傅里叶变换，常采用频域高（低）通滤波法、同态滤波法等；后者是直接对图像像素进行处理，常采用直方图修正法、邻域平均法、中值滤波法等。考虑到快速性要求，多采用后者。

图像分割是提取图像中感兴趣的区域或景物的技术和过程。常用方法有阈值分割和边缘检测。阈值分割利用图像中每个像素的阈值比较，把图像划分为不同的区域，常见的区域分割方法有阈值法、聚类法、区域生长法和松弛法等。边缘检测根据图像局部邻域变化强度，检测图像中的边缘，再按一定的策略连接成轮廓，从而构成分割区域。

对于分割后的图像，通过细化将曲线形物体细化为一条单像素的线，进而便于使用计算机提取物体的位置信息；利用标号技术以便于对图像的各个物体进行测量等，这些统称为图像后处理。

焊缝图像处理过程和结果实例如图 6-12 所示。

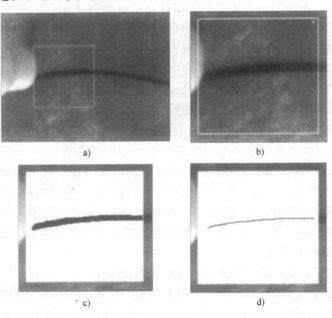

a)

b)

c)

d)

图 6-12　焊缝图像处理过程和结果实例

a）原始图像　b）中值滤波　c）阈值分割　d）细化

在图像处理的基础上，还要进行进一步的特征分析，提取焊缝偏差信息，用于修正当前焊枪在机器人基坐标系下的坐标和第七轴角度，以获取更加精确的焊缝坐标和摄像机处于最佳取像位置的第七轴角度。假设，跟踪时将工件固定在水平工作台上，并使焊枪与工件垂直。摄像机 CCD1 的初始位置为摄像机的轴线在工件上的投影与机器人基坐标系中的 $y$ 轴正方向重合部分。钨极尖端与工件间的距离保持在 4mm 左右，焊缝信息包括了焊枪与焊缝之间的相对位置偏差和摄像机取像位置与焊缝切线方向之间的相对角度偏差（分别称为焊缝的位置偏差和焊缝的角度偏差）。在图像坐标系中，把枪点与局部焊缝的中心线之间在 $v$ 轴方向上的距离定义为焊缝的位置偏差 $d$（图 6-13），且定义枪点在焊缝上方时位置偏差为正，枪点在焊缝下方时，位置偏差为负。把焊缝中心线的切线与 $u$ 轴正方向的夹角定义为焊缝的角度偏差 $\alpha$（图 6-13），且定义图像中枪点右边的一段焊缝斜向上时角度偏差为正，反之为负。

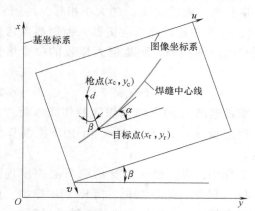

图 6-13　反馈偏差的定义与焊缝坐标的计算示意图

### 3. 焊缝跟踪控制器

焊缝跟踪传感器获取了焊接信息之后，如何利用这些信息进行实时控制以得到稳定而理想的跟踪效果，这是焊缝跟踪控制系统应该解决的问题。

主控计算机和机器人本体之间的软件接口的作用为向机器人发送运动增量数据和读取机器人的位姿数据，其中位姿数据的内容为机器人 T6 变换矩阵（机器人关节空间坐标与三维立体空间位姿之间的齐次变换矩阵）中的 9 个值 $\{o_x, o_y, o_z; a_x, a_y, a_z; p_x, p_y, p_z\}$ 和第七轴的关节角 $j_7$。在规划平面焊缝的轨迹时，由于不用调整焊枪的姿态，所以只需使用位置数据。

连续运动时，增量的大小即为步长，决定了机器人运动和摄像机转动的速度。读取机器人的位姿值用于记录焊缝的空间坐标值和摄像机处于合适位置时的第七轴的角度，规划机器人点到点的运动，以及更新钨极在工件上的投影点在图像中的坐标。

焊缝跟踪控制器的设计目标为控制机器人持焊枪沿着焊缝以恒定的速度运动。采用前馈控制结合反馈控制的方法实现视觉跟踪控制器。控制器的基本策略是当焊缝的位置偏差为零时，使机器人沿着焊缝的切线方向以恒定的速度 $v_f$ 前进；而当偏差不为零时，在保持机器人向前运动的同时，附加一个由偏差确定的速度 $v_b$，使机器人在图像坐标系的 $v$ 轴方向上向焊缝的中心线运动。根据控制理论，速度 $v_f$ 和 $v_b$ 可以分别称为前馈速度和反馈速度。

机器人基坐标系下的 $x$ 轴速度分量 $v_x$ 可以通过计算前馈速度和反馈速度在 $x$ 轴方向的速度分量的和得到，而机器人基坐标系下的 $y$ 轴速度分量 $v_y$ 可以用类似的方法计算。根据图 6-14 所示的几何关系，$v_x$ 和 $v_y$ 的计算公式为

$$\left.\begin{aligned}v_x &= v_f \sin(\alpha'+\beta) - v_b \cos\beta\\ v_y &= v_f \cos(\alpha'+\beta) + v_b \sin\beta\end{aligned}\right\} \tag{6-1}$$

式中，$\alpha'$ 为焊缝的角度偏差 $\alpha$ 对应的基坐标系下的角度；$\beta$ 为当前摄像机的旋转角度。

为了保持焊枪运动速度的恒定，校正 $v_x$ 和 $v_y$，在不改变合速度方向的前提下，合速度的大小应保持与前馈速度 $v_f$ 的大小相等，得到 $v'_x$ 和 $v'_y$。$s_1$ 为主控计算机向机器人控制器发送运动增量的时间间隔。则机器人接收的位置增量 $l$ 为

$$l = s_1 v \qquad (6\text{-}2)$$

前馈速度 $v_f$ 的方向为焊缝的切线方向，大小为恒定值 $v_c$。反馈速度 $v_b$ 由 PID 控制算法得到。

工程中，应用最为广泛的调节器控制规律

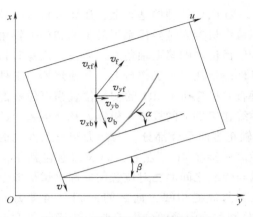

图 6-14 机器人运动控制示意图

为比例、积分、微分控制，简称 PID 控制。由于在跟踪焊缝时，系统始终处于随动过程中，没有必要消除稳态误差，所以此处仅使用 PD 控制器确定反馈速度 $v_b$ 的大小。为了增大控制器的调整速度，应采用较高的比例增益，但当比例增益过高时，却容易导致系统出现振荡甚至失稳，从而会降低跟踪轨迹的平滑性。而微分控制具有预测误差变化的趋势的能力，能够对误差进行"超前"抑制，进而增强系统的稳定性。PD 控制器的控制效果能够同时具有快和稳的优点。采用的 PD 控制器的数学表达式为

$$v_b = k_{p1} d(k) + k_{d1} \big[ d(k) - d(k-1) \big] \qquad (6\text{-}3)$$

式中，$d(k)$ 和 $d(k-1)$ 分别为根据当前图像和前一帧图像获取的焊缝位置偏差；$k_{p1}$ 为比例增益；$k_{d1}$ 为微分增益。

由于确定焊缝跟踪系统的数学模型比较困难，所以直接采用试验的方法进行比例增益和微分增益的整定。

由于在提取焊缝的角度偏差 $\alpha$ 时，使用的图像数据为还未跟踪的下一段焊缝，所以 $\alpha$ 本身对焊缝的走向有一定的预测功能，在控制摄像机旋转时，可以只用反馈控制而不再用前馈控制。为了使跟踪过程中图像坐标系的 $u$ 轴保持与焊缝的切线方向平行，本文仍然使用一个 PD 反馈控制器控制摄像机转动，即

$$l_\omega = k_{p2} \alpha(k) + k_{d2} \big[ \alpha(k) - \alpha(k-1) \big] \qquad (6\text{-}4)$$

式中，$l_\omega$ 为角度步长；$\alpha(k)$ 和 $\alpha(k-1)$ 分别为根据当前图像和前一帧图像提取的焊缝角度偏差；$k_{p2}$ 和 $k_{d2}$ 分别为比例增益和微分增益。

### 6.2.5 基于视觉的焊缝跟踪软件流程

系统软件与硬件配合实现了焊缝传感器的扫描、信号的采集与计算、焊枪位置的调整等功能。视觉伺服焊缝跟踪软件模块的程序流程如图 6-15 所示。由焊缝传感器检测出焊枪对焊缝的偏差信息后，采用前馈控制结合反馈控制的方法进行焊缝的纠偏，产生控制信号送入焊枪控制装置，实现焊接机器人焊枪对焊缝的实时自动

图 6-15 视觉伺服焊缝跟踪软件模块的程序流程

跟踪。

智能焊接机器人是集环境感知、理解、判断和动作决策于一体的复杂的测量控制系统。系统集成时，在功能分析及模块划分的基础上，依次完成系统的体系结构设计、硬件系统设计与软件系统开发工作。这种设计理念与开发流程有助于明确设计目标，优化系统结构，提高集成系统的设计质量与开发效率。

## 6.3 电阻炉智能温度控制系统

### 6.3.1 概述

温度控制在工业领域，如炼油、冶金、电子、化工等行业，十分普遍。温度控制系统具有大时滞、大惯性、非线性和时变性等特点，传统的定值开关控制方式难以满足工业生产的需要。随着传感技术、计算机技术的发展，出现了智能温度控制系统，从而使温度控制发生了根本性变革。

计算机控制系统基本框图如图 6-16 所示。来自温度传感器的温度值经调理和 A-D 转换，传送给微型计算机；微型计算机将这个值与给定值进行比较，得到偏差，控制器依一定控制规律（控制算法）计算控制量（加热器的电流或电压等控制量）；控制量通过 D-A 转换输出给执行器（加热器），以使偏差趋近于零。

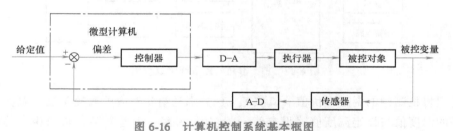

图 6-16　计算机控制系统基本框图

### 6.3.2 电阻炉温度控制系统

#### 1. 系统组成

以某微电子加工工艺为例，其对温度控制的要求是：①温度控制范围：300～1000℃；②温度控制精度：±0.5℃（工作温度为 601～1000℃）；±1.0℃（工作温度在 600℃ 以下）；③温度超调量：<0.5%。

电阻炉是利用电流通过电热体时将电能转化为热能来加热或者熔化工件和物料的热加工设备。它由炉体、电气控制系统和辅助系统组成。炉体由炉壳、加热器、炉衬（包括保温层）等部件组成。

图 6-17 所示为由上位机（工控机）和下位机（智能温控系统）组成的电阻炉温控系统结构框图，上位机和下位机之间通过通信接口相连。智能温控系统是一个采用 PID 控制算法、基于单片机的独立控制系统，其组成框图如图 6-18 所示。

智能温控系统的工作原理如图 6-19 所示。输入的三相（380V +中线）交流电经电源转接板后，有一路经变压器降压、晶闸管整流后作为炉体的加热电源。置于炉体侧壁内的三支

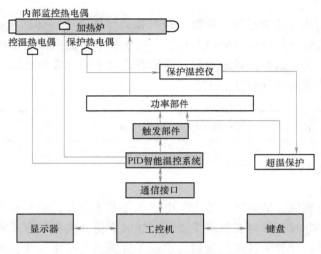

图 6-17 电阻炉温控系统结构框图

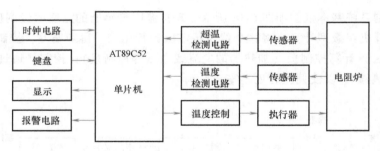

图 6-18 PID 智能温控系统组成框图

控温热电偶将检测到的温度毫伏值（真实值 $y$）分别送给相对应的温控系统，温控系统将热电偶测得的温度值与设定温度值（设定值 $r$）比较，并经 PID 运算后，输出相应的电流给晶闸管触发器，晶闸管触发器根据各温控系统控制电流的大小，分别给出相应变化的脉宽过零触发信号，控制三个双向晶闸管的通断时间，形成对三段炉丝加热功率的独立控制，从而达到自动控温的目的。

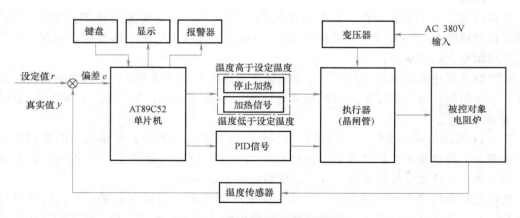

图 6-19 智能温控系统的工作原理

**2. 炉温的检测**

（1）温度传感器 温度传感器有许多种，如热电偶、热敏电阻、电阻温度检测器（RTD）、IC 温度传感器等。其中热敏电阻、电阻温度检测器（RTD）和 IC 温度传感器的检测温度都非常有限，热敏电阻约为 150℃，电阻温度检测器（RTD）约为 400℃，IC 温度传感器约为 150℃，虽然这几种温度传感器都具有各自的特点，尤其是电阻温度检测器（RTD）和 IC 温度传感器都具有较好的测温精度，但检测范围远达不到受控对象要求，而热电偶的检测范围为 −50~2000℃，其温度范围完全满足系统要求，因此，本系统采用热电偶作为系统温度测量传感器。

热电偶（图 6-20）是通过测量温度产生的热电效应，达到检测温度的目的。其测量温度范围大，常用的热电偶可以对 −50~1600℃ 的温度范围进行测量；结构简单，由两种不同金属通过加工结合在一起；测量温度精度较高，尤其对于高温（600℃ 以上），其测温精度可以达到 ±0.5℃；热电偶性能比较稳定、惯性小且响应时间快；还可以与被测对象直接接

图 6-20 热电偶

触，不受中间介质的影响。热电偶的技术优势明显，因而常用于测量炉子、管道内的气体或液体的温度及固体的表面温度。

材质与合金含量将影响热电偶的温度检测范围、热电势与温度的对应关系、允许误差等。热电偶可以分为多种：S 型（含 10% 的铂铑合金，可测到 1600℃）、B 型（含 30% 的铂铑合金，可测到 1800℃）、E 型（含镍铬-铜镍合金，可测到 900℃）、k 型（含镍铬-镍硅合金，可测到 1300℃）、R 型（含 10% 的铂铑合金，可测到 1600℃）、J 型（含铁-铜镍，可测到 750℃）、T 型（含纯铜-铜镍，可测到 350℃）。

在此，电阻炉的温度范围为 300~1000℃，故只有 S、B、K、R 型热电偶满足要求，而其中 S、B、R 型热电偶均采用铂铑合金，价格较为昂贵，只有 K 型热电偶在性能参数及价格方面均能较好地满足系统要求，所以，本系统将首选 K 型热电偶作为温度传感器。

（2）温度信号转换专用芯片 K 型热电偶测温范围在 0~1300℃，长时间测量工作温度为 1000℃，其热电势约为 41μV/℃，且与温度具有较好的线性特性。在常规设计使用 K 型热电偶时，需要对其采样信号（41μV/℃ 的微弱信号）进行放大；放大后的信号并非完全线性的，需要经过线性化处理；其冷端（0℃ 端）温度会随着环境温度的变化而变化，需要通过数据对冷端温度进行补偿；还需要解决模拟信号的数字化转换。经过信号处理后，才能将输入信号交由单片机进行处理。

温度信号转换选用 MAX6675 芯片（图 6-21）。它是 Maxim 公司开发的集成芯片，其内部融合了温度信号的放大、传感器冷端补偿及校正、模拟信号的数字化转换、SPI 串口等多种电路，可以将温度传感信号（K 型热电偶信号）转换成

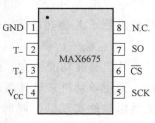

图 6-21 MAX6675 芯片

数字信号，是一种功能强大的集成一体化的温度信号处理电路，其内部结构如图 6-22 所示。MAX6675 芯片的使用简化了系统软件、硬件设计，有利于系统的集成化、小型化。

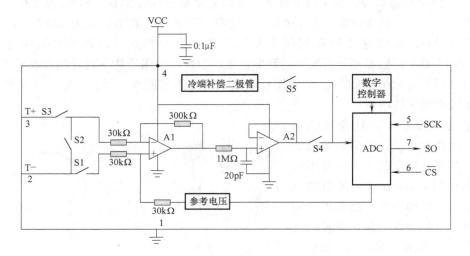

图 6-22　MAX6675 芯片内部结构框图

1）热电偶冷端补偿。热电偶是根据冷、热两端的温差所产生的热电势来检测温度的，热电偶的冷端（通常定义为 0℃ 端）温度与其所处的环境温度有关，当环境温度变化时，检测温度值的准确性会受到影响，因此，需要对冷端温度进行补偿，以确保在不同环境温度下具有较好的一致性，从而减小温度测量误差。MAX6675 芯片中集成了测温二极管，对其所处的环境温度进行检测，并转换为电压的形式，进行冷端温度补偿。

2）温度信号转换。由热电偶采集到的模拟信号十分微弱（约 41μV/℃），需要进行放大处理、A-D 数字化转换。另外，普通导线损耗的热电势会大大影响检测温度的准确性，应选用补偿导线连接热电偶与 MAX6675 芯片，以保证测量精度。

加入冷端补偿后，K 型热电偶的输出可以用线性公式来近似：

$$V_{out} = (41μV/℃) \times (t_R - t_0) \tag{6-5}$$

式中，$V_{out}$ 是 K 型热电偶输出的温度热电势，$t_R$ 是受控对象测量温度，$t_0$ 是冷端环境温度。

3）SPI 串行接口。MAX6675 电路中采用的是标准的 SPI 串行外设总线和 MCU 接口，在 16 个时钟周期内，可以输出 12 位温度数据。

MAX6675 具有以下主要特性：①传感范围：0~1024℃；②12bit A-D、0.25℃ 分辨率；③热电偶断线检测；④片内冷端补偿；⑤高阻抗差动输入；⑥简单的 SPI 串行口温度值输出；⑦电源电压为 +5V；⑧低功耗；⑨2000V 的 ESD 保护；⑩工作环境温度：-20~85℃。较好地满足了 K 型热电偶对信号放大、冷端补偿、模数转换等方面的需求。

### 3. 单片机的选取

单片机具有功能强大、运算快速、运行稳定、体积较小、价格低廉、应用广泛等特点。因此，采用单片机来设计温度控制器，不仅可以精简系统结构、降低开发成本，而且其控制算法是由软件实现的，同时，系统具有较好的兼容性和可移植性。相较于工控机、DSP、PLC 等计算机，单片机具有体积小、成本低的优势，较为适合 PID 等计算量较小的控制系统。

AT89C52 是一种应用较为广泛的 8 位单片机，其内部包含了主机微处理器、存储器及输入输出接口等；具有 256B 的 RAM、8K 的 EPROM、8KB FLASH 闪存；4 组共 32 个 I/O 口线；3 个 16 位定时器/计数器；6 个中断源 2 级中断；具有掉电保护 RAM 内容和看门狗定时器功能。

单片机 AT89C52 与温度信号处理电路 MAX6675 的接口电路如图 6-23 所示。当单片机的 P2. 5 脚输出低电平，同时 P2.4 脚输出时钟脉冲时，MAX6675 开始工作，并将温度转换数据通过 SO 脚输出。SO 脚输出一帧完整的数据需要 16 个时钟脉冲信号。D15 和 D0 分别为高电位和低电位，D3~D14 输出相应的 12 位温度信号转换数据，0~4095 输出值对应温度为 0~1023.750℃。在 P2.5 脚转变成高电平时，MAX6675 又开始进行新一轮的温度信号转换。

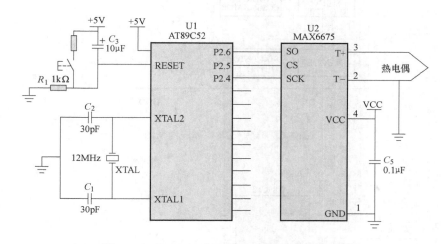

图 6-23　MAX6675 与 AT89C52 单片机接口电路

### 4. 输出控制电路

经过单片机运算和处理产生的数字控制信号，需要经过 D-A 数模转换将其转换成模拟信号，用于控制输出。输出控制电路采用 D-A 转换芯片 MAX518（图 6-24）。

MAX518 是 Maxim 公司生产的 8 位电压输出型数模转换器，图 6-25 所示为其内部结构框图。MAX518 采用简单的双线串行接口，并允许多个设备相互之间进行通信；具有 2 路 8 位模拟量输出口；5V 供电。MAX518 的 D-A 转换数据通过 SCL 和 SDA 串行输入，芯片内部把输入数据中地址位与 AD0、AD1 所表示的地址比较，如符合则把数据存放在 8 位数据缓冲寄存器中，然后经过 D-A 转换电路和运放，分别从 OUT0、OUT1 输出 0~5V 的电压信号。

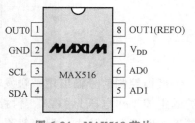

图 6-24　MAX518 芯片

单片机 AT89C52 与 MAX518 的接口电路如图 6-26 所示。从单片机的串行接口（P3.0、P3.1）输出数据给 MAX518 的 SDA 和 SCL，再经过 MAX518 处理，处理完成后从 OUT0 和 OUT1 输出模拟控制信号。

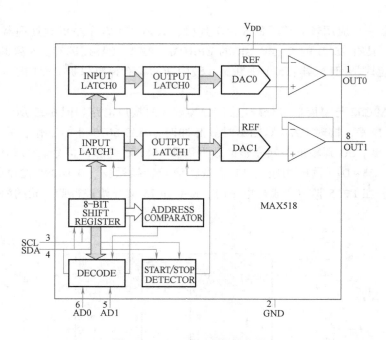

图 6-25　MAX518 内部结构框图

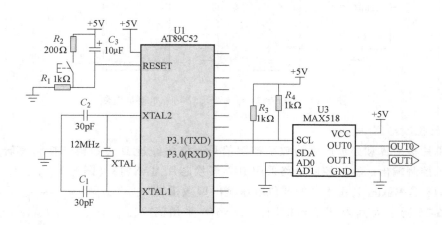

图 6-26　单片机 AT89C52 与 MAX518 的接口电路

　　模拟控制信号输出用于触发功率部件中的晶闸管，使电阻炉的加热温度受到控制。电阻炉的主控工作电压为 162V，付控工作电压为 73V。由于采用的是低工作电压，因此电阻炉的工作电流会比较大，但一般不应超过 110A，如果工作电流超过 110A 达到 115A，需要注意是否是电网电压偏高引起，这种情况需要监测炉体加热电流，并调节晶闸管触发器上的电位器，使炉体加热电流控制在 90A 左右（炉口端应适当加大到 100A 左右）。

　　电阻炉的温度控制就是通过控制加在执行器上的功率来实现的。其实就是控制电阻炉的加热（输入）电功率。温度控制系统常使用晶闸管来进行功率调节，控制方式主要有两种：一种是移相触发晶闸管调节方式，就是通过改变交流电压每个周期内电压波形的导通角来控制输出电加热功率，即移相触发；另一种是通断控制调节方式，就是通过改变交流电压每个周期内电压的波峰数来控制输出电加热功率，即过零触发。电阻炉带有感性器件（变压器），因此，功率调节采用移相触发的方式。

### 6.3.3　PID 控制方法

单片机将温度测量值与给定值进行比较，得到偏差，依一定控制规律（控制算法）计算操作变量（加热器的电流或电压等控制量），使偏差趋近于零。控制算法的设计对温度控制系统的性能具有决定性作用。

本实例中，衡量温度控制系统及其控制算法优劣的性能指标（图 6-27）包括：超调量 $\sigma$、峰值时间 $t_p$、上升时间 $t_r$、调整时间 $t_s$、稳态误差 $e_{ss}$ 等，即用阶跃响应的特征量来衡量。

温度控制系统具有大时滞、大惯性、非线性和时变性等特点，因而，传统控制方法难以取得理想的控制效果。而以 PID 为核心的各种控制方法因其控温精度高、稳定性好、超调小、响应速度快、稳态误差小等优势，在智能温度控制方面获得广泛使用，具有较好的应用价值。

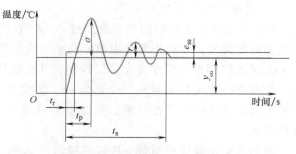

图 6-27　控制系统性能指标

#### 1. PID 控制的数学模型

PID 控制器是一种线性调节器（图 6-28），它将设定值 $r(t)$ 与实际输出值 $c(t)$ 的偏差 $e(t)$ 的比例（P）、积分（I）、微分（D）通过线性组合构成控制量，对控制对象进行控制。

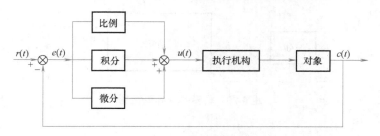

图 6-28　模拟 PID 控制系统原理框图

PID 控制器的微分方程：

$$u(t) = K_P\left[ e(t) + \frac{1}{T_I}\int_0^t e(t)\,\mathrm{d}t + T_D\frac{\mathrm{d}e(t)}{\mathrm{d}t} \right] \tag{6-6}$$

PID 控制器的传递函数：

$$D(S) = \frac{U(S)}{E(S)} = K_P\left(1 + \frac{1}{T_I S} + T_D S\right) \tag{6-7}$$

式中，$e(t) = r(t) - c(t)$；$K_P$、$T_I$、$T_D$ 分别为比例常数、积分时间常数和微分时间常数。

PID 控制器各校正环节的作用分别为：

① 比例环节：即时成比例地反应控制系统的偏差信号 $e(t)$，偏差一旦产生，调节器立即产生控制作用以减小偏差（与偏差大小成正比）。

② 积分环节：主要用于消除静差，提高系统的无差度。积分作用的强弱取决于积分时间常数 $T_I$，$T_I$ 越大，积分作用越弱，反之则越强（与累积偏差大小有关）。

③ 微分环节：能反应偏差信号的变化趋势（变化速率），并能在偏差信号的值变得太大之前，在系统中引入一个有效的早期修正信号，从而加快系统的动作速度，减少调节时间（与偏差的变化快慢有关，防止冲过头）。

### 2. 模糊自整定 PID 控温法

PID 控温法就是指电阻炉系统通过 $P$、$I$、$D$ 三个参数对系统温度进行控制，其主要表现为根据温度偏差，对温控系统中温度误差、温度误差变化和温度误差累积的计算与控制。由于 PID 温度控制是对温度变化进行控制，其控制具有一定的预判性。

传统 PID 温度控制针对一个确定的、能够建立较好数学模型的受控对象，但对于那些不确定的、多变化的受控对象，则需要实时调节其 PID 参数，以便能够较好地计算和控制温度变化。

模糊自整定温度控制是一种以模糊语言变量、集合论、逻辑推理为基础而进行的计算机数字控制，动态调整 $P$、$I$、$D$ 三个参数，具有非线性控制特性。模糊温度控制系统可以较好地模拟操作人员调节 PID 参数的工作经验，进行温度控制的"自我调节"，实现 PID 参数自整定（图 6-29）。

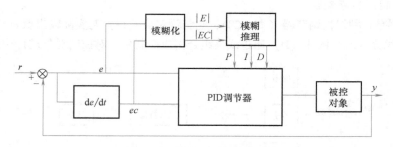

图 6-29 模糊 PID 控制框图

## 6.3.4 温控系统软件

系统控制软件在完成初始化后，键盘输入、温度测量、加热部件控制、时间确定和显示、控制算法等都由子程序来完成，中断服务程序定时测温和读取时间。系统主程序流程图和温控子程序流程图分别如图 6-30 和图 6-31 所示。

## 6.3.5 温度控制结果

图 6-32 和图 6-33 所示为分别采用传统 PID 控制方式和模糊自整定 PID 控制方式对 500℃ 和 900℃ 进行温度控制的实验结果。

图 6-32 是将炉温从常温升到 500℃，在温度到温时间相近的情况下，常规 PID 控制的动态指标为：超调量为 3.5%、上升时间为 24min、调节时间为 24min；而模糊自整定 PID 控制

的动态指标为：超调量为 0. 35%、上升时间为 24min、调节时间为 6min。

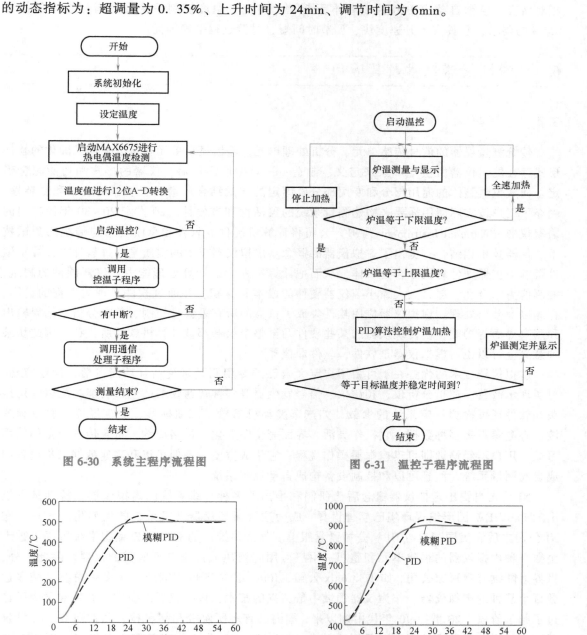

图 6-30  系统主程序流程图

图 6-31  温控子程序流程图

图 6-32  采用传统 PID 控制方式和模糊自整定 PID
控制方式对 500℃进行温度控制的实验结果

图 6-33  采用 PID 控制方式与模糊自整定 PID
控制方式对 900℃进行温度控制的实验结果

图 6-33 是将炉温从保温状态的 400℃升到 900℃，在温度到温时间相近的情况下，常规 PID 控制的动态指标为：超调量为 2.5%、上升时间为 25min、调节时间为 25min；而模糊自整定 PID 控制的动态指标为：超调量为 0.28%、上升时间为 25min、调节时间为 5min。

实验发现，传统 PID 温度控制和模糊自整定 PID 温度控制，都有一定的温度控制效果。

相对而言，模糊自整定 PID 控制基本无超调，实现了温度控制系统设计指标超调量低于 0.5%的要求，且具有上升速度快、调节时间短、过渡过程平稳等优点。

## 6.4 虚拟仪器技术及其应用

### 6.4.1 概述

传统测量仪器的信号传感单元、分析处理单元、输出显示单元等是以硬件或固化的软件形式存在的。仪器由生产厂家来定义、制造，一旦生产出厂后，仪器的形式和功能完全确定。构成仪器整体的通用部分和专用部分以固定的方式结合，增加了仪器的成本和复杂性，剥夺了用户按实际使用需要来构建测量系统的灵活性和方便性。20 世纪 70~80 年代美国的国家仪器（National Instruments，NI）公司将计算机硬件、软件和总线技术与传统的测试技术、仪器技术相结合，提出了虚拟仪器的概念。虚拟仪器技术的实质是通过软件将计算机硬件资源与仪器硬件有机融合为一体，从而把计算机强大的计算处理能力和仪器硬件的测量、控制能力结合在一起，大大缩小了仪器硬件的成本和体积，并通过软件实现对数据的显示、存储以及分析处理。虚拟仪器应用软件集成了仪器的所有采集、控制、数据分析、结果输出和用户界面等功能，使传统仪器的某些硬件乃至整个仪器都被计算机软件所代替。因此从某种意义上可以说：虚拟仪器是软件，软件即仪器。

虚拟仪器技术的优势在于可由用户定义自己的专用测量系统，且功能灵活，构建容易，可实现示波器、逻辑分析仪、频谱仪、信号发生器等多种普通仪器的全部功能，配以专用探头和软件还可检测特定系统的参数，如汽车发动机参数、汽油标号、炉窑温度、血液脉搏波、心电参数等多种数据；它操作灵活、界面完全图形化、风格简约，符合传统设备的使用习惯，用户不经培训即可迅速掌握操作规程；它集成方便，不但可以和高速数据采集设备构成自动测量系统，而且可以和控制设备构成自动控制系统。

NI 公司自提出虚拟仪器概念后已研制和推出了多种总线系统的虚拟仪器，特别是它推出的 LabVIEW 图形编程环境已享誉世界，成为这类新型仪器开发系统的世界生产大户。在 NI 公司之后，美国惠普（HP）公司紧紧跟上。该公司推出的 HPV EE 编程系统可提供数十至数百种虚拟仪器的组建单元和整机，用户可用它组建或挑选自己所需的仪器。除此之外，世界上陆续有数百家公司，如 Tektronix 公司、Racal 公司等也相继推出了多种总线系统多达数百个品种的虚拟仪器。作为仪器领域中最新兴的技术，虚拟仪器的研究、开发在国内已经过了起步阶段。20 世纪 90 年代中期以来，国内已有多所院校和高科技公司在研究和开发仪器产品和虚拟仪器设计平台以及引进消化 NI 公司、HP 公司的产品等方面做了一系列有益工作，取得了一批瞩目的成果。

### 6.4.2 虚拟仪器技术与基本构成

除传感检测单元外，虚拟仪器的基本构成包括计算机、虚拟仪器软件、硬件接口模块等。按照接口方式不同，虚拟仪器可有几种不同的构成方法，如图 6-34 所示。

（1）PC-DAQ 测试系统 以数据采集卡（DAQ 卡）、计算机和虚拟仪器软件构成的测试系统。

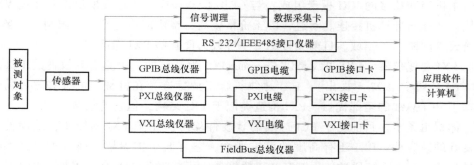

图6-34 通用虚拟测试仪器系统若干构成

（2）GPIB 系统 以 GPIB 标准总线仪器、计算机和虚拟仪器软件构成的测试系统。

（3）VXI 系统 以 VXI 标准总线仪器、计算机和虚拟仪器软件构成的测试系统。

（4）PXI 系统 以 PXI 标准总线仪器、计算机和虚拟仪器软件构成的测试系统。

（5）串口系统 以 RS232 标准串行总线仪器、计算机和虚拟仪器软件构成的测试系统。

（6）现场总线系统 以现场总线仪器、计算机和虚拟仪器软件构成的测试系统。

**1. 硬件接口模块**

（1）PC-DAQ 数据采集卡 利用计算机扩展槽和外部接口，将信号测量硬件设计为计算机插卡或外部设备，直接插接在计算机上，再配上相应的应用软件，组成计算机虚拟仪器测试系统。这是目前应用最为广泛的一种计算机虚拟仪器组成形式。按计算机总线的类型和接口形式，这类卡可分为 ISA 卡、EISA 卡、VESA 卡、PCI 卡、PCMCIA 卡、并口卡、串口卡和 USB 接口卡等。按板卡的功能则可以分为 A-D 卡、D-A 卡、数字 I/O 卡、信号调理卡、图像采集卡和运动控制卡等。

（2）GPIB 总线仪器 GPIB 总线（即 IEEE488 总线）是一种数字式并行总线，主要用于连接测试仪器和计算机。该总线最多可以连接 15 个设备（包括作为主控器的主机）。如果采用高速 HS488 交互握手协议，传输速率可高达 8MB/s。

GPIB 总线测试仪器通过 GPIB 接口和 GPIB 电缆与计算机相连，形成计算机测试仪器。与 DAQ 卡不同，GPIB 仪器是独立的设备，能单独使用。GPIB 设备可以串接在一起使用，但系统中 GPIB 电缆的总长度不应超过 20m，过长的传输距离会使信噪比下降，对数据的传输质量有影响。

（3）VXI 总线仪器 普通的计算机有一些不可避免的弱点。用它构建的虚拟仪器或计算机测试系统性能不可能太高。目前作为计算机化仪器的一个重要发展方向是制定了 VXI 标准，这是一种插卡式的仪器。

VXI 总线（即 IEEE1155 总线）是一种高速计算机总线——VME 总线在仪器领域的扩展。它是在 1987 年，由五家测试和仪器公司（Hewlett-Packard，Wavetek，Tektronix，Colorado Data Systems，Racal-Dana Instruments）制定的仪器总线标准。VXI 总线具有标准开放、结构紧凑、数据吞吐能力强、最高可达 40MB/s、定时和同步精确、模块可重复利用、众多仪器厂家支持的特点，因此得到了广泛的应用。VXI 总线模块是一种新型的基于板卡式相对独立的模块化仪器。从物理结构看，一个 VXI 总线系统由一个能为嵌入模块提供安装环境与背板连接的主机箱和插接的 VXI 板卡组成。与 GPIB 仪器一样，该总线模块需要通过 VXI 总线的硬件接口才能与计算机相连。不过，由于价格较高，推广应用受到一定限制，主要集中在航空、航天等国防军工领域。目前又推出了一种较为便宜的 PXI 标准仪器。

（4）PXI 总线仪器　PXI 总线是以 Compact PCI 为基础的，由具有开放性的 PCI 总线扩展而来（NI 公司于 1997 年提出）。PXI 总线符合工业标准，在机械、电气和软件特性方面充分发挥了 PCI 总线的全部优点。PXI 构造类似于 VXI 结构，但它的设备成本更低，运行速度更快，体积更紧凑。目前基于 PCI 总线的软硬件均可应用于 PXI 系统中，从而使 PXI 系统具有良好的兼容性。PXI 还有高度的可扩展性，它有 8 个扩展槽，而台式 PCI 系统只有3~4 个扩展槽。PXI 系统通过使用 PCI-PCI 桥接器，可扩展到 256 个扩展槽。PXI 总线的传输速率已经达到 132Mbit/s（最高为 500Mbit/s），是目前已经发布的最高传输速率。因此，基于 PXI 总线的仪器硬件将会得到越来越广泛的应用。

（5）RS232 串行接口仪器　很多仪器带有 RS232 串行接口，通过连接电缆将仪器与计算机相连就可以构成计算机虚拟仪器测试系统，实现用计算机对仪器进行控制。

（6）现场总线模块　现场总线仪器是一种用于恶劣环境条件下的、抗干扰能力很强的总线仪器模块。与上述的其他硬件功能模块相类似，在计算机中安装了现场总线接口卡后，通过现场总线专用连接电缆，就可以构成计算机虚拟仪器测试系统，实现用计算机对现场总线仪器进行控制。

虚拟仪器研究的另一个问题是各种标准仪器的互连及与计算机的连接，目前使用较多的是 IEEE488 或 GPIB 协议，未来的仪器也应当是网络化的。

2. 接口模块驱动程序

任何一种硬件功能模块，要与计算机进行通信，都需要在计算机中安装该硬件功能模块的驱动程序（就如同在计算机中安装声卡、显示卡和网卡一样），仪器硬件驱动程序使用户不必了解详细的硬件控制原理和 GPIB、VXI、DAQ、RS232 等通信协议就可以实现对特定仪器硬件的使用、控制与通信。驱动程序通常由硬件功能模块的生产商随硬件功能模块一起提供。

3. 应用软件与开发系统

"软件即仪器"，应用软件是虚拟仪器的核心。一般虚拟仪器硬件功能模块生产商会提供虚拟示波器、数字万用表、逻辑分析仪、信号的频谱分析、信号的相关分析等常用虚拟仪器应用程序。对用户的特殊应用需求，则可以利用 LabVIEW、Agilent VEE 等虚拟仪器开发软件平台来开发。

开发虚拟仪器必须有合适的软件工具，目前的虚拟仪器软件开发工具有两类：一类为文本式编程语言，如 Visual C++、Visual Basic、LabWindows/CVI 等；另一类为图形化编程语言，如 LabVIEW、HP VEE 等。

LabVIEW 是为那些对诸如 C 语言、C++、Visual Basic、Delhi 等编程语言不熟悉的测试领域的工作者开发的，它采用可视化的编程方式，设计者只需将虚拟仪器所需的显示窗口、按钮、数学运算方法等控件从 LabVIEW 工具箱内用鼠标拖到面板上，布置好布局，然后在Diagram 窗口将这些控件、工具按设计的虚拟仪器所需要的逻辑关系，用连线工具连接起来即可。这大大提高了工作效率，减轻了科研和工程技术人员的工作量，因此，LabVIEW 是一种优秀的虚拟仪器软件开发平台。

HP VEE（Hewlete-Packard Visual Engineering Environment）是一种用于仪表优化控制，

支持 MS Windows 和 HP UNIX 工作站及 Sun SPARC 工作站等多平台的图形化编程工具。用户只需调出代表仪器的图标（Icon），输入相关的条件和参数，并用鼠标按测试流程将有关仪器连接起来，就完成了全部编程工作。HP VEE 将自动生成测试程序，并按用户指定方式显示测量结果。

华中科技大学机械科学与工程学院可重构测量装备研究室与深圳蓝津科技股份有限公司合作，采用软件总线和软件芯片技术开发了一个 DRVI 可重组积木拼装式的虚拟仪器开发平台。利用该平台组建虚拟仪器的过程中，没有编译、链接环节，支持软件模块热插/拔和即插即用，可在线编程、调试和组建虚拟仪器系统。

### 6.4.3 虚拟仪器的应用

虚拟仪器的应用遍及各个学科和领域，从大学教学实验室、仿真系统到工程和科研的实际测试系统。由于虚拟仪器的主体是计算机，因此通过互联网实现虚拟仪器的远程遥测和遥控，进一步扩大了虚拟仪器的功能，显示出它强大的生命力。

#### 1. 虚拟仪器实验室

基于 LabVIEW 的虚拟测控实验室由 DRVI（快速可重构虚拟仪器平台）、数据采集仪、服务器、计算机终端、若干传感器和实验台架等组成。深圳蓝津科技股份有限公司提出的网络化虚拟测控实验室建设方案，一次可容纳多名学生同时进行实验，可以让学生完成诸如温度、位移、力、振动、噪声等常见工业物理量的测量和信号分析，为掌握机械工程自动化测量、监测装置和智能化系统打下坚实基础。虚拟测控实验室的内容可分为内部信号分析和传感器信号测量两个部分。

内部信号分析实验包括：典型信号频谱分析、典型信号相关分析、典型信号幅频特性分析、周期信号的合成和分解、窗函数及其对信号频谱的影响、频率混叠和采样定理、信号量化误差、数字滤波等。典型信号频谱分析界面如图 6-35 所示。

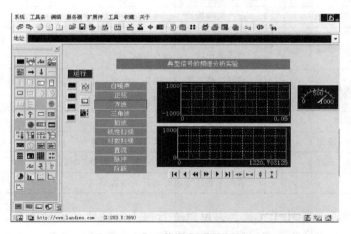

图 6-35 典型信号频谱分析界面

传感器信号测量是采用 A-D 卡、I/O 卡等信号采集硬件与相应的实验台架和传感器相结合，进行实际信号的检测，真正让学生针对实际对象去选择测试手段、信号分析和处理方法，从而构建一个完整的实验环节，提高学生的创新能力、设计能力和动手能力。DRVI 测量软件也可以在网络中共享，同时供多个学生终端使用，组建一个开放性网络化实验室，如图 6-36 所示。

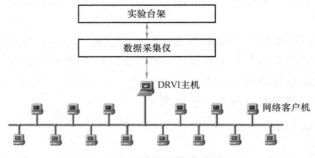

图 6-36　开放性网络化实验室

深圳蓝津科技股份有限公司 DRVI（工程测试版）使用的数据采集仪与计算机之间通过并行电缆连接，集前端信号采集、信号激励输出等功能于一体。采集仪采用配套开关电源供电，提供 8 通道的模拟信号输入、2 通道的模拟信号输出，输入和输出电压范围：−5V ~ +5V。另外提供了 16 路数字 I/O。数据采集仪的技术指标见表 6-2。

表 6-2　数据采集仪的技术指标

| 名称 | 技术项目 | 技术指标说明 |
| --- | --- | --- |
| 模拟输入 | 通道 1 ~ 通道 8 | 信号输入范围：−5V ~ +5V 电压信号<br>信号输入接口：五芯航空插头接口 |
| | 采样频率 | 单通道最高采样频率为 200kHz，1Hz ~ 200kHz 的无级调频多通道同时采样，最高采样频率按采样通道数倍减 |
| | 采样精度 | 12 位分辨率 |
| | 采样模式 | 自由采样模式、预触发采样模式 |
| 模拟输出 | 通道 1 ~ 通道 2 | 信号输出范围：−5V ~ +5V 电压信号<br>信号输出接口：标准 BNC 接口 |
| | 输出频率 | 单通道最高刷新频率为 200kHz，1Hz ~ 200kHz 的无级调频多通道同时输出，最高刷新频率按输出通道数倍减 |
| | 输出精度 | 12 位分辨率 |
| 数字输入 | 通道 1 ~ 通道 8 | TTL 电平输入，前端具有光电隔离 |
| 数字输出 | 通道 1 ~ 通道 8 | TTL 电平驱动的电子开关可驱动 DC 24V、1A 开关 |
| 电源 | | 数据采集仪采用配套开关电源供电 |

图 6-37 所示为多功能转子实验台，可以进行机壳及底座的振动测量、直流电动机转速测量、刚性转子现场动平衡测量、轴心轨迹测量、噪声测量等实验。图 6-38 所示为轴心轨迹测量合成结果。

**2. 基于 LabVIEW 的汽轮机叶片动态特性测量系统研制**

叶片是汽轮机中主要的工作部件，承担着将蒸汽的热能转化为机械能的重要任务。汽轮机的叶片长期处在复杂、恶劣的环境和高应力、交变应力状态，致使叶片事故时有发生。因

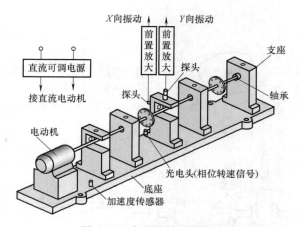

图 6-37 多功能转子实验台

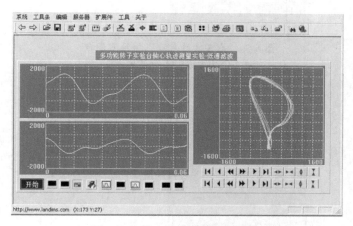

图 6-38 轴心轨迹测量合成结果

此，需要对交付实际运行机组的叶片进行动态特性（包括动应力、振动幅值、振动频率等）监测，以判断叶片工作时是否处于正常设计状态。

汽轮机叶片动态特性实验台主要由空压机、气罐、变频器、变频电动机、联轴器、汽轮机叶片模拟转子和安全外壳组成，如图 6-39 所示。

采用应变片-集流器系统的方式引出叶片动态特性信号。测量系统硬件组成包括：应变片、集流环、接线盒、信号调理器、采集卡和计算机，硬件连接图如图 6-40 所示。采用 BF350-3AA 系列应变片，应变片电阻为 $349.7\Omega$，应变片系数为 2.12；接线盒采用 NI 公司的 TBX-1328；信号调理模块采用 NI 公司的 SCXI-1121，在测量应变片信号时，需要进行跳线设置；通过 NI 公司的 SCXI-1349 与 NI 公司的采集卡 PCI6221 相连，并用基于 LabVIEW 开发的汽轮机动态特性监测系统对汽轮机叶片进行监测。根据系统总体设计功能和汽轮机叶片监测的实际要求，该系统包括参数设置、数据采集、信号滤波、信号处理（FFT）、数据存储、数据回放等功能。流程图如图 6-41 所示。

首先采用自振法对叶片的静态特性进行测量，测量结果如图 6-42 所示。从图中可以看

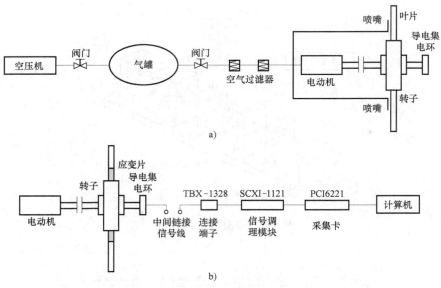

**图 6-39 汽轮机叶片动态特性实验台**

a) 硬件布置图 b) 检测系统图

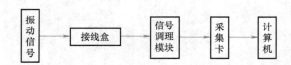

**图 6-40 汽轮机叶片动态特性测量系统硬件连接图**

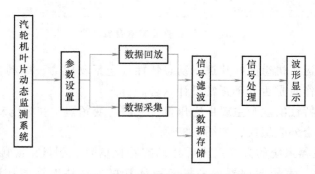

**图 6-41 汽轮机叶片监测系统流程图**

出, 叶片的静频为 68Hz, 这与理论计算的结果很符合。

在进行叶片动态特性测量时, 开启空压机, 使气罐的压力达到 1MPa 左右, 起动变频器, 调节电动机转速到 1000r/min, 然后开启阀门, 给叶片施加激振力, 使叶片产生振动。运行叶片动态测量系统, 开始记录并分析数据。如图 6-43 所示, 在波形图中, 可以明显地看到施加激振力的地方, 在频谱图中可以看到, 频率从静频的 68Hz 增加到 72Hz, 这与理论相符。当转速升高时, 叶片刚度提高, 使得叶片动频增加。

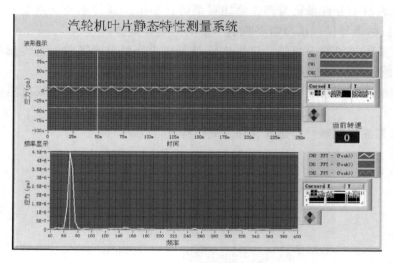

图 6-42　汽轮机叶片静态特性

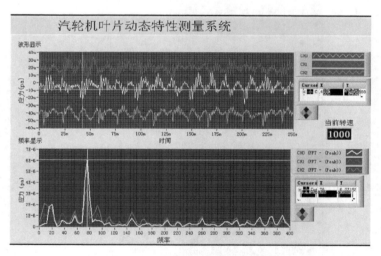

图 6-43　汽轮机叶片动态特性

虚拟仪器技术是利用高性能的模块化硬件，结合高效灵活的软件来完成各种测试、测量和自动化的应用。灵活高效的软件用于创建完全自定义的用户界面，模块化的硬件能方便地提供全方位的系统集成，标准的软硬件平台能满足对同步和定时应用的需求。虚拟仪器技术具有性能高、扩展性强、开发时间短以及出色的集成这四大优势。

习　　题

6-1　物料自动分拣系统由哪些部分构成？各部分的主要作用是什么？

6-2 以物料自动分拣系统为例,简述典型的自动生产线传感控制系统的设计方法,并分析传感器和控制器等硬件选型需要重点考虑的问题有哪些。

6-3 以智能焊接机器人为例,简述该机器人作业需要采用哪些外部传感器、内部传感器,并分析传感器和控制器等硬件选型需要重点考虑哪些问题。

6-4 智能温度控制系统中温度传感器选择应该考虑哪些问题?实现电阻炉温度控制的难度在哪里?

6-5 什么是虚拟仪器?简述其软件组成结构。

# 参 考 文 献

[1]　熊诗波，黄长艺. 机械工程测试技术基础 [M]. 3 版. 北京：机械工业出版社，2006.

[2]　王伯雄. 测试技术基础 [M]. 北京：清华大学出版社，2003.

[3]　康宜华. 工程测试技术 [M]. 北京：机械工业出版社，2005.

[4]　李玮华. 机械工程测试技术基础学习指导、典型题解析与习题解答 [M]. 北京：机械工业出版社，2013.

[5]　叶湘滨，熊飞丽，张文娜，等. 传感器与测试技术 [M]. 北京：国防工业出版社，2007.

[6]　高光天. 传感器与信号调理器件应用技术 [M]. 北京：科学出版社，2002.

[7]　冯辛安，黄玉美，关慧贞. 机械制造装备设计 [M]. 2 版. 北京：机械工业出版社，2006.

[8]　井口征士. 传感工程 [M]. 北京：科学出版社，2001.

[9]　樊尚春. 传感器技术及应用 [M]. 北京：北京航空航天大学出版社，2004.

[10]　陈国顺，宋新民，马峻. 网络化测控技术 [M]. 北京：电子工业出版社，2006.

[11]　王跃科，叶湘滨，黄芝平，等. 现代动态测试技术 [M]. 北京：国防工业出版社，2003.

[12]　秦树人，汤宝平，种佑明，等. 智能控件化虚拟仪器系统——原理与实现 [M]. 北京：科学出版社，2004.

[13]　杨叔子，杨克明. 机械工程控制基础 [M]. 5 版. 武汉：华中科技大学出版社，2005.

[14]　孙传友，孙晓斌，汉泽西，等. 测控系统原理与设计 [M]. 北京：北京航空航天大学出版社，2002.

[15]　丁天怀，李庆祥. 测量控制与仪器仪表现代系统集成技术 [M]. 北京：清华大学出版社，2005.

[16]　章云，谢莉萍，熊红艳. DSP 控制器及其应用 [M]. 北京：机械工业出版社，2001.

[17]　孙鹤旭，林涛. 嵌入式控制系统 [M]. 北京：清华大学出版社，2007.

[18]　张大波. 嵌入式系统原理、设计与应用 [M]. 北京：机械工业出版社，2005.

[19]　刘守操. 可编程序控制器技术与应用 [M]. 北京：机械工业出版社，2007.

[20]　周明光，马海潮. 计算机测试系统原理与应用 [M]. 北京：电子工业出版社，2005.

[21]　赵英凯. 计算机集成控制系统 [M]. 北京：电子工业出版社，2007.

[22]　程伟中. 自动分拣输送设备与技术及其应用 [J]. 物流技术与应用，2005（10）：65-68.

[23]　陈善本，林涛. 智能化焊接机器人技术 [M]. 北京：机械工业出版社，2006.

[24]　周律，陈善本，林涛，等. 基于局部视觉的弧焊机器人自主焊缝轨迹规划 [J]. 焊接学报，2006，27（1）：49-52.

[25]　张世海，李录平，饶洪德，等. 基于 LabVIEW 的汽轮机叶片动态特性测量系统开发 [J]. 汽轮机技术，2009，51（3）：187-189.

[26]　刘品. 微轴承保持架动态检测与分析 [D]. 上海：上海大学，2011.

[27]　李丙旺. 基于 PID 温度智能控制系统的设计与实现 [D]. 南京：南京理工大学，2013.

[28]　白福忠. 视觉测量技术基础 [M]. 北京：电子工业出版社，2013.

[29]　杨毅明. 数字信号处理 [M]. 北京：机械工业出版社，2011.